全国普通高等教育"十三五"规划教材

高等数学

主　编　刘雯艳
副主编　司国星　朱丽娜　穆耀辉　宋晓婷
主　审　贺利敏

吉林大学出版社

图书在版编目（CIP）数据

　　高等数学 / 刘雯艳主编. —长春：吉林大学出版
社，2018.3
　　ISBN 978-7-5692-2667-6

　　Ⅰ. ①高… Ⅱ. ①刘… Ⅲ. ①高等数学－高等学校－
教材 Ⅳ. ①O13

中国版本图书馆 CIP 数据核字（2018）第 172648 号

书　　名　高等数学

作　　者　刘雯艳　主编
策划编辑　黄国彬　章银武
责任编辑　许海生
责任校对　张文涛
装帧设计　赵俊红
出版发行　吉林大学出版社
社　　址　长春市朝阳区明德路 501 号
邮政编码　130021
发行电话　0431-89580028/29/21
网　　址　http://www.jlup.com.cn
电子邮箱　jlup@mail.jlu.edu.cn
印　　刷　三河市宇通印刷有限公司
开　　本　787×1092　1/16
印　　张　18.5
字　　数　360 千字
版　　次　2018 年 3 月　第 1 版
印　　次　2020 年 8 月　第 2 次印刷
书　　号　ISBN 978-7-5692-2667-6
定　　价　48.00 元

版权所有　翻印必究
印　　数　3000

前　言

高等数学是高等院校各专业必修的一门重要的公共基础课，不仅是学生学习后续专业课程的基础和工具，也对培养、提高学生的思维素质、创新能力、科学精神、治学态度以及用数学知识解决实际问题的能力都有着非常重要的作用。

本书以"掌握概念、强化应用、培养技能"为重点，以"必须、够用"为指导原则。理论描述精确简约，具体讲解明晰易懂，很好地兼顾了各专业后续课程教学对高等数学知识的要求，同时也充分考虑了学生可持续发展的需要。

本书在编写过程中，突出了以下特点：

（1）淡化抽象的数学概念，突出数学概念与实际问题的联系。

（2）淡化抽象的逻辑推理，充分利用几何说明，使学生能够比较直观地建立起有关的概念和理论。

（3）较好地处理了初等数学与高等数学的衔接，突出应用。

（4）每章后配有习题，便于学生理解、巩固基础知识，提高基本技能，培养学生应用数学知识解决实际问题的能力。

（5）数学史料：对本章所涉及的数学内容的产生、发展进行简单介绍，以提高学生对数学的学习兴趣。

（6）数学软件 MATLAB 及应用：MATLAB 数学软件的学习，不仅帮助学生复习巩固所学数学知识，还直接训练其利用数学知识解决和处理实际问题的能力。

本书共 10 章，分别为：函数与极限、导数与微分、中值定理与导数的应用、不定积分、定积分、多元函数微分学及应用、行列式与矩阵、概率初步、数理统计，数学软件 MATLAB 及应用。

本书由刘雯艳担任主编，由郑州工业安全职业学院的司国星和朱丽娜、陕西电子信息职业技术学院的穆耀辉、山西建筑职业技术学院的宋晓婷担任副主编，由山西建筑职业技术学院的贺利敏担任主审。其中，刘雯艳编写了第 1 章，司国星编写了第 2 章和附录，朱丽娜编写了第 3 章和第 7 章，穆耀辉编写了第 4 章和第 8 章，宋晓婷编写了第 5 章和第 9 章，贺利敏编写了第 6 章和第 10 章。本书由刘雯艳编写大纲并统稿。

本书可作为普通高等教育、职业院校教育的基础学科教材，也可作为高等教育函授和自考课程的教材。本书的相关资料和售后服务可扫本书封底的微信二维码或与 QQ（2436472462）联系获得。

尽管我们在编写本教材时尽了最大的努力，但由于水平有限，加之编写时间仓促，疏漏之处在所难免，恳请广大读者和专家提出宝贵意见，以使我们在修订时完善。

编　者

前言

目　录

第 1 章　　函数与极限

高等数学与初等数学的根本区别之一是初等数学的研究对象基本上是常量，而高等数学的研究对象主要是变量．在现实世界中，存在着许许多多变化着的量，它们之间有些变量是相互依赖、相互联系的，函数就是对变量之间相互依赖关系的一种抽象．极限是高等数学中的另一个主要概念，它是高等数学这门课程的基本推理工具．连续性是函数的一个重要性态，而连续函数是高等数学研究的主要对象．

在初等数学的学习过程中，我们已经学习过函数、极限与连续的概念，本章将在此基础上，对函数、极限与连续进行复习、巩固和提高．

§1.1　　函数

1.1.1　函数的概念

定义 1.1.1　设 x 和 y 是两个变量，D 是一个给定的非空实数集．如果对于变量 x 在数集 D 中取定的每一个确定的数值，变量 y 按照一定的对应法则 f 都有唯一确定的数值与之对应，则称变量 y 是定义在数集 D 上的变量 x 的**函数**，记作

$$y = f(x).$$

数集 D 称为函数 $y = f(x)$ 的**定义域**，x 称为**自变量**，y 称为**函数**（或称**因变量**）．

当 x 取数值 $x_0 \in D$ 时，由对应法则 f，与 x_0 对应的 y 的值 y_0 称为函数 $y = f(x)$ 在点 x_0 处的**函数值**．记作

$$y_0 = f(x_0).$$

当 x 取遍 D 中的每个数值时，对应的函数值全体组成的数集

$$M = \{y \mid y = f(x),\ x \in D\}$$

称为函数 $y = f(x)$ 的**值域**．

在函数 $y = f(x)$ 中表示对应法则（或对应关系）的记号"f"也可改用其他字母．例

如"F"或"g"，这时函数 $y=f(x)$ 就记作

$$y=F(x) \text{ 或 } y=g(x).$$

同一个函数在讨论中应取定一种记号．如果在讨论同一问题时，涉及多个函数，则应取不同的记号分别表示．为方便起见，有时可用记号

$$y=f_1(x), \quad y=f_2(x), \quad \cdots$$

等表示函数．这种表示函数的方法也称为函数的**解析法**（或**公式法**）．

函数的定义域和对应法则称为**函数的两个要素**．如果两个函数 $y=f(x)$ 与 $y=g(x)$ 的定义域和对应法则相同，则称它们为**相同的函数**，否则称它们为**不同的函数**．

对于函数 $y=f(x)$，如果自变量 x 在定义域内任意取定一个数值时，对应的函数值 y 总是只有一个，这种函数称为**单值函数**，否则称为**多值函数**．

注意　以后凡是没有特别说明的，本书所讨论的函数都是指单值函数．

例1　设 $f(x)=x^3+2x-6$，$g(x)=\sin x-x+1$，求：

(1) $f(1)$，$f(3)$，$f(x^2)$；

(2) $g(0)$，$g(\pi)$，$g(x+1)$．

解　(1) $f(1)=1^3+2\cdot1-6=-3$，

$f(3)=3^3+2\cdot3-6=27$，

$f(x^2)=(x^2)^3+2(x^2)-6=x^6+2x^2-6.$

(2) $g(0)=\sin0-0+1=1$，

$g(\pi)=\sin\pi-\pi+1=1-\pi$，

$g(x+1)=\sin(x+1)-(x+1)+1=\sin(x+1)-x.$

例2　已知 $f(x+1)=x^2-x+1$，求 $f(x)$．

解　令 $x+1=t$，则 $x=t-1$，于是

$f(t)=(t-1)^2-(t-1)+1=t^2-3t+3$，

所以 $f(x)=x^2-3x+3.$

例3　判断下列各对函数是否是相同的函数：

(1) $f(x)=|x|$，$g(x)=\sqrt{x^2}$；

(2) $f(x)=\lg x^2$，$g(x)=2\lg x$．

解　(1) 因为 $f(x)=|x|$ 的定义域为 $(-\infty,+\infty)$，

$g(x)=\sqrt{x^2}=|x|$ 的定义域也为 $(-\infty,+\infty)$，

所以，函数 $f(x)$ 与 $g(x)$ 是相同的函数．

(2) 因为 $f(x)=\lg x^2$ 的定义域为 $(-\infty,0)\bigcup(0,+\infty)$，

$g(x)=2\lg x$ 的定义域为 $(0,+\infty)$，

所以，函数 $f(x)$ 与 $g(x)$ 是不同的函数．

例 4 求下列函数的定义域:

(1) $y = \dfrac{x+1}{x^2 - 3x + 2}$;　　　　　　(2) $y = \sqrt{x^2 - 4x + 3}$;

(3) $y = \sqrt{4 - x^2}$;　　　　　　　　(4) $y = \sqrt{3 + 2x - x^2} + \ln(x - 2)$.

解 (1) 由 $x^2 - 3x + 2 \neq 0$,解得 $x \neq 1$ 且 $x \neq 2$,

因此,函数 $y = \dfrac{x+1}{x^2 - 3x + 2}$ 的定义域为 $(-\infty, 1) \bigcup (1, 2) \bigcup (2, +\infty)$.

(2) 由 $x^2 - 4x + 3 \geqslant 0$,解得 $x \leqslant 1$ 或 $x \geqslant 3$,

因此,函数 $y = \sqrt{x^2 - 4x + 3}$ 的定义域为 $(-\infty, 1] \bigcup [3, +\infty)$.

(3) 由 $4 - x^2 \geqslant 0$,解得 $-2 \leqslant x \leqslant 2$,

因此,函数 $y = \sqrt{4 - x^2}$ 的定义域为 $[-2, 2]$.

(4) 由 $\begin{cases} 3 + 2x - x^2 \geqslant 0, \\ x - 2 > 0, \end{cases}$ 解得 $2 < x \leqslant 3$,

因此,函数 $y = \sqrt{3 + 2x - x^2} + \ln(x - 2)$ 的定义域为 $(2, 3]$.

给定一个函数 $y = f(x)$ 时,就意味着其定义域是同时给定的. 如果所讨论的函数来自某个实际问题,则其定义域必须符合实际意义;如果不考虑所讨论的函数的实际背景,则其定义域应使函数 $y = f(x)$ 在数学上有意义. 为此要求:

(1) 分式中的分母不能为零;

(2) 偶次根式的被开方式非负;

(3) 对数的真数大于零;

(4) 正切符号下的式子不等于 $k\pi + \dfrac{\pi}{2}$(k 为整数);

(5) 余切符号下的式子不等于 $k\pi$(k 为整数);

(6) 反正弦、反余弦符号下的式子的绝对值小于等于 1;

(7) 如果函数 $y = f(x)$ 中含有上述几种情形,则应取各情形下的交集.

1.1.2 函数的三种常用表示法

表示函数的方法,常用的有列表法、图形法、解析法三种.

1. 列表法
用列出表格来表示两个变量的函数关系的方法称为**列表法**.

例如,数学用表中的平方表、平方根表、三角函数表,以及银行里使用的利息表等都是用列表法表示函数关系的.

2. 图形法
用函数的图形来表示两个变量的函数关系的方法称为**图形法**.

例如，气象台用自动记录器描绘温度随时间变化的曲线就是用图形法表示函数关系的.

3. 解析法

用一个等式表示两个变量的函数关系的方法称为**解析法**. 这个等式称为函数的解析表达式，简称解析式.

例如，

$$S = \pi r^2 (r > 0),$$
$$y = ax + b (a \neq 0),$$
$$y = ax^2 + bx + c (a \neq 0),$$
$$y = \sqrt{4 - x^2} (-2 \leqslant x \leqslant 2)$$

等都是用解析法表示函数关系的.

高等数学中研究的函数都是用解析法表示的函数.

在许多实际问题的解决过程中，经常用到这样一类函数，在自变量的不同变化范围中，对应法则用不同的解析式表示的函数，这类函数称为**分段函数**. 分段函数是高等数学中常见的一种函数.

例如，函数

$$y = |x| = \begin{cases} x, & x \geqslant 0, \\ -x, & x < 0 \end{cases} \quad \text{和} \quad y = \begin{cases} x, & x > 1, \\ x^2, & -1 \leqslant x \leqslant 1, \\ -x, & x < -1 \end{cases}$$

都是分段函数，它们的图形如图 1.1、图 1.2 所示.

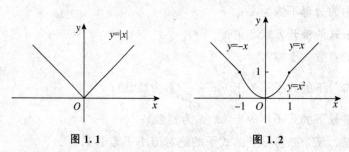

图 1.1   图 1.2

注意   分段函数是用几个解析式合起来表示的一个函数，而不是表示几个函数.

1.1.3 函数的四个简单性质

1. 奇偶性

定义 1.1.2 设函数 $f(x)$ 的定义域 D 关于原点对称(即 $x \in D$ 时，则 $-x \in D$).

(1) 如果

$$f(-x) = f(x), \, x \in D,$$

则称函数 $f(x)$ 为**偶函数**.

(2) 如果

$$f(-x) = -f(x), \, x \in D,$$

则称函数 $f(x)$ 为**奇函数**.

（3）如果
$$f(-x) \neq f(x) \text{ 且 } f(-x) \neq -f(x)，x \in D，$$
则称函数 $f(x)$ 为**非奇非偶函数**.

例如，函数 $f(x) = x^2$ 在 $(-\infty，+\infty)$ 内是偶函数，因为
$$f(-x) = (-x)^2 = x^2 = f(x).$$

函数 $f(x) = x^3$ 在 $(-\infty，+\infty)$ 内是奇函数，因为
$$f(-x) = (-x)^3 = -x^3 = -f(x).$$

注意　偶函数的图形关于 y 轴是对称的；奇函数的图形关于原点是对称的.

2. 单调性

定义 1.1.3　设函数 $f(x)$ 的定义域为 D，区间 $I \subset D$. 如果对于区间 I 上的任意两点 x_1、x_2，当 $x_1 < x_2$ 时，恒有

（1）
$$f(x_1) < f(x_2)，$$
则称函数 $f(x)$ 在区间 I 上是**单调增加的**，区间 I 称为**单调增区间**（图 1.3）.

（2）
$$f(x_1) > f(x_2)，$$
则称函数 $f(x)$ 在区间 I 上是**单调减少的**，区间 I 称为**单调减区间**（图 1.4）.

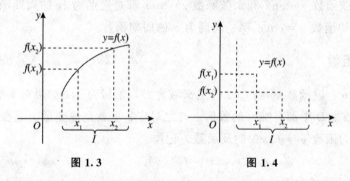

图 1.3　　　　　　　　　　图 1.4

单调增加的函数和单调减少的函数统称为**单调函数**，单调增区间和单调减区间统称为**单调区间**.

例如，函数 $f(x) = \sqrt[3]{x}$ 在 $(-\infty，+\infty)$ 内是单调增加的（图 1.5）.

函数 $f(x) = \sqrt[3]{x^2}$ 在 $(-\infty，0]$ 内是单调减少的，在 $[0，+\infty)$ 内是单调增加的，而在 $(-\infty，+\infty)$ 内不是单调的（图 1.6）.

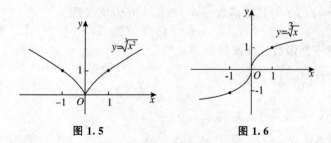

图 1.5　　　　　　　　　　图 1.6

3. 有界性

定义 1.1.4 设函数 $f(x)$ 的定义域为 D，区间 $I \subset D$. 如果存在正数 M，使得
$$|f(x)| \leqslant M, \quad x \in I,$$
则称函数 $f(x)$ 在区间 I 上**有界**. 如果不存在这样的正数 M，则称函数 $f(x)$ 在区间 I 上**无界**.

例如，函数 $f(x) = \sin x$ 在 $(-\infty, +\infty)$ 内有界，因为
$$|\sin x| \leqslant 1.$$

函数 $f(x) = \dfrac{1}{x}$ 在 $[1, +\infty)$ 内有界，而在 $(0, +\infty)$ 内无界.

4. 周期性

定义 1.1.5 设函数 $f(x)$ 的定义域为 D. 如果存在非零数 T，使得对于任意 $x \in D$，都有 $x \pm T \in D$，且
$$f(x + T) = f(x),$$
则称函数 $f(x)$ 为**周期函数**，T 称为周期函数 $f(x)$ 的**周期**.

注意 通常所说的周期函数的周期是指最小正周期.

例如，正弦函数 $y = \sin x$ 和余弦函数 $y = \cos x$ 都是周期为 2π 的周期函数. 正切函数 $y = \tan x$ 和余切函数 $y = \cot x$ 都是周期为 π 的周期函数.

1.1.4 反函数

定义 1.1.6 设函数 $y = f(x)$ 的定义域为 D，值域为 M. 如果对于数集 M 中的每一个数值 y，数集 D 中都有唯一的数值 x 与之对应，也就是说变量 x 是变量 y 的函数，则这个函数称为函数 $y = f(x)$ 的**反函数**. 记作
$$x = f^{-1}(y).$$
其定义域为 M，值域为 D.

习惯上自变量用 x 表示，因变量用 y 表示. 因此，我们将定义 1.1.6 中函数 $y = f(x)$ 的反函数 $x = f^{-1}(y)$ 记作
$$y = f^{-1}(x).$$

注意 (1) 函数 $y = f(x)$ 与其反函数 $y = f^{-1}(x)$ 的图形关于直线 $y = x$ 对称.

(2) 只有在定义区间上单调的函数才有反函数.

(3) 函数 $y = f(x)$ 与其反函数 $y = f^{-1}(x)$ 互为反函数.

例 5 求下列函数的反函数：

(1) $y = \sqrt[3]{x + 1}$；　　　　　　(2) $y = \dfrac{1 - x}{1 + x}$.

解 (1) 由 $y = \sqrt[3]{x + 1}$，解得 $x = y^3 - 1$，

x 与 y 互换得函数 $y = \sqrt[3]{x + 1}$ 的反函数为

$$y = x^3 - 1.$$

(2) 由 $y = \dfrac{1-x}{1+x}$，解得 $x = \dfrac{1-y}{1+y}$，

x 与 y 互换得函数 $y = \dfrac{1-x}{1+x}$ 的反函数为

$$y = \dfrac{1-x}{1+x}.$$

1.1.5 初等函数

1. 基本初等函数

(1) 幂函数　　$y = x^a$（a 为任意实数）.

(2) 指数函数　$y = a^x$（$a > 0$ 且 $a \neq 1$，a 为常数）.

(3) 对数函数　$y = \log_a x$（$a > 0$ 且 $a \neq 1$，a 为常数）.

　　常用对数函数　$y = \lg x$，

　　自然对数函数　$y = \ln x$.

(4) 三角函数

　　正弦函数　$y = \sin x$，

　　余弦函数　$y = \cos x$，

　　正切函数　$y = \tan x$，

　　余切函数　$y = \cot x$，

　　正割函数　$y = \sec x$，

　　余割函数　$y = \csc x$.

(5) 反三角函数

　　反正弦函数　$y = \arcsin x$，

　　反余弦函数　$y = \arccos x$，

　　反正切函数　$y = \arctan x$，

　　反余切函数　$y = \operatorname{arccot} x$.

定义 1.1.7 幂函数、指数函数、对数函数、三角函数和反三角函数统称为**基本初等函数**.

基本初等函数的图形和性质在初等数学中已经学习过，在此就不再详述（详见附录 Ⅱ）.

2. 复合函数

在某些实际问题中，讨论的函数并非都是基本初等函数本身或仅仅是由基本初等函数通过四则运算所得到的函数.

例如，在自由落体运动中，物体的动能 E 是速度 v 的函数

$$E = \frac{1}{2}mv^2,$$

而速度 v 又是时间 t 的函数

$$v = gt,$$

因此，物体的动能 E 通过速度 v 而成为时间 t 的函数

$$E = \frac{1}{2}m(gt)^2.$$

对于这样的函数，我们引入复合函数的概念.

定义 1.1.8 设函数 $y = f(u)$ 的定义域为 U_1，函数 $u = \varphi(x)$ 的值域为 U_2. 如果 $U_1 \bigcap U_2 \neq \varnothing$，则 y 通过变量 u 成为变量 x 的函数，这个函数称为由函数 $y = f(u)$ 和 $u = \varphi(x)$ 复合而成的**复合函数**. 记作

$$y = f[\varphi(x)].$$

其中，变量 u 称为**中间变量**.

例如，由函数 $E = \frac{1}{2}mv^2$ 和 $v = gt$ 复合而成的复合函数为

$$E = \frac{1}{2}m(gt)^2.$$

注意不是任何两个函数都能够复合成一个复合函数的.

例如，函数 $y = \arcsin u$ 和 $u = x^2 + 2$ 就不能复合成一个复合函数. 因为函数 $u = x^2 + 2$ 的值域 $[2, +\infty)$ 与函数 $y = \arcsin u$ 的定义域 $[-1, 1]$ 没有共同的元素.

有时，一个复合函数可能由三个或更多的函数复合而成.

例如，由函数 $y = \ln u$，$u = \sin v$ 和 $v = x^2$ 复合而成的复合函数为

$$y = \ln\sin x^2.$$

其中 u 和 v 都是中间变量.

同时，还必须掌握好复合函数的复合过程，即"分解"复合函数，这对于导数、微分、不定积分及定积分的学习很有益处.

例如，复合函数 $y = (3x + 5)^{10}$ 是由函数

$$y = u^{10} \text{ 和 } u = 3x + 5$$

复合而成的；也是由函数

$$y = u^2 \text{ 和 } u = (3x + 5)^5$$

复合而成的；也是由函数

$$y = u^5 \text{ 和 } u = (3x + 5)^2$$

复合而成的.

由此可见，一个复合函数的复合过程并不是唯一的. 为了便于今后的学习，我们要求掌握第一种复合函数的复合过程.

例 6 指出下列复合函数的复合过程：

(1) $y = \ln\sin 5x$ ； (2) $y = \sin^2 5x$.

解 (1) 复合函数 $y = \ln\sin 5x$ 是由函数

$$y = \ln u, \ u = \sin v, \ v = 5x$$

复合而成的.

(2) 复合函数 $y = \sin^2 5x$ 是由函数

$$y = u^2, \ u = \sin v, \ v = 5x$$

复合而成的.

3. 初等函数

定义 1.1.9 由常数和基本初等函数经过有限次四则运算和有限次的函数复合所构成并可用一个数学解析式表示的函数称为**初等函数**.

例如，函数

$$y = \sqrt{1 - x^2}, \ y = \ln\sin 5x, \ y = \ln\sin 5x + 1$$

都是初等函数.

本书中所讨论的函数绝大多数都是初等函数.

§1.2　函数的极限

极限是高等数学中的一个重要概念，是由于求某些实际问题的精确解答而产生的. 例如，我国古代数学家刘徽利用圆内接正多边形来推算圆面积的方法 —— 割圆术，就是极限思想在几何学上的典型应用. 高等数学中的连续、导数、定积分等概念都是在极限的基础上定义的. 本节主要讨论两种情形的极限：当 $x \to \infty$ 时，函数 $f(x)$ 的极限；当 $x \to x_0$ 时，函数 $f(x)$ 的极限.

1.2.1　当 $x \to \infty$ 时，函数 $f(x)$ 的极限

从函数 $y = \dfrac{1}{x}$ 的图形（图 1.8）可以看出，当自变量 x 取正值无限增大（记为 $x \to +\infty$）时，函数 $y = \dfrac{1}{x}$ 的值无限趋近于常数 0（记为 $\dfrac{1}{x} \to 0$）. 此时，称常数 0 为函数 $y = \dfrac{1}{x}$ 当 $x \to +\infty$ 时的极限. 记作

$$\lim_{x \to +\infty} \frac{1}{x} = 0.$$

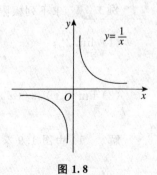

图 1.8

同样地，当自变量 x 取负值并且它的绝对值无限增大(记为 $x \to -\infty$)时，函数 $y = \frac{1}{x}$ 的值也无限趋近于常数 0. 此时，我们称常数 0 为函数 $y = \frac{1}{x}$ 当 $x \to -\infty$ 时的极限. 记作

$$\lim_{x \to -\infty} \frac{1}{x} = 0.$$

定义 1.2.1   如果当 $x \to +\infty$ 时，函数 $f(x)$ 无限趋近于一个确定的常数 A，则称**常数 A 为函数 $f(x)$ 当 $x \to +\infty$ 时的极限**. 记作

$$\lim_{x \to +\infty} f(x) = A.$$

也可记作

$$f(x) \to A(\text{当 } x \to +\infty).$$

定义 1.2.2   如果当 $x \to -\infty$ 时，函数 $f(x)$ 无限趋近于一个确定的常数 A，则称**常数 A 为函数 $f(x)$ 当 $x \to -\infty$ 时的极限**. 记作

$$\lim_{x \to -\infty} f(x) = A.$$

也可记作

$$f(x) \to A(\text{当 } x \to -\infty).$$

定义 1.2.3   如果

$$\lim_{x \to +\infty} f(x) = A \text{ 且 } \lim_{x \to -\infty} f(x) = A,$$

则称**常数 A 为函数 $f(x)$ 当 $x \to \infty$ 时的极限**. 记作

$$\lim_{x \to \infty} f(x) = A.$$

也可记作

$$f(x) \to A(\text{当 } x \to \infty).$$

由定义 1.2.3，我们有如下极限运算公式和定理：

$$\lim_{x \to \infty} c = c(c \text{ 为常数}),$$

$$\lim_{x \to \infty} \frac{1}{x} = 0.$$

定理 1.2.1 $\lim\limits_{x \to \infty} f(x) = A$ 的充分必要条件是 $\lim\limits_{x \to +\infty} f(x) = \lim\limits_{x \to -\infty} f(x) = A$.

 **例1**   求下列极限：

(1) $\lim\limits_{x \to -\infty} 2^x$；

(2) $\lim\limits_{x \to +\infty} \left(\frac{1}{2}\right)^x$；

(3) $\lim\limits_{x \to \infty} f(x)$，$f(x) = \begin{cases} 1, & x > 0, \\ 0, & x = 0, \\ -1, & x < 0. \end{cases}$

解   (1) 由图 1.9 及定义 1.2.2 可得

$$\lim_{x \to -\infty} 2^x = 0.$$

（2）由图 1.9 及定义 1.2.1 可得

$$\lim_{x \to +\infty} \left(\frac{1}{2} \right)^x = 0.$$

（3）由图 1.10 及定义 1.2.1、定义 1.2.2 可得

$$\lim_{x \to +\infty} f(x) = 1, \quad \lim_{x \to -\infty} f(x) = -1,$$

所以，由定理 1.2.1 得 $\lim\limits_{x \to \infty} f(x)$ 不存在.

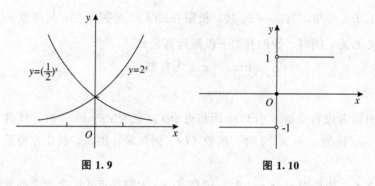

图 1.9　　　　　　　　　　　图 1.10

1.2.2　当 $x \to x_0$ 时，函数 $f(x)$ 的极限

从函数 $y = x + 1$ 和 $y = \dfrac{x^2 - 1}{x - 1}$ 的图形（图 1.11、图 1.12）可以看出，无论函数 $y = x + 1$ 在点 $x = 1$ 处有定义，还是函数 $y = \dfrac{x^2 - 1}{x - 1}$ 在点 $x = 1$ 处无定义，当自变量 x 无限趋近于 1 时，两个函数的值都无限趋近于常数 2. 此时，我们称常数 2 为函数 $y = x + 1$ 和 $y = \dfrac{x^2 - 1}{x - 1}$ 当 $x \to 1$ 时的极限. 分别记作

$$\lim_{x \to 1} (x + 1) = 2,$$

$$\lim_{x \to 1} \frac{x^2 - 1}{x - 1} = 2.$$

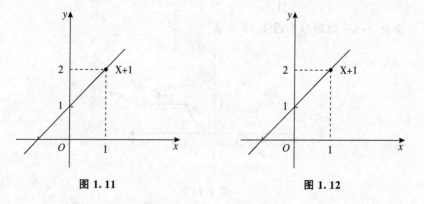

图 1.11　　　　　　　　　　　图 1.12

定义 1.2.4　设函数 $f(x)$ 在 $(x_0 - \delta, x_0) \bigcup (x_0, x_0 + \delta)(\delta > 0)$ 内有定义. 如果

在 $(x_0-\delta, x_0)\bigcup(x_0, x_0+\delta)$ 内，当 $x \to x_0$ 时，函数 $f(x)$ 无限趋近于一个确定的常数 A，则称常数 A 为**函数 $f(x)$ 当 $x \to x_0$ 时的极限**. 记作

$$\lim_{x \to x_0} f(x) = A.$$

也可记作

$$f(x) \to A (当 x \to x_0).$$

$\lim\limits_{x \to x_0} f(x) = A$ 也称为函数 $f(x)$ 在点 $x = x_0$ 处的极限.

由定义 1.2.4 可知，当 $x \to x_0$ 时，极限 $\lim\limits_{x \to x_0} f(x)$ 是否存在，与函数 $f(x)$ 在点 x_0 处是否有定义无关. 同时，我们有如下极限运算公式：

$$\lim_{x \to x_0} c = c (c 为常数).$$

$$\lim_{x \to x_0} x = x_0.$$

有时，只需考虑自变量 x 小于 x_0 而趋近于 x_0（记为 $x \to x_0^-$）时，或自变量 x 大于 x_0 而趋近于 x_0（记为 $x \to x_0^+$）时，函数 $f(x)$ 的极限，因此，给出左极限、右极限的定义.

定义 1.2.5 如果当 $x \to x_0^-$ 时，函数 $f(x)$ 无限趋近于一个确定的常数 A，则称常数 A 为**函数 $f(x)$ 当 $x \to x_0$ 时的左极限**. 记作

$$\lim_{x \to x_0^-} f(x) = A.$$

定义 1.2.6 如果当 $x \to x_0^+$ 时，函数 $f(x)$ 无限趋近于一个确定的常数 A，则称**常数 A 为函数 $f(x)$ 当 $x \to x_0$ 时的右极限**. 记作

$$\lim_{x \to x_0^+} f(x) = A.$$

由定义 1.2.4 有如下定理.

定理 1.2.2 $\lim\limits_{x \to x_0} f(x) = A$ 的充分必要条件是

$$\lim_{x \to x_0^-} f(x) = \lim_{x \to x_0^+} f(x) = A.$$

例 2 求函数 $f(x) = \begin{cases} x+1, & x < 0, \\ x^2, & 0 \leqslant x \leqslant 1, \\ 1, & x > 1 \end{cases}$ 在点 $x = 0$ 和 $x = 1$ 处的极限.

解 函数 $f(x)$ 的图形如图 1.13 所示.

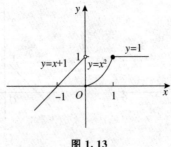

图 1.13

（1）因为

$$\lim_{x \to 0^-} f(x) = \lim_{x \to 0^-} (x+1) = 1,$$

$$\lim_{x \to 0^+} f(x) = \lim_{x \to 0^+} x^2 = 0,$$

即

$$\lim_{x \to 0^-} f(x) \neq \lim_{x \to 0^+} f(x),$$

所以，$\lim_{x \to 0} f(x)$ 不存在.

（2）因为

$$\lim_{x \to 1^-} f(x) = \lim_{x \to 1^-} x^2 = 1,$$

$$\lim_{x \to 1^+} f(x) = \lim_{x \to 1^+} 1 = 1,$$

即

$$\lim_{x \to 1^-} f(x) = \lim_{x \to 1^+} f(x),$$

所以

$$\lim_{x \to 1} f(x) = 1.$$

§1.3　无穷大量与无穷小量

1.3.1　无穷小定义

定义 1.3.1　极限为零的变量称为无穷小量. 即若变量 y 在其变化过程中以零为极限，则称变量 y 在此变化过程中是一个无穷小量. 无穷小量简称无穷小.

例如，因为 $\lim\limits_{x \to \infty} \dfrac{1}{x} = 0$，所以当 $x \to \infty$ 时，变量 $y = \dfrac{1}{x}$ 是无穷小.

理解无穷小的概念，应注意以下两点：

（1）无穷小量是相对于自变量的某个变化过程而言的.

（2）无穷小量是一个变量，不能将其与一个很小的正数混为一谈.

下面的定理说明了函数极限与无穷小量之间的关系：

定理 1.3.1　在自变量的同一变化过程 $x \to x_0$（或 $x \to \infty$）中，函数 $f(x)$ 具有极限 A 的充分必要条件是 $f(x) = A + \alpha$，其中 α 是无穷小.

1.3.2　无穷小量的性质

定理 1　有限个无穷小的和也是无穷小.

定理 2　有界函数与无穷小的乘积是无穷小.

推论 1　常数与无穷小的乘积是无穷小.

推论 2　有限个无穷小的乘积也是无穷小.

 **例 1**　求 $\lim\limits_{x \to 0} x \sin \dfrac{1}{x}$.

解 因为 $\left| \sin \dfrac{1}{x} \right| \leqslant 1$，所以 $\sin \dfrac{1}{x}$ 是个有界变量．又因为 $\lim\limits_{x \to 0} x = 0$，所以当 $x \to 0$

时，$x \sin \dfrac{1}{x}$ 是无穷小量与有界变量的乘积．即

$$\lim\limits_{x \to 0} x \sin \dfrac{1}{x} = 0$$

1.3.3　无穷大量

定义 1.3.2　如果在自变量的变化过程中，对于任意给定的正数 M（无论多么大），因变量在变化到一定程度后，恒有 $|y| > M$ 成立，则称 y 在此变化过程中为无穷大量，简称无穷大．记为

$$\lim y = \infty$$

（此时 $\lim$ 下方未注明自变量的变化过程，是指对已经介绍过的各种变化过程都成立）

如果上述定义中限制 y 只取正值或者只取负值，则可类似地定义正无穷大或负无穷大，并分别记为

$$\lim y = +\infty \text{ 或者 } \lim y = -\infty$$

无穷大量具有以下性质：

性质 1　无穷大量与有界变量的代数和是无穷大量．

性质 2　无穷大量与非零常数的乘积是无穷大量．

例如：当 $x \to \infty$ 时，$x + \sin x$，$3x$ 都是无穷大量．

性质 3　无穷大量与无穷大量的乘积是无穷大量．

例如：当 $x \to \infty$ 时，$y = 3x^2 - 4x + 6$ 为无穷大量．因为该函数可变形为

$$y = x(3x - 4) + 6$$

1.3.4　无穷小量与无穷大量之间的关系

定理 1.3.2　在自变量的同一变化过程中，若因变量 y 是无穷大量，则 $\dfrac{1}{y}$ 是无穷小量；若 y 是无穷小量（$y \neq 0$），则 $\dfrac{1}{y}$ 是无穷大量．

1.3.5　无穷小量的比较

定义 1.3.3　设 α，β 都是 $x \to x_0$ 时的无穷小量，且 β 在 x_0 的去心邻域内不为零．

（1）如果 $\lim\limits_{x \to x_0} \dfrac{\alpha}{\beta} = 0$，则称 α 是 β 的高阶无穷小或 β 是 α 的低阶无穷小；

（2）如果 $\lim\limits_{x \to x_0} \dfrac{\alpha}{\beta} = c \neq 0$，则称 α 和 β 是同阶无穷小；

（3）如果 $\lim\limits_{x \to x_0} \dfrac{\alpha}{\beta} = 1$，则称 α 和 β 是等价无穷小，记作：$\alpha \sim \beta$（α 与 β 等价）．

例2 讨论：当 $x \to 0$ 时，x 与 $3x$，$\sin x$ 是否为等价无穷小？x^2 与 $3x$ 是否为同阶无穷小？

解 因为 $\lim\limits_{x \to 0} \dfrac{x}{3x} = \dfrac{1}{3}$，所以当 $x \to 0$ 时，x 与 $3x$ 是同阶无穷小；

因为 $\lim\limits_{x \to 0} \dfrac{x^2}{3x} = 0$，所以当 $x \to 0$ 时，x^2 是 $3x$ 的高阶无穷小；

因为 $\lim\limits_{x \to 0} \dfrac{\sin x}{x} = 1$，所以当 $x \to 0$ 时，$\sin x$ 与 x 是等价无穷小.

§1.4　极限的运算

1.4.1　极限的运算法则

定理 1.4.1 如果 $\lim f(x) = A$，$\lim g(x) = B$，则：

(1) $\lim [f(x) \pm g(x)] = \lim f(x) \pm \lim g(x) = A \pm B$；

(2) $\lim [f(x) \cdot g(x)] = \lim f(x) \cdot \lim g(x) = A \cdot B$；

(3) $\lim \dfrac{f(x)}{g(x)} = \dfrac{\lim f(x)}{\lim g(x)} = \dfrac{A}{B} (B \neq 0)$.

推论 1 $\lim [k f(x)] = k \lim f(x) = kA (k$ 为常数).

推论 2 $\lim [f(x)]^n = [\lim f(x)]^n = A^n (n$ 为正整数).

由推论 2 可得极限运算公式：

$$\lim_{x \to x_0} x^n = x_0^n (n \text{ 为正整数}),$$

$$\lim_{x \to \infty} \frac{1}{x^n} = 0 (n \text{ 为正整数}).$$

定理 1.4.1 中的 (1)(2) 可推广到有限个函数的情形. 例如，如果 $\lim f_1(x)$，$\lim f_2(x)$，$\lim f_3(x)$ 都存在，则

$$\lim [f_1(x) \pm f_2(x) \pm f_3(x)] = \lim f_1(x) \pm \lim f_2(x) \pm \lim f_3(x),$$

$$\lim [f_1(x) \cdot f_2(x) \cdot f_3(x)] = \lim f_1(x) \cdot \lim f_2(x) \cdot \lim f_3(x).$$

定义 1.4.1 在自变量 x 的同一变化趋势下，如果

$$\lim f(x) = 0, \ \lim g(x) = 0, \ \text{且} \ \lim \frac{f(x)}{g(x)} = 1,$$

则称函数 $f(x)$ 与 $g(x)$ 为**等价无穷小**. 记作

$$f(x) \sim g(x).$$

例如，$\lim\limits_{x \to 0} x = 0$，$\lim\limits_{x \to 0} \sin x = 0$，由重要极限 $\lim\limits_{x \to 0} \dfrac{\sin x}{x} = 1$ 可知，函数 $\sin x$ 与 x 当 $x \to$

0 时为等价无穷小. 记作:

$$当 x \to 0 时, \sin x \sim x.$$

定理 1.4.2 设 $\lim \alpha = 0$, $\lim \beta = 0$, $\lim \alpha' = 0$, $\lim \beta' = 0$. 如果

$$\alpha \sim \alpha', \quad \beta \sim \beta', \quad 且 \lim \frac{\beta'}{\alpha'} 存在,$$

则

$$\lim \frac{\beta}{\alpha} = \lim \frac{\beta'}{\alpha'}.$$

此定理也就是说:求两个无穷小商的极限时,分子与分母都可用其等价无穷小来代替,从而使极限的计算简化.

1.4.2 极限运算的基本公式

1. $\lim c = c$(c 为常数).

2. $\lim\limits_{x \to x_0} x^n = x_0^n$($n$ 为正整数).

3. $\lim\limits_{x \to \infty} \dfrac{1}{x^n} = 0$($n$ 为正整数).

4. $\lim [f(x) \pm g(x)] = \lim f(x) \pm \lim g(x)$.

5. $\lim [f(x) \cdot g(x)] = \lim f(x) \cdot \lim g(x)$.

6. $\lim \dfrac{f(x)}{g(x)} = \dfrac{\lim f(x)}{\lim g(x)}$, $\lim g(x) \neq 0$.

7. $\lim [k f(x)] = k \lim f(x)$($k$ 为常数).

8. $\lim [f(x)]^n = [\lim f(x)]^n$($n$ 为正整数).

9. $\lim\limits_{x \to 0} \dfrac{\sin x}{x} = 1$.

10. $\lim\limits_{x \to \infty} \left(1 + \dfrac{1}{x}\right)^x = e$ 或 $\lim\limits_{x \to 0} (1 + x)^{\frac{1}{x}} = e$.

1.4.3 极限运算的基本类型

 **例 1** 求 $\lim\limits_{x \to 2}(3x^2 - 2x + 1)$.

解 $\begin{aligned} \lim\limits_{x \to 2}(3x^2 - 2x + 1) &= \lim\limits_{x \to 2}(3x^2) - \lim\limits_{x \to 2}(2x) + \lim\limits_{x \to 2} 1 \\ &= 3 \lim\limits_{x \to 2} x^2 - 2 \lim\limits_{x \to 2} x + 1 \\ &= 3 \cdot 2^2 - 2 \cdot 2 + 1 \\ &= 9. \end{aligned}$

事实上,设多项式函数

$$f(x) = a_0 x^n + a_1 x^{n-1} + \cdots + a_n,$$

则

$$\lim\limits_{x \to x_0} f(x) = \lim\limits_{x \to x_0}(a_0 x^n + a_1 x^{n-1} + \cdots + a_n)$$

$$= a_0 \lim_{x \to x_0} x^n + a_1 \lim_{x \to x_0} x^{n-1} + \cdots + \lim_{x \to x_0} a_n$$
$$= a_0 x_0^n + a_1 x_0^{n-1} + \cdots + a_n$$
$$= f(x_0).$$

即 $\lim_{x \to x_0} f(x) = f(x_0)$.

 求 $\lim_{x \to 2} \dfrac{x^3 - 2}{x^2 - 5x + 3}$.

解 由例 1 得

$$\lim_{x \to 2}(x^2 - 5x + 3) = -3 \neq 0, \ \lim_{x \to 2}(x^3 - 2) = 6,$$

则
$$\lim_{x \to 2} \frac{x^3 - 2}{x^2 - 5x + 3} = \frac{\lim\limits_{x \to 2}(x^3 - 2)}{\lim\limits_{x \to 2}(x^2 - 5x + 3)}$$
$$= \frac{\lim\limits_{x \to 2} x^3 - \lim\limits_{x \to 2} 2}{\lim\limits_{x \to 2} x^2 - 5 \lim\limits_{x \to 2} x + \lim\limits_{x \to 2} 3}$$
$$= \frac{2^3 - 2}{2^2 - 5 \cdot 2 + 3}$$
$$= \frac{6}{-3}$$
$$= -2.$$

例 3 求 $\lim_{x \to 3} \dfrac{x - 3}{x^2 - 9}$.

解 由例 1 得

$$\lim_{x \to 3}(x - 3) = 0, \ \lim_{x \to 3}(x^2 - 9) = 0,$$

因此，不能直接应用商的极限运算法则求极限.

由函数 $f(x) = \dfrac{x - 3}{x^2 - 9}$ 得 $x^2 - 9 \neq 0$，从而有 $x - 3 \neq 0$.

因此，首先对函数 $f(x) = \dfrac{x - 3}{x^2 - 9}$ 进行简化，然后再应用商的极限运算法则.

$$\lim_{x \to 3} \frac{x - 3}{x^2 - 9} = \lim_{x \to 3} \frac{x - 3}{(x - 3)(x + 3)}$$
$$= \lim_{x \to 3} \frac{1}{x + 3}$$
$$= \frac{\lim\limits_{x \to 3} 1}{\lim\limits_{x \to 3}(x + 3)}$$
$$= \frac{1}{6}.$$

例 4 求 $\lim_{x \to \infty} \dfrac{3x^3 + 4x^2 - 4}{6x^3 - x + 3}$.

解 因为

$$\lim_{x \to \infty}(3x^3 + 4x^2 - 4) = \infty, \quad \lim_{x \to \infty}(6x^3 - x + 3) = \infty,$$ 所以，不能直接应用商的极限运算法则．首先用分子、分母多项式中最高次幂 x^3 去除分子、分母，然后再应用商的极限运算法则．

$$\lim_{x \to \infty} \frac{3x^3 + 4x^2 - 4}{6x^3 - x + 3} = \lim_{x \to \infty} \frac{3 + \dfrac{4}{x} - \dfrac{4}{x^3}}{6 - \dfrac{1}{x^2} + \dfrac{3}{x^3}}$$

$$= \frac{\lim\limits_{x \to \infty}\left(3 + \dfrac{4}{x} - \dfrac{4}{x^3}\right)}{\lim\limits_{x \to \infty}\left(6 - \dfrac{1}{x^2} + \dfrac{3}{x^3}\right)}$$

$$= \frac{3 + 0 - 0}{6 - 0 + 0}$$

$$= \frac{1}{2}.$$

例 5 求 $\lim\limits_{x \to \infty} \dfrac{3x^2 + 4x - 2}{6x^3 - x + 3}$．

解 首先用分子、分母多项式中最高次幂 x^3 去除分子、分母，然后再应用商的极限运算法则．

$$\lim_{x \to \infty} \frac{3x^2 + 4x - 2}{6x^3 - x + 3} = \lim_{x \to \infty} \frac{\dfrac{3}{x} + \dfrac{4}{x^2} - \dfrac{2}{x^3}}{6 - \dfrac{1}{x^2} + \dfrac{3}{x^3}}$$

$$= \frac{\lim\limits_{x \to \infty}\left(\dfrac{3}{x} + \dfrac{4}{x^2} - \dfrac{2}{x^3}\right)}{\lim\limits_{x \to \infty}\left(6 - \dfrac{1}{x^2} + \dfrac{3}{x^3}\right)}$$

$$= \frac{0 + 0 - 0}{6 - 0 + 0}$$

$$= 0.$$

例 6 求下列极限：

$$(1) \lim_{x \to \infty} \frac{x^2 + 2x + 3}{x + 3}; \qquad\qquad (2) \lim_{x \to 3} \frac{x + 3}{x^2 - 9}.$$

解 （1）因为

$$\lim_{x \to \infty} \frac{x + 3}{x^2 + 2x + 3} = \lim_{x \to \infty} \frac{\dfrac{1}{x} + \dfrac{3}{x^2}}{1 + \dfrac{2}{x} + \dfrac{3}{x^2}}$$

$$= \frac{\lim\limits_{x \to \infty}\left(\dfrac{1}{x} + \dfrac{3}{x^2}\right)}{\lim\limits_{x \to \infty}\left(1 + \dfrac{2}{x} + \dfrac{3}{x^2}\right)}$$

$$= \frac{0+0}{1+0+0}$$

$$= 0,$$

即函数 $\dfrac{x+3}{x^2+2x+3}$ 为当 $x \to \infty$ 时的无穷小.

所以，函数 $\dfrac{x^2+2x+3}{x+3}$ 为当 $x \to \infty$ 时的无穷大．即

$$\lim_{x \to \infty} \frac{x^2+2x+3}{x+3} = \infty.$$

(2) 因为

$$\lim_{x \to 3} \frac{x^2-9}{x+3} = \frac{\lim\limits_{x \to 3}(x^2-9)}{\lim\limits_{x \to 3}(x+3)}$$

$$= \frac{0}{6}$$

$$= 0,$$

即函数 $\dfrac{x^2-9}{x+3}$ 为当 $x \to 3$ 时的无穷小.

所以，函数 $\dfrac{x+3}{x^2-9}$ 为当 $x \to 3$ 时的无穷大．即

$$\lim_{x \to 3} \frac{x+3}{x^2-9} = \infty.$$

由例4、例5、例6(1)可得，当 $a_0 \neq 0$，$b_0 \neq 0$，m 和 n 为正整数时，有

$$\lim_{x \to \infty} \frac{a_0 x^m + a_1 x^{m-1} + \cdots + a_m}{b_0 x^n + b_1 x^{n-1} + \cdots + b_n} = \begin{cases} \dfrac{a_0}{b_0}, & \text{当 } m = n, \\[2mm] 0, & \text{当 } m < n, \\[2mm] \infty, & \text{当 } m > n. \end{cases}$$

1.4.4 两个重要极限

1. 第一重要极限

$$\lim_{x \to 0} \frac{\sin x}{x} = 1$$

证明：作单位圆，如图 1.14.

设 x 为圆心角 $\angle AOB$ 度数，并设 $0 < x < \dfrac{\pi}{2}$，由图 1.14 不难发

现：$S_{\triangle AOB} < S_{扇形AOB} < S_{\triangle AOD}$，即：$\dfrac{1}{2}\sin x < \dfrac{1}{2}x < \dfrac{1}{2}\tan x$，即 $\sin x$

$< x < \tan x \Rightarrow 1 < \dfrac{x}{\sin x} < \dfrac{1}{\cos x} \quad \Rightarrow \cos x < \dfrac{\sin x}{x} < 1$

（因为 $0 < x < \dfrac{\pi}{2}$，所以以上不等式不改变方向）

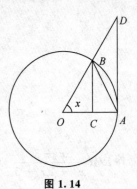

图 1.14

当 x 改变符号时，$\cos x$，$\dfrac{x}{\sin x}$ 及 1 的值均不变，故对满足 0

$< |x| < \dfrac{\pi}{2}$ 的一切 x，有 $\cos x < \dfrac{\sin x}{x} < 1$.

又因为 $\cos x = 1 - (1 - \cos x) = 1 - 2\sin^2\left(\dfrac{x}{2}\right) > 1 - 2 \cdot \dfrac{x^2}{4} = 1 - \dfrac{x^2}{2}$，

所以 $1 - \dfrac{x^2}{2} < \cos x < 1 \Rightarrow \lim\limits_{x \to 0}\cos x = 1$，

而 $\lim\limits_{x \to 0}\cos x = \lim\limits_{x \to 0}1 = 1 \Rightarrow \lim\limits_{x \to 0}\dfrac{\sin x}{x} = 1$，证毕.

例 7 求下列极限：

(1) $\lim\limits_{x \to 0}\dfrac{x}{\sin x}$；

(2) $\lim\limits_{x \to 0}\dfrac{\tan x}{x}$；

(3) $\lim\limits_{x \to 0}\dfrac{\sin kx}{x}(k \neq 0)$；

(4) $\lim\limits_{x \to 0}\dfrac{\sin ax}{\sin bx}(a \neq 0, b \neq 0)$；

(5) $\lim\limits_{x \to 0}\dfrac{1 - \cos x}{x^2}$.

解 当 $x \to 0$ 时，有 $kx \to 0 (k \neq 0)$.

(1)
$$\lim\limits_{x \to 0}\dfrac{x}{\sin x} = \lim\limits_{x \to 0}\dfrac{1}{\dfrac{\sin x}{x}}$$

$$= \dfrac{\lim\limits_{x \to 0}1}{\lim\limits_{x \to 0}\dfrac{\sin x}{x}}$$

$$= \dfrac{1}{1}$$

$$= 1.$$

(2)
$$\lim\limits_{x \to 0}\dfrac{\tan x}{x} = \lim\limits_{x \to 0}\dfrac{\dfrac{\sin x}{\cos x}}{x}$$

$$= \lim_{x \to 0} \frac{\dfrac{\sin x}{x}}{\cos x}$$

$$= \frac{\lim\limits_{x \to 0} \dfrac{\sin x}{x}}{\lim\limits_{x \to 0} \cos x}$$

$$= \frac{1}{1}$$

$$= 1.$$

(3)
$$\lim_{x \to 0} \frac{\sin kx}{x} = \lim_{x \to 0} \frac{k \sin kx}{kx}$$

$$= \lim_{kx \to 0} \frac{k \sin kx}{kx}$$

$$= k \lim_{kx \to 0} \frac{\sin kx}{kx}$$

$$= k \cdot 1$$

$$= k.$$

(4)
$$\lim_{x \to 0} \frac{\sin ax}{\sin bx} = \lim_{x \to 0} \frac{\dfrac{\sin ax}{x}}{\dfrac{\sin bx}{x}}$$

$$= \frac{\lim\limits_{x \to 0} \dfrac{\sin ax}{x}}{\lim\limits_{x \to 0} \dfrac{\sin bx}{x}}$$

$$\overset{(3)}{=\!=\!=} \frac{a}{b}.$$

或者，当 $x \to 0$ 时，$\sin ax \sim ax$，$\sin bx \sim bx$，

所以
$$\lim_{x \to 0} \frac{\sin ax}{\sin bx} =\!=\!= \lim_{x \to 0} \frac{ax}{bx}$$

$$= \lim_{x \to 0} \frac{a}{b} = \frac{a}{b}.$$

(5)
$$\lim_{x \to 0} \frac{1 - \cos x}{x^2} = \lim_{x \to 0} \frac{2 \sin^2 \dfrac{x}{2}}{x^2}$$

$$= \lim_{x \to 0} \frac{\sin^2 \dfrac{x}{2}}{2 \left(\dfrac{x}{2} \right)^2}$$

$$= \frac{1}{2} \lim_{x \to 0} \left(\frac{\sin \dfrac{x}{2}}{\dfrac{x}{2}} \right)^2$$

$$= \frac{1}{2} \left(\lim_{\frac{x}{2} \to 0} \frac{\sin \frac{x}{2}}{\frac{x}{2}} \right)^2$$

$$= \frac{1}{2} \cdot 1^2 = \frac{1}{2}.$$

2. 第二重要极限

$$\lim_{x \to \infty} \left(1 + \frac{1}{x}\right)^x = e (证略)$$

例 8 求下列极限:

(1) $\lim_{x \to \infty} \left(1 + \frac{1}{x}\right)^{2x}$;

(2) $\lim_{x \to \infty} \left(1 + \frac{2}{x}\right)^x$;

(3) $\lim_{x \to \infty} \left(1 - \frac{2}{x}\right)^x$;

(4) $\lim_{x \to \infty} \left(\frac{2-x}{3-x}\right)^x$.

解 当 $x \to \infty$ 时, 有 $kx \to \infty (k \neq 0)$.

(1)
$$\lim_{x \to \infty} \left(1 + \frac{1}{x}\right)^{2x} = \lim_{x \to \infty} \left[\left(1 + \frac{1}{x}\right)^x\right]^2$$
$$= \left[\lim_{x \to \infty} \left(1 + \frac{1}{x}\right)^x\right]^2$$
$$= e^2.$$

请读者自己推导:

$$\lim_{x \to \infty} \left(1 + \frac{1}{x}\right)^{nx} = e^n (n \text{ 为非零整数}).$$

(2)
$$\lim_{x \to \infty} \left(1 + \frac{2}{x}\right)^x = \lim_{x \to \infty} \left(1 + \frac{1}{\frac{x}{2}}\right)^x$$
$$= \lim_{x \to \infty} \left(1 + \frac{1}{\frac{x}{2}}\right)^{2 \cdot \frac{x}{2}}$$
$$= \lim_{\frac{x}{2} \to \infty} \left[\left(1 + \frac{1}{\frac{x}{2}}\right)^{\frac{x}{2}}\right]^2$$
$$= \left[\lim_{\frac{x}{2} \to \infty} \left(1 + \frac{1}{\frac{x}{2}}\right)^{\frac{x}{2}}\right]^2$$
$$= e^2.$$

(3)
$$\lim_{x \to \infty} \left(1 - \frac{2}{x}\right)^x = \lim_{x \to \infty} \left(1 + \frac{1}{-\frac{x}{2}}\right)^x$$

$$= \lim_{-\frac{x}{2} \to \infty} \left(1 + \frac{1}{-\frac{x}{2}}\right)^{-2\left(-\frac{x}{2}\right)}$$

$$= \lim_{-\frac{x}{2} \to \infty} \frac{1}{\left(1 + \frac{1}{-\frac{x}{2}}\right)^{2\left(-\frac{x}{2}\right)}}$$

$$= \lim_{-\frac{x}{2} \to \infty} \frac{1}{\left[\left(1 + \frac{1}{-\frac{x}{2}}\right)^{-\frac{x}{2}}\right]^2}$$

$$= \frac{\lim_{-\frac{x}{2} \to \infty} 1}{\lim_{-\frac{x}{2} \to \infty} \left[\left(1 + \frac{1}{-\frac{x}{2}}\right)^{-\frac{x}{2}}\right]^2}$$

$$= \frac{1}{\left[\lim_{-\frac{x}{2} \to \infty} \left(1 + \frac{1}{-\frac{x}{2}}\right)^{-\frac{x}{2}}\right]^2}$$

$$= \frac{1}{e^2}$$

$$= e^{-2}.$$

请读者自己综合(2)(3)推导：

$$\lim_{x \to \infty} \left(1 + \frac{n}{x}\right)^x = e^n \, (n \text{ 为非零整数}).$$

(4) 由(3)得

$$\lim_{x \to \infty} \left(1 - \frac{2}{x}\right)^x = e^{-2}, \quad \lim_{x \to \infty} \left(1 - \frac{3}{x}\right)^x = e^{-3},$$

则

$$\lim_{x \to \infty} \left(\frac{2-x}{3-x}\right)^x = \lim_{x \to \infty} \left(\frac{x-2}{x-3}\right)^x$$

$$= \lim_{x \to \infty} \left(\frac{1 - \frac{2}{x}}{1 - \frac{3}{x}}\right)^x$$

$$= \lim_{x \to \infty} \frac{\left(1 - \frac{2}{x}\right)^x}{\left(1 - \frac{3}{x}\right)^x}$$

$$= \frac{\lim\limits_{x \to \infty}\left(1 - \dfrac{2}{x}\right)^x}{\lim\limits_{x \to \infty}\left(1 - \dfrac{3}{x}\right)^x}$$

$$= \frac{\mathrm{e}^{-2}}{\mathrm{e}^{-3}}$$

$$= \mathrm{e}.$$

§1.5　函数的连续性与间断点

1.5.1　函数的连续性

连续性是函数的重要性态之一. 在客观世界中的许多现象, 例如, 树木的生长、温度的变化、物种的进化等, 都是连续变化的. 这些现象反映在函数关系上, 就是函数的连续性.

1. 函数 $y = f(x)$ 在点 x_0 处连续

定义 1.5.1　设函数 $y = f(x)$ 在 $(x_0 - \delta, x_0 + \delta)(\delta > 0)$ 内有定义, 如果

$$\lim_{x \to x_0} f(x) = f(x_0),$$

则称函数 **$y = f(x)$ 在点 x_0 处连续**, 点 x_0 称为**函数 $y = f(x)$ 的连续点**.

下面我们引入变量的增量的概念, 然后给出与定义 1.5.1 等价的函数连续性的定义 1.5.2.

设变量 u 从它的一个初值 u_1 变化到终值 u_2, 终值 u_2 与初值 u_1 之差 $u_2 - u_1$ 称为变量 u 在点 u_1 处的**增量**(或**改变量**). 记作

$$\Delta u = u_2 - u_1.$$

注意　记号 Δu 不是 Δ 与 u 的乘积, 而是一个整体不可分割的记号.

在定义 1.5.1 中, 记

$$\Delta x = x - x_0$$

为自变量 x 在点 x_0 处的增量, 则

$$x = x_0 + \Delta x;$$

$$\Delta y = f(x) - f(x_0) = f(x_0 + \Delta x) - f(x_0)$$

为函数 $y = f(x)$ 在点 x_0 处的增量. 则函数 $y = f(x)$ 在点 x_0 处连续有定义 1.5.2.

定义 1.5.2　设函数 $y = f(x)$ 在 $(x_0 - \delta, x_0 + \delta)(\delta > 0)$ 内有定义, 且 $x_0 + \Delta x$ 仍在该区间内, 如果

$$\lim_{\Delta x \to 0} \Delta y = \lim_{\Delta x \to 0} [f(x_0 + \Delta x) - f(x_0)] = 0,$$

则称函数 $y=f(x)$ **在点** x_0 **处连续**，点 x_0 称为函数 $y=f(x)$ **的连续点**.

由定义 1.5.1 可知，函数 $y=f(x)$ 在点 x_0 处连续的几何意义为：在点 x_0 左右邻近的函数 $y=f(x)$ 的图形在点 x_0 处恰好联结在一起，也就是说，函数 $y=f(x)$ 的图形在点 x_0 处不间断(图 1.15).

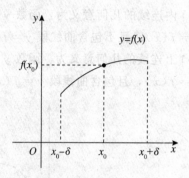

图 1.15

定义 1.5.1 与定义 1.5.2 本质相同，是函数 $y=f(x)$ 在点 x_0 处连续的两种等价定义. 它们有三个共同特性，构成了函数 $y=f(x)$ 在点 x_0 处连续的三要素：

(1) 函数 $y=f(x)$ 在点 x_0 处有定义，即 $f(x_0)$ 有意义；

(2) 函数 $y=f(x)$ 在点 x_0 处有极限，即 $\lim\limits_{x \to x_0} f(x)$ 存在；

(3) 函数 $y=f(x)$ 在点 x_0 处的极限等于函数 $y=f(x)$ 在点 x_0 处的函数值 $f(x_0)$，即

$$\lim_{x \to x0} f(x) = f(x_0).$$

2. 函数 $y=f(x)$ 在开区间 (a, b) 内连续

定义 1.5.3 如果函数 $y=f(x)$ 在开区间 (a, b) 内的每一点处都连续，则称函数 $y=f(x)$ **在开区间** (a, b) **内连续**.

3. 函数 $y=f(x)$ 在闭区间 $[a, b]$ 上连续

定义 1.5.4 设函数 $y=f(x)$ 在 $(x_0-\delta, x_0+\delta)(\delta > 0)$ 内有定义，如果

(1)
$$\lim_{x \to x0^-} f(x) = f(x_0),$$

则称函数 $y=f(x)$ 在点 x_0 处**左连续**；

(2)
$$\lim_{x \to x0^+} f(x) = f(x_0),$$

则称函数 $y=f(x)$ 在点 x_0 处**右连续**.

定义 1.5.5 如果函数 $y=f(x)$

(1) 在 (a, b) 内连续；

(2) 在点 $x=a$ 处右连续，在点 $x=b$ 处左连续，

则称函数 $y=f(x)$ **在闭区间** $[a, b]$ **上连续**.

由定义 1.5.1、定义 1.5.4 可得定理 1.5.1.

定理 1.5.1 函数 $y=f(x)$ 在点 x_0 处连续的充分必要条件是函数 $y=f(x)$ 在点

x_0 处左连续且右连续.

定理 1.5.1 也可表示为:

$\lim\limits_{x \to x_0} f(x) = f(x_0)$ 的充分必要条件是 $\lim\limits_{x \to x_0^-} f(x) = \lim\limits_{x \to x_0^+} f(x) = f(x_0)$.

由定义 1.5.1、定义 1.5.3、定义 1.5.5 可知:

函数 $y = f(x)$ 在 (a, b) 内连续的几何意义为:函数 $y = f(x)$ 在 (a, b) 内的图形是一条连绵不断的曲线段 $y = f(x)$,且不包含曲线段 $y = f(x)$ 的两个端点(图 1.16).

函数 $y = f(x)$ 在 $[a, b]$ 上连续的几何意义为:函数 $y = f(x)$ 在 $[a, b]$ 上的图形是一条连绵不断的曲线段 $y = f(x)$,且包含曲线段 $y = f(x)$ 的两个端点(图 1.17).

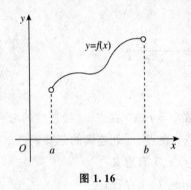

图 1.16　　　　　　　　　　图 1.17

例 1　　证明:正弦函数 $y = \sin x$ 在 $(-\infty, +\infty)$ 内连续.

证　设 x_0 是 $(-\infty, +\infty)$ 内的任意一点.

当自变量 x 在点 x_0 处有增量 Δx 时,函数 $y = \sin x$ 与之对应的增量为

$$\Delta y = \sin(x_0 + \Delta x) - \sin x_0,$$

由三角公式中的和差化积公式,见附录 Ⅲ 公式(11)得

$$\Delta y = \sin(x_0 + \Delta x) - \sin x_0$$
$$= 2\sin\frac{\Delta x}{2}\cos(x_0 + \frac{\Delta x}{2})$$
$$= 2\cos(x_0 + \frac{\Delta x}{2})\sin\frac{\Delta x}{2}.$$

因为

$$\left|2\cos(x_0 + \frac{\Delta x}{2})\right| \leqslant 2, \ \text{且} \lim\limits_{\Delta x \to 0}\sin\frac{\Delta x}{2} = 0,$$

所以, $2\cos(x_0 + \frac{\Delta x}{2})$ 有界,且当 $\Delta x \to 0$ 时, $\sin\frac{\Delta x}{2}$ 为无穷小.

由有界函数与无穷小的乘积仍是无穷小可得,当 $\Delta x \to 0$ 时, $2\cos(x_0 + \frac{\Delta x}{2})\sin\frac{\Delta x}{2}$ 是无穷小,即

$$\lim\limits_{\Delta x \to 0}\Delta y = \lim\limits_{\Delta x \to 0} 2\cos(x_0 + \frac{\Delta x}{2})\sin\frac{\Delta x}{2} = 0.$$

因此，由定义 1.5.2 得正弦函数 $y = \sin x$ 在点 x_0 处连续．而点 x_0 是 $(-\infty, +\infty)$ 内的任意一点，从而，正弦函数 $y = \sin x$ 在 $(-\infty, +\infty)$ 内连续．

请读者自己证明：余弦函数 $y = \cos x$ 在 $(-\infty, +\infty)$ 内连续．

1.5.2 函数的间断点

由函数 $y = f(x)$ 在点 x_0 处连续的三要素：

(1) $f(x_0)$ 有意义；

(2) $\lim\limits_{x \to x_0} f(x)$ 存在；

(3) $\lim\limits_{x \to x_0} f(x) = f(x_0)$

可知，只要上述三要素中有一个不具备，则函数 $y = f(x)$ 在点 x_0 处就不连续，这就是函数的间断点．

定义 1.5.6 设函数 $y = f(x)$ 在 $(x_0 - \delta, x_0) \bigcup (x_0, x_0 + \delta)(\delta > 0)$ 内有定义，如果函数 $y = f(x)$ 有下列三种情形之一：

(1) 在点 $x = x_0$ 处没有定义；

(2) 虽在点 $x = x_0$ 处有定义，但 $\lim\limits_{x \to x_0} f(x)$ 不存在；

(3) 虽在点 $x = x_0$ 处有定义，且 $\lim\limits_{x \to x_0} f(x)$ 存在，但 $\lim\limits_{x \to x_0} f(x) \neq f(x_0)$，

则称函数 $y = f(x)$ **在点 x_0 处不连续**，点 x_0 称为函数 $y = f(x)$ **的间断点**（或不连续点）．

例如，函数 $y = f(x) = \dfrac{x^2 - 1}{x - 1}$ 在点 $x_0 = 1$ 处没有定义，因此，点 $x_0 = 1$ 是函数 $f(x) = \dfrac{x^2 - 1}{x - 1}$ 的间断点（图 1.12）．

函数 $y = f(x) = \begin{cases} x + 1, & x > 0, \\ 0, & x = 0, \\ x - 1, & x < 0, \end{cases}$ 由于 $\lim\limits_{x \to 0} f(x)$ 不存在，因此，点 $x_0 = 0$ 是函数

$f(x) = \begin{cases} x + 1, & x > 0, \\ 0, & x = 0, \\ x - 1, & x < 0 \end{cases}$ 的间断点（图 1.18）．

函数 $y = f(x) = \begin{cases} x + 1, & x \neq 1, \\ 1, & x = 1, \end{cases}$ 由于 $\lim\limits_{x \to 1} f(x) = 2$，$f(1) = 1$，但

$$\lim\limits_{x \to 1} f(x) \neq f(1),$$

因此，点 $x_0 = 1$ 是函数 $f(x) = \begin{cases} x + 1, & x \neq 1, \\ 1, & x = 1 \end{cases}$ 的间断点（图 1.19）．

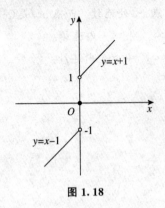

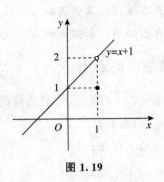

图 1.18   图 1.19

例 2 求函数 $f(x) = \dfrac{x+1}{x^2-3x+2}$ 的间断点与连续区间.

解 令 $x^2-3x+2=0$，解得 $x_1=1$，$x_2=2$.

因为，函数 $f(x)$ 在点 $x_1=1$ 和 $x_2=2$ 处没有定义，

所以，函数 $f(x)$ 的间断点为 $x_1=1$，$x_2=2$.

函数 $f(x)$ 的连续区间为 $(-\infty,1)$，$(1,2)$，$(2,+\infty)$.

形如图 1.12、图 1.19 中的间断点，我们给出定义 1.5.7.

定义 1.5.7 设点 x_0 为函数 $y=f(x)$ 的间断点，如果极限

$$\lim_{x \to x_0} f(x)$$

存在，则称间断点 x_0 为函数 $y=f(x)$ 的**可去间断点**；否则称间断点 x_0 为函数 $y=f(x)$ 的**不可去间断点**（或**跳跃间断点**）.

下面举例说明，如何使函数 $y=f(x)$ 的可去间断点成为连续点.

例如，函数 $y=f(x)=\dfrac{x^2-1}{x-1}$，点 $x_0=1$ 是函数 $f(x)$ 的间断点（图 1.12）. 只要补充函数 $f(x)$ 在点 $x_0=1$ 处的定义：令 $f(1)=2$，则间断点 $x_0=1$ 就成为函数 $f(x)$ 的连续点.

函数 $y=f(x)=\begin{cases} x+1, & x \neq 1 \\ 1, & x=1 \end{cases}$，点 $x_0=1$ 是函数 $f(x)$ 的间断点（图 1.19）. 只要改变函数 $f(x)$ 在点 $x_0=1$ 处的定义：令 $f(1)=2$，则间断点 $x_0=1$ 就成为函数 $f(x)$ 的连续点.

1.5.3 连续函数的运算与初等函数的连续性

由函数 $y=f(x)$ 在点 x_0 处连续的定义和极限的四则运算法则，可得定理 1.5.2.

定理 1.5.2（连续的四则运算法则） 如果函数 $f(x)$ 和 $g(x)$ 在点 x_0 处连续，则

(1) $f(x) \pm g(x)$；

(2) $f(x) \cdot g(x)$；

(3)$kf(x)$(k 为常数)；

(4)$\dfrac{f(x)}{g(x)}[g(x) \neq 0]$

在点 x_0 处也连续.

定理 1.5.2 中(1)(2)可推广到有限个函数的情形.

由例 1 知，正弦函数 $y = \sin x$ 和余弦函数 $y = \cos x$ 都在 $(-\infty, +\infty)$ 内连续. 根据定理 1.5.2 可得，正切函数 $y = \tan x$ 和余切函数 $y = \cot x$ 在它们的定义域内连续.

定理 1.5.3(反函数的连续性) 连续单调函数的反函数在其对应的区间上也是连续单调的，且它们的单调性相同.

例如，正切函数 $y = \tan x$ 在 $\left(-\dfrac{\pi}{2}, \dfrac{\pi}{2}\right)$ 内连续(其值域为 $(-\infty, +\infty)$)，且是单调增加的，则它的反函数 $y = \arctan x$ 在 $(-\infty, +\infty)$ 内也连续$\left[\text{其值域为}\left(-\dfrac{\pi}{2}, \dfrac{\pi}{2}\right)\right]$，且也是单调增加的(它们的图形见附录 Ⅱ).

定理 1.5.4(复合函数的连续性) 设函数 $y = f(u)$ 在点 $u = u_0$ 处连续，而函数 $u = \varphi(x)$ 在点 $x = x_0$ 处连续，且 $u_0 = \varphi(x_0)$，则复合函数 $y = f[\varphi(x)]$ 在点 $x = x_0$ 处也连续.

关于基本初等函数和初等函数的连续性，我们有如下定理.

定理 1.5.5 基本初等函数在其定义域内连续.

定理 1.5.6 初等函数在其定义区间内连续.

所谓函数的定义区间，就是函数定义域的子区间.

由定理 1.5.6 和定义 1.5.1 可知，今后在求初等函数 $f(x)$ 在其定义区间内点 x_0 处的极限 $\lim\limits_{x \to x_0} f(x)$ 时，只要计算该初等函数 $f(x)$ 在点 x_0 处的函数值 $f(x_0)$ 即可.

例 3 求 $\lim\limits_{x \to 0} \dfrac{\sqrt{1+x}-1}{x}$.

解
$$\lim_{x \to 0} \frac{\sqrt{1+x}-1}{x} = \lim_{x \to 0} \frac{(\sqrt{1+x}-1)(\sqrt{1+x}+1)}{x(\sqrt{1+x}+1)}$$
$$= \lim_{x \to 0} \frac{1}{\sqrt{1+x}+1}$$
$$= \frac{\lim\limits_{x \to 0} 1}{\lim\limits_{x \to 0}(\sqrt{1+x}+1)}$$
$$= \frac{1}{\sqrt{1+0}+1}$$
$$= \frac{1}{2}.$$

1.5.4 闭区间 $[a,b]$ 上连续函数 $f(x)$ 的性质

定理 1.5.7(最大值和最小值定理) 闭区间 $[a,b]$ 上的连续函数 $f(x)$ 必有最大值 M 和最小值 m.

最大值和最小值定理的几何意义为:闭区间 $[a,b]$ 上的连续曲线段 $y=f(x)$ 位于两条平行直线 $y=M$,$y=m$ 之间(图1.20).

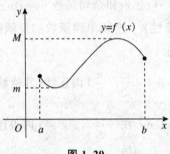

图 1.20

注意 如果函数 $f(x)$ 在开区间 (a,b) 内连续,或函数 $f(x)$ 在闭区间 $[a,b]$ 上有间断点,则函数 $f(x)$ 在开区间 (a,b) 或闭区间 $[a,b]$ 上就不一定有最大值或最小值.

例如,函数 $y=x$ 在开区间 $(1,2)$ 内连续(图1.21),但在开区间 $(1,2)$ 内,函数 $y=x$ 既没有最大值,也没有最小值.

又例如,函数

$$y=f(x)=\begin{cases} -x+1, & 0\leqslant x<1, \\ -x+3, & 1\leqslant x\leqslant 2 \end{cases}$$

在闭区间 $[0,2]$ 上有间断点 $x_0=1$(图1.22),函数 $y=f(x)$ 在闭区间 $[0,2]$ 上只有最大值,而没有最小值.

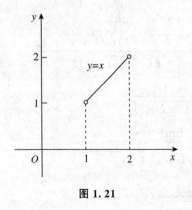

图 1.21   **图 1.22**

由定理 1.5.7 可得定理 1.5.8.

定理 1.5.8(有界性定理) 闭区间 $[a,b]$ 上的连续函数 $f(x)$ 在闭区间 $[a,b]$ 上

必有界.

定理 1.5.9(零点定理) 如果函数 $f(x)$ 满足下列条件：

(1) 在闭区间 $[a,b]$ 上连续；

(2) $f(a) \cdot f(b) < 0$，

则在开区间 (a,b) 内至少存在一点 ξ，使得

$$f(\xi) = 0 \, (a < \xi < b).$$

所谓函数 $f(x)$ 的零点，就是使 $f(x) = 0$ 的点.

零点定理的几何意义为：如果闭区间 $[a,b]$ 上的连续曲线段 $y = f(x)$ 的两个端点位于 x 轴的不同侧，则这条曲线段 $y = f(x)$ 与 x 轴至少有一个交点(图 1.23).

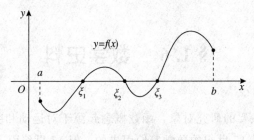

图 1.23

定理 1.5.10(介值定理) 如果函数 $y = f(x)$ 满足下列条件：

(1) 在闭区间 $[a,b]$ 上连续；

(2) $f(a) \neq f(b)$，

则对介于 $f(a)$ 与 $f(b)$ 之间的任意一个数 C，在开区间 (a,b) 内至少存在一点 ξ，使得

$$f(\xi) = C \ (a < \xi < b).$$

介值定理的几何意义为：闭区间 $[a,b]$ 上的连续曲线段 $y = f(x)$ 与介于两条平行直线 $y = f(a)$，$y = f(b)$ 之间的任意一条直线 $y = C$ 至少有一个交点(图 1.24).

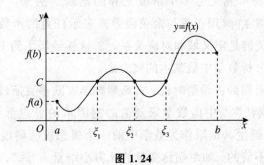

图 1.24

推论 闭区间 $[a,b]$ 上的连续函数 $f(x)$ 必取得介于最大值 M 与最小值 m 之间的任何值.

例 4 证明：方程 $x^3 + 2x - 6 = 0$ 在开区间 $(1,3)$ 内至少有一个实根.

证 设函数 $f(x) = x^3 + 2x - 6$，则其定义域为 $(-\infty, +\infty)$.

因为，函数 $f(x) = x^3 + 2x - 6$ 在 $(-\infty, +\infty)$ 内连续，

所以，函数 $f(x) = x^3 + 2x - 6$ 在 $[1, 3]$ 上也连续.

又因为　　　　　　　　$f(1) = -3 < 0,\ f(3) = 27 > 0,$

即　　　　　　　　　　　$f(1) \cdot f(3) < 0,$

所以，根据零点定理得，在开区间 $(1, 3)$ 内至少存在一点 ξ，使

$$f(\xi) = 0 (1 < \xi < 3).$$

即　　　　　　　　　　$\xi^3 + 2\xi - 6 = 0 (1 < \xi < 3).$

此等式说明方程

$$x^3 + 2x - 6 = 0$$

在开区间 $(1, 3)$ 内至少有一个实根.

§1.6　数学史料

　　函数是微积分学主要的研究对象，函数概念起源于对运动和变化的定量研究. 函数作为明确的数学概念是 17 世纪的数学家们引进的. 但 17 世纪引入的绝大部分函数是被当作曲线来研究的. 函数作为数学术语是德国数学家莱布尼茨(Leibniz)首次给出的，用来表示与曲线上的动点相应的变动的几何量. 现在流行的函数记号 $f(x)$ 是 1734 年由瑞士数学家欧拉(Euler)引入的，欧拉认为"变数的函数是由这个变数与一些数目或一些常数用任何方式组成的表达式"，他又把 $y = f(x)$ 看作 xOy 平面上"随手画出的曲线". 直到 18 世纪初，函数概念还停留在变量间的依赖关系或由运算得到的量这种含糊的表述中. 1821 年，法国数学家柯西(Cauchy)在他的分析教科书中，给出了更明确的函数概念的叙述. 1807 年，法国数学家傅立叶(Fourier)通过热传导问题的研究，得出了任何周期函数可以表示成无穷多个谐波之和的论断. 后来，德国数学家狄利克雷(Dirichlet)通过研究傅立叶《用正弦与余弦级数来表示任意的函数》的论文给出了函数的定义. 函数概念的关键是定义域和对应关系，就这样经历了约 150 年，人们才弄清楚函数的概念. 极限是分析数学中最基本的概念之一.

　　极限的思想可以追溯到古希腊时代. 古希腊数学家欧多克斯(Eudoxus)和阿基米德(Archimedes)的"穷竭法"及中国数学家刘徽的割圆术的思想都包含了朴素的极限思想. 随着微积分学的诞生，极限作为数学中的一个概念被明确地提了出来，但最初提出的极限概念是含糊不清的. 如牛顿称变量的无穷小增量为"瞬"，有时令它非零，有时令它为零，莱布尼茨的 $\mathrm{d}x$、$\mathrm{d}y$ 也不能自圆其说，因此有人称牛顿和莱布尼茨的极限思想是神秘的极限观. 这曾引起 18 世纪许多人对微积分的攻击，给分析数学的发展带来了危机性的困难.

　　19 世纪初，数学家们转向对微积分基础的重建，极限的概念才被置于严密的理论基础之上. 最早试图明确定义和严格处理极限概念的是英国数学家牛顿(Newton)，

1687 年牛顿的名著《自然哲学的数学原理》一书中，充满了无穷小思想和极限思想论证，因而有时被看成是牛顿最早发表的微积分论著. 18 世纪 30 年代，柯西采用了牛顿的极限思想，提出了函数极限定义的 ε 方法，后来德国数学家威尔斯特拉斯（Weierstrass）将 ε 和 δ 联系起来，完成了极限的 ε-δ 定义.

连续性是微积分中的一个重要的概念，但在微积分发展的早期，数学家们主要依赖几何直观处理与之相关的问题，对这一概念的深入研究直到 19 世纪早期才开始. 1817 年，波尔察诺给出了连续函数的定义，并且用确界证明了连续函数的介值定理. 柯西以更严格的方式定义了连续函数，还利用区间套的思想证明了连续函数的介值定理. 威尔斯特拉斯用 ε-δ 方法给出了函数连续性的严密定义和连续函数在闭区间上的最大最小值定理.

极限理论的建立，是数学史上的里程碑，从此微积分学进入了严密化、精确化的发展阶段. 从极限的 ε-δ 定义出发，可证明微积分学中的许多命题，同时借助于极限理论可界定微积分的许多重要概念，如函数的连续性，函数的导数、积分以及级数求和等. 极限理论成为近代微积分的理论基础.

课后习题

一、填空题

1. 函数 $y = \arcsin \dfrac{x-1}{3} - \dfrac{1}{\sqrt{x+1}}$ 的定义域为_____；

2. 函数 $f(x) = \dfrac{x-2}{(x-1)^2}$ 当 $x \to$ _____时是无穷大量；

3. 设函数 $f(x) = \begin{cases} \dfrac{1}{3}, & |x| \leqslant 1 \\ 0, & |x| > 1 \end{cases}$，则 $f[f(x)] =$ _____；

4. $\lim\limits_{x \to 0} \dfrac{\sin 5x}{\sin 3x} =$ _____；

5. $\lim\limits_{x \to 0} f(x) = (1 - \dfrac{x}{3})^{\frac{1}{x}} =$ _____；

6. 若 $\lim\limits_{x \to 2} \dfrac{x^2 - x + a}{x - 2} = 3$，则 $a =$ _____；

7. 若 $y = f(x)$ 在点 x_0 连续，则 $\lim\limits_{x \to x_0} [f(x) - f(x_0)] =$ _____；

8. 设 $f(x) = \begin{cases} x, & x < 3 \\ 3x - k, & x \geqslant 3 \end{cases}$，当 $k =$ _____时，$f(x)$ 在 $x = 3$ 连续；

9. 若 $x \to x_0$ 时，$f(x) \sim g(x)$，$f(x) \neq 0$，则 $\lim\limits_{x \to x_0} \dfrac{f(x) - g(x)}{f(x)} =$ _____；

10. $f(x) = \begin{cases} \dfrac{1-\cos x}{(x+1)x^2}, & x < 0 \\ \dfrac{x-1}{x^2+x-2}, & x \geqslant 0 \end{cases}$ ，则 $x = \underline{\hspace{2cm}}$ 是 $f(x)$ 的第一类间断点，x

$= \underline{\hspace{2cm}}$ 是 $f(x)$ 的第二类间断点.

二、选择题

1. 下列 $f(x)$ 和 $\varphi(x)$ 表示同一个函数的是（　　）.

(A) $f(x) = 1 - x^2$, $\varphi(x) = \sqrt{(1-x^2)^2}$

(B) $f(x) = 1$, $\varphi(x) = \sin^2 x + \cos^2 x$

(C) $f(x) = x$, $\varphi(x) = \sin(\arcsin x)$

(D) $f(x) = x$, $\varphi(x) = \arccos(\cos x)$

2. 函数 $y = \cos^2(3x+1)$ 的复合过程是（　　）.

(A) $y = \cos^2 x$, $u = 3x+1$, (B) $y = u^2$, $u = \cos(3x+1)$,

(C) $y = \cos u$, $u = v^2$, $v = 3x+1$, (D) $y = u^2$, $u = \cos v$, $v = 3x+1$,

3. 设 $f\left(x + \dfrac{1}{x}\right) = x^2 + \dfrac{1}{x^2}$，则（　　）.

(A) $f(x) = x+1$

(B) $f(x) = x^2 - 2$

(C) $f(x) = x + \dfrac{1}{x}$

(D) $f(x) = 1 + \dfrac{1}{x}$

4. 设 $f(x) = \cos x + e^x - 2$，则当 $x \to 0$ 时，正确的是（　　）.

(A) $f(x)$ 与 x 是等价无穷小 (B) $f(x)$ 与 x 同阶但非等价无穷小

(C) $f(x)$ 是比 x 高阶的无穷小 (D) $f(x)$ 是比 x 低阶的无穷小

5. 设函数 $f(x) = \begin{cases} e^x, & x < 0 \\ a + x, & x \geqslant 0 \end{cases}$ 是 $(-\infty, +\infty)$ 上的连续函数，则 $a = $（　　）.

(A) 0 (B) 1 (C) -1 (D) 2

三、综合题

1. 求下列极限.

(1) $\lim\limits_{x \to 2} \dfrac{x^2+5}{x^2-3}$;

(2) $\lim\limits_{x \to 3} \dfrac{x+1}{x-3}$;

(3) $\lim\limits_{x \to 1} \dfrac{x^2-2x+1}{x^3-x}$;

(4) $\lim\limits_{x \to \infty} \dfrac{x^2+2x-3}{3x^2-5x+2}$;

(5) $\lim\limits_{x \to 2}\left(\dfrac{1}{x-2} - \dfrac{2}{x^2-4}\right)$;

(6) $\lim\limits_{x \to \infty} \dfrac{\sin x}{x}$;

(7) $\lim\limits_{x \to 0} x^2 \cos\dfrac{1}{x^2}$;

(8) $\lim\limits_{x \to \infty}\left(\dfrac{1}{n^2} + \dfrac{2}{n^2} + \cdots + \dfrac{n}{n^2}\right)$;

(9) $\lim\limits_{x \to 1} \dfrac{1-\sqrt{x}}{1-\sqrt[3]{x}}$;

(10) $\lim\limits_{x \to 0} \dfrac{x^3+x}{x^4-3x^2+1}$.

2. 利用重要极限求下列极限.

(1) $\lim\limits_{x \to 0} \dfrac{\sin 3x}{4x}$;

(2) $\lim\limits_{x \to \infty} x \sin \dfrac{1}{x}$;

3) $\lim\limits_{x \to 0} \dfrac{\sin 5x}{\tan 2x}$;

(4) $\lim\limits_{x \to 0} (1 + \tan x)^{\cot x}$;

(5) $\lim\limits_{x \to \infty} \left(1 + \dfrac{2}{x}\right)^{x+3}$;

(6) $\lim\limits_{x \to 0} (1 - 4x)^{\frac{1}{x}}$;

(7) $\lim\limits_{x \to 1} \dfrac{\sin^2 (x-1)}{x^2 - 1}$;

(8) $\lim\limits_{x \to \infty} \left(\dfrac{x+1}{x-2}\right)^x$;

(9) $\lim\limits_{x \to 0} \dfrac{1 - \cos 4x}{x \sin x}$;

(10) $\lim\limits_{x \to \infty} \left(\dfrac{2x-1}{2x+1}\right)^x$。

3. 利用等价无穷小代换计算下列极限.

(1) $\lim\limits_{x \to 0} \dfrac{\arctan 2x}{\sin 5x}$;

(2) $\lim\limits_{x \to 0} \dfrac{\ln(1 + 3x)}{\sin 2x}$;

(3) $\lim\limits_{x \to 0} \dfrac{\sin x}{x^3 + 3x}$.

4. 函数 $f(x) = \begin{cases} x \sin \dfrac{1}{x}, & x \neq 0; \\ 0, & x \neq 0 \end{cases}$ 是否在点 $x = 0$ 连续？

5. 试证方程 $2x^3 - 3x^2 + 2x - 3 = 0$ 在区间 $[1, 2]$ 至少有一根.

第 2 章　导数与微分

微分学是微积分的重要组成部分，它是从数量关系上描述物质运动的数学工具. 它的基本概念主要包括导数与微分，其中导数反映出函数相对于自变量的变化快慢的程度，而微分则指明当自变量发生微小变化时，函数大体上变化多少.

在本章中，首先介绍导数和微分这两个密切相关的概念及相关运算. 另外我们还将介绍一些利用导数和微分的概念解决实际问题的实例，以加强大家对这些概念的理解，提高应用能力.

§2.1　导数及其基本概念

2.1.1　导数的概念

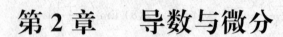 **例 1** 变速直线运动的瞬时速度问题

设一物体作变速直线运动，其运动方程为 $s = s(t)$，求 t_0 时刻的瞬时速度 $v(t_0)$？

解　在时刻 t_0 取增量 Δt，则在 t_0 到 $t_0 + \Delta t$ 这段时间内的平均速度为

$$\bar{v} = \frac{\Delta s}{\Delta t} = \frac{s(t_0 + \Delta t) - s(t_0)}{\Delta t}$$

显然，这个平均速度 $\bar{v}$ 是随 Δt 而变化的，当 $|\Delta t|$ 很小时，$\bar{v}$ 可以作为物体在 t_0 时刻的速度的近似值，$|\Delta t|$ 越小，近似程度越高.

当 $\Delta t \to 0$ 时，$\bar{v}$ 的极限就是物体在 t_0 时刻的瞬时速度，即

$$v(t_0) = \lim_{\Delta t \to 0} \bar{v} = \lim_{\Delta t \to 0} \frac{\Delta s}{\Delta t} = \lim_{\Delta t \to 0} \frac{s(t_0 + \Delta t) - s(t_0)}{\Delta t}$$

也就是说，物体运动的瞬时速度是路程的增量与时间的增量之比当时间的增量趋于零时的极限.

例 2 平面曲线的切线问题

在平面解析几何中，圆的切线定义为"与圆只有一个交点的直线". 对于一般的平面曲线来说，这个定义并不适用，例如，抛物线 $y = x^2$ 在原点 O 处，两个坐标轴都与曲线只有一个交点，但实际上只有 x 轴是该抛物线的切线.

问题：怎样定义平面曲线在一点处的切线呢？

一般曲线的切线定义：曲线 C 上点 M 附近，再取一点 N，当 N 沿 C 移动而趋向于 M 时，割线 MN 的极限位置 MT 就称为曲线 C 在点 M 处的切线.

例 3 设平面曲线 C：$y = f(x)$，求 C 上点 $M(x_0，y_0)$ 处的切线的斜率.

解 在 C 上另取一点 $N[x_0 + \Delta x，f(x_0 + \Delta x)]$，则割线 MN 的斜率为

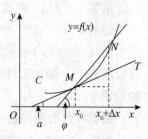

图 2.1

$$\bar{k} = \tan\varphi = \frac{\Delta y}{\Delta x} = \frac{f(x_0 + \Delta x) - f(x_0)}{\Delta x}$$

当 $N \to M$ 时，$MN \to MT$.

当 $\Delta x \to 0$ 时，$\bar{k}$ 的极限就为切线 MT 的斜率

$$k = \tan\alpha = \lim_{\varphi \to a}\tan\varphi = \lim_{\Delta x \to 0}\frac{\Delta y}{\Delta x} = \lim_{\Delta x \to 0}\frac{f(x_0 + \Delta x) - f(x_0)}{\Delta x}.$$

总结 以上两个问题，虽然它们的实际背景不同，但从数量上看，它们有共同的本质：它们都是当自变量的增量趋于零时，函数的增量与自变量的增量之比的极限. 抽去这些问题的不同的实际意义，只考虑它们的共同性质，就可得出函数的导数定义.

定义 2.1.1 设函数 $y = f(x)$ 在点 x_0 处的某邻域内有定义，当自变量 x 在 x_0 处有增量 Δx 时，相应地函数 y 有增量

$$\Delta y = f(x_0 + \Delta x) - f(x_0).$$

如果当 $\Delta x \to 0$ 时，$\frac{\Delta y}{\Delta x}$ 的极限存在，这个极限就称为函数 $y = f(x)$ 在点 x_0 处的**导数**，记为 $f'(x_0)$，即

$$f'(x_0) = \lim_{\Delta x \to 0}\frac{\Delta y}{\Delta x} = \lim_{\Delta x \to 0}\frac{f(x_0 + \Delta x) - f(x_0)}{\Delta x}. \tag{1}$$

也可以记作

$$y'|_{x=x_0}，\frac{\mathrm{d}y}{\mathrm{d}x}\Big|_{x=x_0} 或 \frac{\mathrm{d}}{\mathrm{d}x}f(x)\Big|_{x=x_0}.$$

如果(1)式的极限存在，就称函数 $f(x)$ 在点 x_0 处**可导**.

如果(1)式的极限不存在，就说函数 $y = f(x)$ 在点 x_0 处**不可导**.

特别地，如果(1)式的极限为无穷大，就说函数 $y = f(x)$ 在点 x_0 处**导数为无穷大**.

注 (1)令 $x = x_0 + \Delta x$，则定义式也可写为

$$f'(x_0) = \lim_{\Delta x \to 0}\frac{f(x_0 + \Delta x) - f(x_0)}{\Delta x} = \lim_{x \to x_0}\frac{f(x) - f(x_0)}{x - x_0}.$$

（2）令 $\Delta x = -h$，则定义式也可写为

$$f'(x_0) = \lim_{h \to 0} \frac{f(x_0 - h) - f(x_0)}{-h} = \lim_{h \to 0} \frac{f(x_0) - f(x_0 - h)}{h}.$$

例4 求 $y = x\sqrt{x}$ 在 $x = 0$ 处的导数.

解 由导数的定义知

$$f'(0) = \lim_{\Delta x \to 0} \frac{f(0 + \Delta x) - f(0)}{\Delta x} = \lim_{\Delta x \to 0} \frac{\Delta x \sqrt{\Delta x} - 0}{\Delta x} = \lim_{\Delta x \to 0} \sqrt{\Delta x} = 0$$

2.1.2 导数的几何意义

函数 $y = f(x)$ 在点 x_0 处的导数 $f'(x_0)$ 就是曲线 $y = f(x)$ 在点 $M_0(x_0, y_0)$ 处的切线的斜率.

如果 $y = f(x)$ 在点 x 处的导数为无穷大，即 $\tan\alpha$ 不存在，这时曲线 $y = f(x)$ 的割线以垂直于 x 轴的直线为极限位置，即曲线 $y = f(x)$ 在点 $M_0(x, y)$ 处具有垂直于 x 轴的切线.

根据导数的几何意义并应用直线的点斜式方程，可以得到：

曲线 $y = f(x)$ 在定点 $M_0(x_0, y_0)$ 处的切线方程为：$y - y_0 = f'(x_0)(x - x_0)$

过切点 M_0 且与该切线垂直的直线叫做曲线 $y = f(x)$ 在点 M_0 处的法线，如果 $f'(x_0) \neq 0$，法线的斜率为 $-\dfrac{1}{f'(x_0)}$，从而法线方程为

$$y - y_0 = -\frac{1}{f'(x_0)}(x - x_0).$$

例5 求曲线 $y = x^2$ 上点 $(1, 1)$ 处切线的方程.

解 $k = y'|_{x=1} = \lim_{\Delta x \to 0} \frac{f(1 + \Delta x) - f(1)}{\Delta x} = \lim_{\Delta x \to 0} \frac{(1 + \Delta x)^2 - 1^2}{\Delta x} = 2.$

所求的切线方程为：$y - 1 = 2 \cdot (x - 1)$，即 $y = 2x - 1$.

2.1.3 单侧导数

定义 2.1.2 如果当 $\Delta x \to 0^-$ 时，$\dfrac{\Delta y}{\Delta x}$ 的极限存在，则称此极限为 $f(x)$ 在点 x_0 处的左导数，记为 $f'_-(x_0)$，即

$$f'_-(x_0) = \lim_{\Delta x \to 0^-} \frac{\Delta y}{\Delta x} = \lim_{\Delta x \to 0^-} \frac{f(x_0 + \Delta x) - f(x_0)}{\Delta x}.$$

定义 2.1.3 如果当 $\Delta x \to 0^+$ 时，$\dfrac{\Delta y}{\Delta x}$ 的极限存在，则称此极限为 $f(x)$ 在点 x_0 处的右导数，记为 $f'_+(x_0)$，即

$$f'_+(x_0) = \lim_{\Delta x \to 0^+} \frac{\Delta y}{\Delta x} = \lim_{\Delta x \to 0^+} \frac{f(x_0 + \Delta x) - f(x_0)}{\Delta x}.$$

定理 2.1.1 函数 $y=f(x)$ 在点 x_0 处可导的充分必要条件是函数的左导数、右导数存在且相等.

例 6 讨论函数 $f(x)=|x|$ 在 $x=0$ 处的可导性.

解 $f'_+(0)=\lim\limits_{\Delta x\to 0^+}\dfrac{f(0+\Delta x)-f(0)}{\Delta x}=\lim\limits_{\Delta x\to 0^+}1=1$;

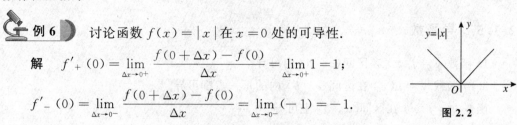

图 2.2

$f'_-(0)=\lim\limits_{\Delta x\to 0^-}\dfrac{f(0+\Delta x)-f(0)}{\Delta x}=\lim\limits_{\Delta x\to 0^-}(-1)=-1$.

所以, $f'_+(0)\neq f'_-(0)$. 即 $f(x)=|x|$ 在 $x=0$ 处不可导.

2.1.4 可导性与连续性的关系

前面我们定义了函数在一点连续的概念, 现在又学习了函数在一点可导的概念, 它们都是用极限来定义的, 那么, 这两个概念之间有没有关系呢? 我们先看下面的例子.

例 7 讨论函数 $f(x)=\begin{cases}x\sin\dfrac{1}{x}, & x\neq 0 \\ 0, & x=0\end{cases}$ 在 $x=0$ 处的可导性与连续性.

解 $\because \lim\limits_{\Delta x\to 0}\dfrac{\Delta y}{\Delta x}=\lim\limits_{\Delta x\to 0}\dfrac{f(0+\Delta x)-f(0)}{\Delta x}=\lim\limits_{\Delta x\to 0}\dfrac{\Delta x\sin\dfrac{1}{\Delta x}}{\Delta x}=\lim\limits_{\Delta x\to 0}\sin\dfrac{1}{\Delta x}$,

极限不存在,

$\therefore f(x)$ 在 $x=0$ 处不可导.

$\because \lim\limits_{x\to 0}x=0$, $\left|\sin\dfrac{1}{x}\right|\leqslant 1$,

$\therefore \lim\limits_{x\to 0}f(x)=\lim\limits_{x\to 0}x\sin\dfrac{1}{x}=0=f(0)$,

$\therefore f(x)$ 在 $x=0$ 处连续.

问题 由上例可以看到, 函数在一点连续, 则函数在这点不一定可导; 那么, 函数在一点可导是否一定在该点连续呢?

答案是肯定的.

事实上, 设函数 $y=f(x)$ 在点 x_0 处可导, 即极限 $\lim\limits_{\Delta x\to 0}\dfrac{\Delta y}{\Delta x}=f'(x_0)$ 存在. 由函数极限存在与无穷小的关系知:

$$\frac{\Delta y}{\Delta x}=f'(x_0)+\alpha(\alpha \text{ 是当 }\Delta x\to 0\text{ 时的无穷小}).$$

上式两端同乘以 Δx, 得 $\Delta y=f'(x_0)\Delta x+\alpha\Delta x$. 不难看出, 当 $\Delta x\to 0$ 时, $\Delta y\to 0$. 这就是说, 函数 $y=f(x)$ 在点 x_0 处是连续的.

定理 2.1.2 如果函数 $y=f(x)$ 在点 x_0 处可导, 则函数在该点处必连续.

可见,"函数 $y=f(x)$ 在点 x_0 处可导"这个条件要比"函数在点 x_0 处连续"这个条件强.

2.1.5 导函数

1. 函数 $y=f(x)$ 在区间 (a,b) 内可导

2. $\Leftrightarrow$ 函数 $y=f(x)$ 在区间 (a,b) 内的每一点都可导.

函数 $y=f(x)$ 在区间 $[a,b]$ 上可导

$\Leftrightarrow$ (1) $y=f(x)$ 在区间 (a,b) 内的每一点都可导;

(2) $f(x)$ 在 $x=a$ 处右可导,在 $x=b$ 处左可导.

设函数 $y=f(x)$ 在区间 I 上可导,则对于 I 内的每一个 x 值,都有唯一确定的导数值与之对应,这就构成了 x 的一个新的函数,这个新的函数叫做原来函数 $y=f(x)$ 的**导函数**,记为 y',$f'(x)$,$\dfrac{\mathrm{d}y}{\mathrm{d}x}$ 或 $\dfrac{\mathrm{d}f(x)}{\mathrm{d}x}$.

在 (1) 式中,把 x_0 换成 x,即得 $y=f(x)$ 的导函数公式:

$$f'(x)=\lim_{\Delta x\to 0}\frac{\Delta y}{\Delta x}=\lim_{\Delta x\to 0}\frac{f(x+\Delta x)-f(x)}{\Delta x}$$

显然,函数 $y=f(x)$ 在点 x_0 处的导数 $f'(x_0)$ 就是导函数 $f'(x)$ 在 $x=x_0$ 处的函数值,即

$$f'(x_0)=f'(x)\big|_{x=x_0}$$

注意:$f'(x_0)\neq[f(x_0)]'$.

为方便起见,在不致引起混淆的地方,导函数也简称导数.

由此可知,求函数 $y=f(x)$ 的导数可分为以下三个步骤:

(1) 求增量:$\Delta y=f(x+\Delta x)-f(x)$;

(2) 作比值:$\dfrac{\Delta y}{\Delta x}=\dfrac{f(x+\Delta x)-f(x)}{\Delta x}$;

(3) 取极限:$f'(x)=\lim\limits_{\Delta x\to 0}\dfrac{\Delta y}{\Delta x}$.

例 8 求函数 $y=C$(C 为常数) 的导数.

解 $y'=\lim\limits_{\Delta x\to 0}\dfrac{f(x+\Delta x)-f(x)}{\Delta x}=\lim\limits_{\Delta x\to 0}\dfrac{C-C}{\Delta x}=0$,即 $\boxed{(C)'=0}$

例 9 求 $f(x)=\begin{cases}\ln(1+x), & x\geqslant 0\\ x, & x<0\end{cases}$ 的导数.

解 当 $x>0$ 时,$f'(x)=\dfrac{1}{1+x}$,当 $x<0$ 时,$f'(x)=1$.

当 $x=0$ 时,$f'(0)=\lim\limits_{x\to 0}\dfrac{f(x)-f(0)}{x-0}=\lim\limits_{x\to 0}\dfrac{f(x)-f(0)}{x}$,

所以
$$f'_-(0) = \lim_{x \to 0^-} \frac{x-0}{x} = 1,$$

$$f'_+(0) = \lim_{x \to 0^+} \frac{\ln(1+x) - 0}{x} = \lim_{x \to 0^+} \ln(1+x)^{\frac{1}{x}} = \ln e = 1,$$

因此 $f'(0) = 1$,

于是 $f'(x) = \begin{cases} \dfrac{1}{1+x}, & x > 0 \\ 1, & x \leqslant 0. \end{cases}$

小结　求分段函数的导数时，除了在分界点处的导数用导数定义或导数存在的充分必要条件求之外，其余点可仍按初等函数的求导公式求得.

§2.2　函数的和、差、积、商求导法则

2.2.1　导数的四则运算

我们知道，根据导数的定义可以求出一些简单函数的导数. 但是，对于比较复杂的函数，直接根据定义求它们的导数往往比较困难. 本节将介绍导数的四则运算法则，有了这些运算，求解函数的导数问题就简单多了.

定理 2.2.1　设函数 $u(x)$，$v(x)$ 在点 x 处可导，则它们的和、差、积与商在 x 处也可导，且

(1) $(u(x) \pm v(x))' = u'(x) \pm v'(x)$;

(2) $(u(x)v(x))' = u(x)v'(x) + u'(x)v(x)$;

(3) $\left(\dfrac{u(x)}{v(x)} \right)' = \dfrac{u'(x)v(x) - u(x)v'(x)}{v^2(x)}$ $(v(x) \neq 0)$.

下面仅对(2)加以证明.

证　设 $f(x) = u(x)v(x)$，则有

$$f'(x) = \lim_{h \to 0} \frac{f(x+h) - f(x)}{h} = \lim_{h \to 0} \frac{u(x+h)v(x+h) - u(x)v(x)}{h}$$

$$= \lim_{h \to 0} \left[\frac{u(x+h) - u(x)}{h} v(x+h) + u(x) \frac{v(x+h) - v(x)}{h} \right]$$

$$= u'(x)v(x) + u(x)v'(x).$$

注意到常数的导数为零，利用上述公式就有推论 1.

推论 1　$[cu(x)]' = cu'(x)$（c 为常数）.

利用商的导数公式及 $(1)' = 0$，即可证得推论 2.

推论 2　$\left(\dfrac{1}{u(x)} \right)' = -\dfrac{u'(x)}{u^2(x)}$ $[u(x) \neq 0]$.

连续使用乘法的导数公式，即可证得推论 3.

推论 3

$$[u(x)v(x)w(x)]' = u'(x)v(x)w(x) + u(x)v'(x)w(x) + u(x)v(x)w'(x).$$

例 1 设 $f(x) = \dfrac{x - \sqrt{x} - \sqrt[3]{x} + 1}{\sqrt[3]{x}}$，求 $f'(x)$.

解 $f(x) = \dfrac{x - \sqrt{x} - \sqrt[3]{x} + 1}{\sqrt[3]{x}} = x^{\frac{2}{3}} - x^{\frac{1}{6}} - 1 + x^{-\frac{1}{3}}$，

$$f'(x) = \frac{2}{3}x^{-\frac{1}{3}} - \frac{1}{6}x^{-\frac{5}{6}} - \frac{1}{3}x^{-\frac{4}{3}}.$$

例 2 已知函数 $y = \sqrt{x}(x^3 - 4\cos x - \sin 1)$，求 y' 及 $y'|_{x=1}$.

分析 首先把 y 看成两个函数 $u = \sqrt{x}$ 及 $v = (x^3 - 4\cos x - \sin 1)$ 的乘积，然后再分别利用和的求导公式.

解 $y' = (\sqrt{x})'(x^3 - 4\cos x - \sin 1) + \sqrt{x}(x^3 - 4\cos x - \sin 1)'$

$$= \frac{1}{2\sqrt{x}}(x^3 - 4\cos x - \sin 1) + \sqrt{x}(3x^2 + 4\sin x)$$

$$y'|_{x=1} = \frac{1}{2}(1 - 4\cos 1 - \sin 1) + (3 + 4\sin 1) = \frac{7}{2} + \frac{7}{2}\sin 1 - 2\cos 1.$$

注意 这里要注意 $(\sin 1)' = 0$，而不是 $(\sin 1)' = \cos 1$. 这是初学者常犯的一个小错误.

例 3 设 $f(x) = \dfrac{x - \sqrt{x} - \sqrt[3]{x} + 1}{\sqrt[3]{x}}$，求 $f'(x)$.

解 $f(x) = \dfrac{x - \sqrt{x} - \sqrt[3]{x} + 1}{\sqrt[3]{x}} = x^{\frac{2}{3}} - x^{\frac{1}{6}} - 1 + x^{-\frac{1}{3}}$，

$$f'(x) = \frac{2}{3}x^{-\frac{1}{3}} - \frac{1}{6}x^{-\frac{5}{6}} - \frac{1}{3}x^{-\frac{4}{3}}.$$

例 4 求正切函数 $y = \tan x$ 的导数.

解

$$(\tan x)' = \left(\frac{\sin x}{\cos x}\right)' = \frac{(\sin x)'\cos x - \sin x(\cos x)'}{\cos^2 x} = \frac{\cos^2 x + \sin^2 x}{\cos^2 x} = \frac{1}{\cos^2 x} = \sec^2 x.$$

即

$$\boxed{(\tan x)' = \sec^2 x}$$

类似地，可以推导出

$$\boxed{(\cot x)' = -\csc^2 x}$$

例 5 求正割函数 $y = \sec x$ 的导数.

解　$(\sec x)' = (\dfrac{1}{\cos x})' = \dfrac{-(\cos x)'}{\cos^2 x} = \dfrac{\sin x}{\cos^2 x} = \sec x \tan x.$

即

$$(\sec x)' = \sec x \tan x$$

类似地，可以推导出

$$(\csc x)' = -\csc x \cot x$$

例 6　求函数 $y = \dfrac{1 + \sin^2 x}{\sin 2x}$ 的导数.

解　因为

$$y = \dfrac{1 + \sin^2 x}{\sin 2x} = \dfrac{\sin^2 x + \cos^2 x + \sin^2 x}{\sin 2x}$$

$$= \dfrac{2\sin^2 x + \cos^2 x}{2\sin x \cos x} = \tan x + \dfrac{1}{2}\cot x$$

所以

$$y' = \sec^2 x - \dfrac{1}{2}\csc^2 x.$$

概括　应当注意：在求导之前尽可能先对函数进行简化，往往能使计算变得简单. 上题若直接用商的求导法则，将不会比此法简单，用现有的知识甚至做不出来. 原因是题目中涉及两个函数 $\sin^2 x$ 和 $\sin 2x$，它们不是简单函数，而是复合函数. 那么，复合函数如何求导呢？

§2.3　复合函数的求导法则和反函数的求导法则

2.3.1　复合函数的求导法则

问题：求函数 $y = \sin 2x$ 对 x 的导数.

提问：已知 $(\sin x)' = \cos x$，那么 $(\sin 2x)'$ 是否等于 $\cos 2x$？

解　$y' = (\sin 2x)' = (2\sin x \cos x)' = 2[\cos x \cos x + \sin x(-\sin x)]$

$\qquad = 2(\cos^2 x - \sin^2 x) = 2\cos 2x \neq \cos 2x.$

启发与思考：$y = \sin 2x$ 可以看作是由 $y = \sin u$，$u = 2x$ 复合而成的函数，由于

$$\dfrac{dy}{du} = \cos u = \cos 2x, \quad \dfrac{du}{dx} = (2x)' = 2,$$

因而

$$\dfrac{dy}{du} \cdot \dfrac{du}{dx} = \cos 2x \cdot 2 = 2\cos 2x.$$

于是，在本例中有等式

$$\dfrac{dy}{dx} = \dfrac{dy}{du} \cdot \dfrac{du}{dx}.$$

一般地，有如下复合函数的求导法则：

定理 2.3.1 设函数 $u=\varphi(x)$ 在 x 处可导，而 $y=f(u)$ 在对应的 u 处可导，则复合函数 $y=f[\varphi(x)]$ 在 x 处可导，且

$$y'_x = y'_u \cdot u'_x \quad \text{或} \quad y'_x = f'(u) \cdot \varphi'(x) \quad \text{或} \quad \frac{dy}{dx} = \frac{dy}{du} \cdot \frac{du}{dx}. \qquad \text{（链式法则）}$$

证略.

注 1：此定理可推广到函数是有限多个的情形.

如：设 $y=f(u)$，$u=\varphi(v)$，$v=\psi(x)$ 均可导，则复合函数 $y=f\{\varphi[\psi(x)]\}$ 也可导，且 $\dfrac{dy}{dx} = \dfrac{dy}{du} \cdot \dfrac{du}{dv} \cdot \dfrac{dv}{dx}$.

注 2：使用链式法则的关键：首先把复合函数分解为一些简单函数（基本初等函数）的复合，然后由最外层开始先使用法则，再利用求导公式，一层一层求导. 注意：不能脱节，不能遗漏.

例 1 设 $y=\sin^2 x$，求 y'_x.

解 $y=\sin^2 x$ 可看成是由 $y=u^2$ 及 $u=\sin x$ 复合而成的.

所以 $y'_x = \dfrac{dy}{du} \cdot \dfrac{du}{dx} = 2u \cdot \cos x = 2\sin x \cos x = \sin 2x$.

例 2 求函数 $y=e^{\sin\frac{1}{x}}$ 的导数.

解 $y' = e^{\sin\frac{1}{x}} \left(\sin \dfrac{1}{x}\right)' = e^{\sin\frac{1}{x}} \cdot \cos\dfrac{1}{x} \cdot \left(\dfrac{1}{x}\right)' = -\dfrac{1}{x^2} e^{\sin\frac{1}{x}} \cdot \cos\dfrac{1}{x}$.

例 3 设 $y=\sqrt{x^2+1}$，求 y'.

解 $y' = \dfrac{1}{2\sqrt{x^2+1}} \cdot 2x = \dfrac{x}{\sqrt{x^2+1}}$.

例 4 设 $y=\ln(x+\sqrt{x^2+1})$，求 y'.

解 $y' = \dfrac{1}{x+\sqrt{x^2+1}} \cdot (x+\sqrt{x^2+1})'$

$\qquad = \dfrac{1}{x+\sqrt{x^2+1}} \cdot \left(1+\dfrac{x}{\sqrt{x^2+1}}\right)$

$\qquad = \dfrac{1}{\sqrt{x^2+1}}$.

例 5 求下列函数的导数：

(1) $y=2^{\tan\frac{1}{x}}$；　　　　　(2) $y=\sin^2(2-3x)$；　　　　　(3) $y=\log_3 \cos\sqrt{x^2+1}$.

解 (1) 设：$y=u$，$u=\tan v$，$v=\dfrac{1}{x}$.

由定理得 $y'_x = y'_u \cdot u'_x \cdot v'_x = 2^u \ln 2 \dfrac{1}{\cos^2 v}\left(\dfrac{-1}{x^2}\right) = \dfrac{2^{\tan\frac{1}{x}}\ln 2}{x^2 \cos^2 \dfrac{1}{x}}$；

$(2)\, y' = 2\sin(2-3x)\cos(2-3x)(-3) = -3\sin 2(2-3x)$；

$(3)\, y = \dfrac{1}{(\cos\sqrt{x^2+1})\ln 3}(-\sin\sqrt{x^2+1})\cdot\dfrac{2x}{2\sqrt{x^2+1}} = -\dfrac{x}{(\sqrt{x^2+1})\ln 3}\tan\sqrt{x^2+1}$.

2.3.2　反函数求导法则

定理 2.3.2　设函数 $f(x)$ 在 I_x 内单调、可导且 $f'(x) \neq 0$，则其反函数 $x = f^{-1}(y)$ 在对应区间 I_y 内也可导且

$$\left[f^{-1}(y)\right]' = \dfrac{1}{f'(x)}.$$

证略.

例 6　设 $y = \log_a x\,(a > 0,\ a \neq 1)$，求 y'.

解　因直接函数 $x = a^y$ 在 $(-\infty,\ +\infty)$ 上可导，且 $\dfrac{\mathrm{d}x}{\mathrm{d}y} = a^y \cdot \ln a \neq 0$，

由反函数的求导法则知：$y = \log_a x$ 在 $(0,\ +\infty)$ 上可导，且

$$(\log_a x)' = \dfrac{1}{(a^y)'} = \dfrac{1}{a^y \cdot \ln a} = \dfrac{1}{x\ln a}.$$

特别地，$(\ln x)' = \dfrac{1}{x}$.

例 7　设 $\alpha \in \mathbf{R}$，求幂函数 $y = x^\alpha\,(x > 0)$ 的导数.

解　$y = x^\alpha = e^{\alpha\ln x}$ 可看成是由 $y = e^u$ 及 $u = \alpha\ln x$ 复合而成的.

所以，$y'_x = \dfrac{\mathrm{d}y}{\mathrm{d}u}\cdot\dfrac{\mathrm{d}u}{\mathrm{d}x} = e^u\cdot(\alpha\ln x)' = e^{\alpha\ln x}\cdot\dfrac{\alpha}{x} = \alpha x^{\alpha-1}$.

说明　这里利用了公式 $(\ln x)' = \dfrac{1}{x}$，另外，注意最后的结果要回代原变量.

当我们对复合函数的分解非常熟悉后，就不必写出中间变量了，只要认清复合层次，一步一步逐层求导就可以了.

例 8　设 $y = \arctan x$，求 y'.

解　因直接函数 $x = \tan y$ 在 $\left(-\dfrac{\pi}{2},\ \dfrac{\pi}{2}\right)$ 上可导，且 $\dfrac{\mathrm{d}x}{\mathrm{d}y} = \sec^2 y \neq 0$，

由反函数的求导法则知：$y = \arctan x$ 在 $(-\infty,\ +\infty)$ 上可导，且

$$(\arctan x)' = \dfrac{1}{(\tan y)'} = \dfrac{1}{\sec^2 y} = \dfrac{1}{1+\tan^2 y} = \dfrac{1}{1+x^2}.$$

类似地，可推得：

$$(\arccos x)' = -\frac{1}{\sqrt{1-x^2}}; \quad (\arcsin x)' = \frac{1}{\sqrt{1-x^2}};$$

$$(\operatorname{arccot} x)' = -\frac{1}{1+x^2}.$$

至此，我们不仅推得了所有基本初等函数的导数公式，而且还给出了函数四则运算的求导法则和复合函数的求导法则，这些是初等函数求导运算的基础，必须熟练掌握．为了便于查阅和记忆，现把这些导数公式归纳如下：

基本初等函数的导数公式

(1) $(C)' = 0$;

(2) $(x^\alpha) = \alpha x^{\alpha-1}$($\alpha$ 为实数)；

(3) $(\sin x)' = \cos x$;

(4) $(\cos x)' = -\sin x$;

(5) $(\tan x)' = \sec^2 x$;

(6) $(\cot x)' = -\csc^2 x$;

(7) $(\sec x)' = \sec x \cdot \tan x$;

(8) $(\csc x)' = -\csc x \cdot \cot x$;

(9) $(e^x)' = e^x$;

(10) $(a^x)' = a^x \ln a$;

(11) $(\ln x)' = \frac{1}{x}$;

(12) $(\log_a x)' = \frac{1}{x \ln a}$;

(13) $(\arcsin x)' = \frac{1}{\sqrt{1-x^2}}$;

(14) $(\arccos x)' = -\frac{1}{\sqrt{1-x^2}}$;

(15) $(\arctan x)' = \frac{1}{1+x^2}$;

(16) $(\operatorname{arccot} x)' = -\frac{1}{1+x^2}$.

§2.4 高阶导数

变速直线运动的速度 $v(t)$ 是位置函数 $s(t)$ 对时间 t 的导数，即 $v = \frac{ds}{dt}$ 或 $v = s'$；而加速度 a 又是速度 v 对时间 t 的变化率，即速度 v 对时间 t 的导数：

$$a = \frac{dv}{dt} = \frac{d}{dt}\left(\frac{ds}{dt}\right) \text{ 或 } a = (s')'$$

这种导数的导数 $\frac{d}{dt}\left(\frac{ds}{dt}\right)$ 或 $(s')'$ 叫做 s 对 t 的二阶导数，记作 $\frac{d^2 s}{dt^2}$ 或 $s''(t)$.

所以，直线运动的加速度就是位置函数 s 对时间 t 的二阶导数.

定义 2.4.1 一般地，函数 $y = f(x)$ 的导数 $y' = f'(x)$ 仍然是 x 的函数．我们把 $y' = f'(x)$ 的导数叫做函数 $y = f(x)$ 的二阶导数，记作 y'' 或 $\frac{d^2 y}{dx^2}$，即

$$y'' = (y')' \text{ 或 } \frac{d^2 y}{dx^2} = \frac{d}{dx}\left(\frac{dy}{dx}\right)$$

相应地，把 $y = f(x)$ 的导数 $y' = f'(x)$ 叫做函数 $y = f(x)$ 的一阶导数.

类似地，二阶导数的导数叫做三阶导数，三阶导数的导数叫做四阶导数，⋯ 一般地，$(n-1)$ 阶导数的导数叫做 n 阶导数，分别记作

$$y''', \quad y^{(4)}, \quad \cdots, \quad y^{(n)} \quad \text{或} \frac{\mathrm{d}^3 y}{\mathrm{d}x^3}, \frac{\mathrm{d}^4 y}{\mathrm{d}x^4}, \cdots, \frac{\mathrm{d}^n y}{\mathrm{d}x^n}$$

函数 $y=f(x)$ 具有 n 阶导数，也常说成函数 $y=f(x)$ 为 n 阶可导．如果函数 $y=f(x)$ 在点 x 处具有 n 阶导数，那么 $y=f(x)$ 在点 x 的某一邻域内必定具有一切低于 n 阶的导数．

一般地，二阶及二阶以上的导数统称为**高阶导数**．

由此可见，求高阶导数就是多次连续地求导数．所以，仍可应用前面学过的求导方法来计算高阶导数．

例 1 已知 $y=ax+b$，求 y''．

解 因为 $y'=a$，故 $y''=0$．

例 2 求下列函数的二阶导数：

(1) $y=2x^3-3x^2+5$；　　　　　　(2) $y=x\cos x$．

解 (1) $y'=6x^2-6x$，$y''=(6x^2-6x)'=12x-6$；

(2) $y'=\cos x-x\sin x$，

$\qquad y''=-\sin x-\sin x-x\cos x=-2\sin x-x\cos x$．

例 3 设 $f(x)=x^2\ln x$，求 $f'''(2)$．

解 $f'(x)=2x\ln x+x$，$f''(x)=2\ln x+3$，$f'''(x)=\dfrac{2}{x}$，$f'''(2)=1$．

例 4 求对数函数 $y=\ln(1+x)$ 的 n 阶导数．

解 $y'=\dfrac{1}{1+x}$，$y''=-\dfrac{1}{(1+x)^2}$，$y'''=\dfrac{1\cdot 2}{(1+x)^3}$，$y^{(4)}=\dfrac{1\cdot 2\cdot 3}{(1+x)^4}$，

一般地，可得 $y^{(n)}=(-1)^{n-1}\dfrac{(n-1)!}{(1+x)^n}$．

例 5 求正弦函数与余弦函数的 n 阶导数．

解 $y=\sin x$，

$$y'=\cos x=\sin\left(x+\frac{\pi}{2}\right),$$

$$y''=\cos\left(x+\frac{\pi}{2}\right)=\sin\left(x+\frac{\pi}{2}+\frac{\pi}{2}\right)=\sin\left(x+2\,\frac{\pi}{2}\right),$$

$$y'''=\cos\left(x+2\,\frac{\pi}{2}\right)=\sin\left(x+3\,\frac{\pi}{2}\right),$$

$$y^{(4)} = \cos\left(x + 3\,\frac{\pi}{2}\right) = \sin\left(x + 4\,\frac{\pi}{2}\right),$$

一般地，可得 $y^{(n)} = \sin\left(x + n\,\frac{\pi}{2}\right)$，

即
$$(\sin x)^{(n)} = \sin\left(x + n\,\frac{\pi}{2}\right)$$

用类似的方法，可得 $(\cos x)^{(n)} = \cos\left(x + n\,\frac{\pi}{2}\right)$.

例 6 求幂函数的 n 阶导数公式.

解 设 $y = x^{\mu}$（μ 是任意常数），那么

$y' = \mu x^{\mu - 1}$,

$y'' = \mu(\mu - 1) x^{\mu - 2}$,

$y''' = \mu(\mu - 1)(\mu - 2) x^{\mu - 3}$,

$y^{(4)} = \mu(\mu - 1)(\mu - 2)(\mu - 3) x^{\mu - 4}$,

一般地，可得

$$y^{(n)} = \mu(\mu - 1)(\mu - 2) \cdots (\mu - n + 1) x^{\mu - n}$$

即
$$(x^{\mu})^{(n)} = \mu(\mu - 1)(\mu - 2) \cdots (\mu - n + 1) x^{\mu - n}$$

当 $\mu = n$ 时，得到

$$(x^n)^{(n)} = n(n - 1)(n - 2) \cdots 3 \cdot 2 \cdot 1 = n!$$

而
$$(x^n)^{(n+1)} = 0$$

如果函数 $u = u(x)$ 及 $v = v(x)$ 都在点 x 处具有 n 阶导数，那么显然 $u(x) + v(x)$ 及 $u(x) - v(x)$ 也在点 x 处具有 n 阶导数，且 $(u \pm v)^{(n)} = u^{(n)} \pm v^{(n)}$.

但乘积 $u(x)v(x)$ 的 n 阶导数并不如此简单. 由 $(uv)' = u'v + uv'$，首先得出

$$(uv)'' = u''v + 2u'v' + uv''$$

$$(uv)''' = u'''v + 3u''v' + 3u'v'' + uv'''$$

用数学归纳法可以证明：

$$(uv)^{(n)} = u^{(n)}v + nu^{n-1}v' + \frac{n(n-1)}{2!}u^{(n-2)}v'' + \cdots$$

$$+ \frac{n(n-1)\cdots(n-k+1)}{k!}u^{(n-k)}v^{(k)} + \cdots + uv^{(n)}$$

上式称为莱布尼茨(Leibniz)公式.

§2.5 隐函数的导数与由参数方程确定的函数的导数

2.5.1 隐函数求导

一般地,形如 $y = f(x)$ 的函数为显函数. 而由方程 $F(x, y) = 0$ 或 $f(x, y) = g(x, y)$ 所确定的函数为隐函数.

隐函数求导法:将方程两端对 x 求导(y 看成 x 的函数),然后解出 y'.

对由 $F(x, y) = 0$ 确定的方程 $y = f(x)$ 的求导法可用以下两种方法求得:

(1)方程两边对 x 求导,注意:y 是 x 的函数,要用复合函数求导法;

(2)利用微分不变性,对两边求微分,然后解出 $\dfrac{\mathrm{d}y}{\mathrm{d}x}$.

例 1 求由方程 $x^2 + y^2 = 4$ 所确定的隐函数 y 的导数.

解 方程两边对 x 求导,得 $(x^2)' + (y^2)' = (4)'$,

即 $2x + 2y \cdot y' = 0$,解出 y' 得:$y' = -\dfrac{x}{y}$.

例 2 求由方程 $e^y = xy$ 所确定的隐函数 y 的导数.

解 因为 y 是 x 的函数,所以 e^x 是 x 的复合函数,将所给方程两边同时对 x 求导,得 $e^y \cdot y' = x'y + xy'$,解出得 $y' = \dfrac{y}{e^y - x}$.

例 3 求曲线 $xy + \ln y = 1$ 在点 $(1, 1)$ 处的切线方程.

解 由导数的几何意义知道,所求切线的斜率就是函数的导数.

把方程的两边分别对 x 求导,有 $(xy)' + (\ln y)' = (1)'$,

从而 $y' = -\dfrac{y^2}{xy + 1}$.

将点 $(1, 1)$ 代入上式得 $y' \big|_{x=1, y=1} = -\dfrac{1}{2}$.

于是所求的切线方程为 $y - 1 = -\dfrac{1}{2}(x - 1)$,即 $x + 2y - 3 = 0$.

例 4 已知 $\arctan \dfrac{x}{y} = \ln \sqrt{x^2 + y^2}$,求 y''.

解 两端对 x 求导,得 $\dfrac{1}{1 + \left(\dfrac{x}{y}\right)^2} \cdot \left(\dfrac{x}{y}\right)' = \dfrac{1}{\sqrt{x^2 + y^2}} (\sqrt{x^2 + y^2})'$,

$$\frac{y^2}{x^2+y^2} \cdot \frac{y-xy'}{y^2} = \frac{1}{\sqrt{x^2+y^2}} \cdot \frac{2x+2y \cdot y'}{2\sqrt{x^2+y^2}},$$

整理得$(y+x)y' = y-x$，故 $y' = \dfrac{y-x}{y+x}$.

上式两端再对 x 求导，得

$$y'' = \frac{(y'-1)(y+x)-(y'+1)(y-x)}{(y+x)^2}$$

$$= \frac{yy'-y+xy'-x-yy'+xy'-y+x}{(y+x)^2}$$

$$= \frac{2xy'-2y}{(y+x)^2}.$$

将 $y' = \dfrac{y-x}{y+x}$ 代入上式，得

$$y'' = \frac{2x \cdot \dfrac{y-x}{y+x}-2y}{(y+x)^2} = \frac{2xy-2x^2-2y^2-2xy}{(x+y)^3} = -\frac{2(x^2+y^2)}{(y+x)^3}.$$

小结 在对隐函数求二阶导数时，要将 y' 的表达式代入 y'' 中，注意：在 y'' 的最后表达式中，不能出现 y'.

2.5.2 幂指函数求导

幂指函数的一般形式为

$$y = u^v (u>0)，其中 u，v 是 x 的函数.$$

如果 u，v 都可导，则可利用对数求导法求出幂指函数的导数如下：先现在两边取对数，得

$$\ln y = v \ln u$$

上式两边对 x 求导，注意到 y，u，v 都是 x 的函数，得

$$\frac{1}{y}y' = v'\ln u + v\frac{1}{u}u'$$

于是

$$y' = y\left(v'\ln u + \frac{vu'}{u}\right) = u^v\left(v'\ln u + \frac{vu'}{u}\right)$$

幂指函数也可表示为

$$y = e^{v\ln u}$$

这样，便可直接求得

$$y' = e^{v\ln u}\left(v'\ln u + v\frac{u'}{u}\right) = u^v\left(v'\ln u + \frac{vu'}{u}\right)$$

 例 5 求 $y = x^{\sin x} (x>0)$ 的导数.

解 这个函数既不是幂函数也不是指数函数，称为幂指函数，先在两边取对数，

得 $\ln y = \sin x \ln x$，在两边对 x 求导，注意到 y 是 x 的函数，得

$$\frac{1}{y}y' = \cos x \ln x + \sin x \frac{1}{x}$$

于是
$$y' = y\left(\cos x \ln x + \frac{\sin x}{x}\right) = x^{\sin x}\left(\cos x \ln x + \frac{\sin x}{x}\right)$$

例 6 已知 $y = \sqrt[3]{\dfrac{x(3x-1)}{(5x+3)(2-x)}}$ $\left(\dfrac{1}{3} < x < 2\right)$，求 y'.

解 $\ln y = \dfrac{1}{3}\left[\ln x + \ln(3x-1) - \ln(5x+3) - \ln(2-x)\right]$，

$$\frac{1}{y}y' = \frac{1}{3}\left[\frac{1}{x} + \frac{3}{3x-1} - \frac{5}{5x+3} + \frac{1}{2-x}\right],$$

所以 $y' = \dfrac{1}{3}\left[\dfrac{1}{x} + \dfrac{3}{3x-1} - \dfrac{5}{5x+3} + \dfrac{1}{2-x}\right]\sqrt[3]{\dfrac{x(3x-1)}{(5x+3)(2-x)}}.$

例 7 已知 $y = \sqrt{\dfrac{(x-1)(x-2)}{(x-3)(x-4)}}$，求 y'.

解 $\ln y = \dfrac{1}{2}\left[\ln(x-1) + \ln(x-2) - \ln(x-3) - \ln(x-4)\right]$，

$$\frac{1}{y}y' = \frac{1}{2}\left(\frac{1}{x-1} + \frac{1}{x-2} - \frac{1}{x-3} - \frac{1}{x-4}\right),$$

$$y' = \frac{1}{2}\sqrt{\frac{(x-1)(x-2)}{(x-3)(x-4)}}\left(\frac{1}{x-1} + \frac{1}{x-2} - \frac{1}{x-3} - \frac{1}{x-4}\right).$$

2.5.3　由参数方程所确定的函数的求导法

参数方程的一般形式是

$$\begin{cases} x = \varphi(t) \\ y = \psi(t) \end{cases}, \quad \alpha \leqslant t \leqslant \beta.$$

若 $x = \varphi(t)$ 与 $y = \psi(t)$ 都可导，且 $\varphi'(t) \neq 0$，又 $x = \varphi(t)$ 存在反函数 $t = \varphi^{-1}(x)$，则 y 是 x 的复合函数，即

$$y = \psi(t), \quad t = \varphi^{-1}(x).$$

由复合函数与反函数的求导法则，有

$$\frac{\mathrm{d}y}{\mathrm{d}x} = \frac{\mathrm{d}y}{\mathrm{d}t}\frac{\mathrm{d}t}{\mathrm{d}x} = \psi'(t)\left[\varphi^{-1}(x)\right]' = \psi'(t)\frac{1}{\varphi'(t)} = \frac{\psi'(t)}{\varphi'(t)}.$$

这就是参数方程的求导公式.

例 8 设 $\begin{cases} x = t - \cos t, \\ y = \sin t, \end{cases}$ 求 $\dfrac{\mathrm{d}y}{\mathrm{d}x}$，$\dfrac{\mathrm{d}^2 y}{\mathrm{d}x^2}$.

解 $\dfrac{\mathrm{d}y}{\mathrm{d}x} = \dfrac{(\sin t)'}{(t - \cos t)'} = \dfrac{\cos t}{1 + \sin t},$

$$\frac{d^2 y}{dx^2} = \frac{dy'}{dx} = \frac{d}{dx}(\frac{\cos t}{1+\sin t}) = \frac{d}{dt}(\frac{\cos t}{1+\sin t}) \cdot \frac{dt}{dx} = (\frac{\cos t}{1+\sin t})' \frac{1}{\frac{dx}{dt}}$$

$$= \frac{-\sin t(1+\sin t) - \cos^2 t}{(1+\sin t)^2} \cdot \frac{1}{1+\sin t} = \frac{-1}{(1+\sin t)^2}.$$

例 9 求椭圆 $\dfrac{x^2}{a^2} + \dfrac{y^2}{b^2} = 1$ 上一点 $\left(\dfrac{a}{\sqrt{2}}, \dfrac{b}{\sqrt{2}}\right)$ 的切线斜率 k.

解法一 点 $\left(\dfrac{a}{\sqrt{2}}, \dfrac{b}{\sqrt{2}}\right)$ 在上半椭圆上，从椭圆方程中解上半椭圆方程是

$$y = \frac{b}{a}\sqrt{a^2 - x^2}, \quad y' = \frac{-bx}{a\sqrt{a^2 - x^2}}.$$

则

$$k = y' \big|_{x = \frac{a}{\sqrt{2}}} = -\frac{b}{a}.$$

解法二 由隐函数求导法，有

$$\frac{2x}{a^2} + \frac{2y}{b^2}y' = 0 \text{ 或 } y' = -\frac{b^2 x}{a^2 y},$$

则

$$k = y' = -\frac{b}{a}.$$

解法三 将椭圆化为参数方程

$$\begin{cases} x = a\cos t, \\ y = b\sin t, \end{cases} 0 \leqslant t \leqslant 2\pi.$$

点 $\left(\dfrac{a}{\sqrt{2}}, \dfrac{b}{\sqrt{2}}\right)$ 对应的参数 $t = \dfrac{\pi}{4}$. 由参数方程求导法，有

$$y' = \frac{(b\sin t)'}{(a\cos t)'} = \frac{b\cos t}{-a\sin t} = -\frac{b}{a}\cot t,$$

则

$$k = y' \big|_{t = \frac{\pi}{4}} = -\frac{b}{a}.$$

小结 求由参数方程所确定的函数的导数时，不必死记公式，可以先求出微分 dy、dx，然后作比值 $\dfrac{dy}{dx}$，即作微商. 求二阶导数时，应按复合函数求导法则进行，必须分清是对哪个变量求导.

§2.6　函数的微分

2.6.1　微分的定义

引例：一块正方形金属薄片受温度变化的影响时，其边长由 x_0 变到了 $x_0 + \Delta x$，

则此薄片的面积改变了多少?

解答　设此薄片的边长为 x，面积为 A，则 A 是 x 的函数：$A = x^2$. 薄片受温度变化的影响面积的改变量，可以看成是当自变量 x 从 x_0 取得增量 Δx 时，函数 A 相应的增量 ΔA，即

$$\Delta A = (x_0 + \Delta x)^2 - x_0^2 = 2x_0 \Delta x + (\Delta x)^2$$

从上式我们可以看出，ΔA 分成两部分：第一部分 $2x_0 \Delta x$ 是 Δx 的线性函数，即右图中灰色部分；第二部分 $(\Delta x)^2$ 即图中的黑色部分，当 $\Delta x \to 0$ 时，它是 Δx 的高阶无穷小，表示为：$o(\Delta x)$.

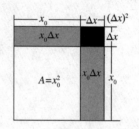

图 2.3

由此可以发现，如果边长变化得很小时，面积的改变量可以近似地用第一部分来代替. 下面给出微分的数学定义：

定义 2.6.1　若 $y = f(x)$ 在 x_0 处的增量 Δy 可表示为 $\Delta y = A \Delta x + o(x)$，其中 A 为不依赖于 Δx 的数，则称 $y = f(x)$ 在 x_0 处可微，称 $A \Delta x$ 为 $f(x)$ 的微分. 记为 $\mathrm{d}y$，即 $\mathrm{d}y = A \mathrm{d}x$.

通过上面的学习知道：微分 $\mathrm{d}y$ 是自变量改变量 Δx 的线性函数，$\mathrm{d}y$ 与 Δy 的差 $o(\Delta x)$ 是关于 Δx 的高阶无穷小量，我们把 $\mathrm{d}y$ 称作 Δy 的线性主部. 于是又得出：当 $\Delta x \to 0$ 时，$\Delta y \approx \mathrm{d}y$. 导数的记号为：$\dfrac{\mathrm{d}y}{\mathrm{d}x} = f'(x)$，现在可以发现，它不仅表示导数的记号，而且还可以表示两个微分的比值(把 Δx 看成 $\mathrm{d}x$，即：定义自变量的增量等于自变量的微分)，还可表示为：$\mathrm{d}y = f'(x_0)\mathrm{d}x$.

2.6.2　可微与可导的关系

例 1　证明：可微 $\Leftrightarrow$ 可导.

证　必要性：若 $y = f(x)$ 在 x_0 处可微 $\Rightarrow \Delta y = A \Delta x + o(x)$，则

$$\frac{\Delta y}{\Delta x} = A + \frac{o(\Delta x)}{\Delta x} \Rightarrow \lim_{\Delta x \to 0} \frac{\Delta y}{\Delta x} = A = f'(x_0).$$

充分性：若 $y = f(x)$ 在 x_0 处可导 $\Rightarrow \lim\limits_{\Delta x \to 0} \dfrac{\Delta y}{\Delta x} = f'(x_0)$

$$\Rightarrow \frac{\Delta y}{\Delta x} = f'(x_0) + \alpha \Rightarrow \Delta y = f'(x_0)\Delta x + \alpha \Delta x = f'(x_0)\Delta x + o(\Delta x)$$

$\Rightarrow y = f(x)$ 在 x_0 处可微

定理 2.6.1　若函数在某区间上可导，则它在此区间上一定可微，反之亦成立.

例 2　求 $y = x^2 + 1$ 在 $x = 1$，$\Delta x = 0.1$ 的改变量与微分.

解　记 $y = f(x) = x^2 + 1$，

$$\Delta y = f(x + \Delta x) - f(x) = 2x \Delta x + (\Delta x)^2,$$

$\Delta y \big|_{\Delta x=0.1} = 0.21$，又 $\mathrm{d}y = f'(x)\mathrm{d}x = 2x\mathrm{d}x$ 所以 $\mathrm{d}y \big|_{\Delta x=0.1} = 0.2$.

两者之间只相差 0.01.

2.6.3 微分的几何意义

由图 2.4 可知

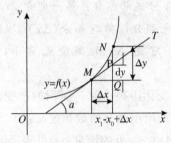

图 2.4

$$\mathrm{d}y = f'(x)\Delta x = \tan\alpha \cdot \Delta x = \frac{PQ}{MQ}\Delta x = PQ$$

所以几何上 $\mathrm{d}y$ 表示曲线在点 $[x_0, f(x_0)]$ 处切线的增量. 即函数微分的几何意义是：当自变量在点 x 处取得改变量 Δx 时，微分 $\mathrm{d}y$ 就是过点 M、T 的纵坐标 PQ. 而 NP 则表示 $\mathrm{d}y$ 与 Δy 之差. 它随着 $\Delta x \to 0$ 而更快地趋向于零. 是 Δx 的高阶无穷小. 于是，当 $|\Delta x|$ 较小时，函数的改变量 Δy 就可以用函数的微分 $\mathrm{d}y$ 来近似. 从而体现了近似计算中的"以曲代直"的思想.

2.6.4 微分公式与微分法则

1. 微分公式

由于函数微分的表达式为：$\mathrm{d}y = f'(x)\mathrm{d}x$，于是我们通过基本初等函数导数的公式可得出基本初等函数微分的公式. 下面我们用表格来把基本初等函数的导数公式与微分公式对比一下（部分公式）：

导数公式	微分公式
$(C)' = 0$	$\mathrm{d}(C) = 0$
$(x)' = 1$	$\mathrm{d}(x) = \mathrm{d}x$
$(x^n)' = nx^{n-1}$	$\mathrm{d}(x^n) = nx^{n-1}\mathrm{d}x$
$(\sin x)' = \cos x$	$\mathrm{d}(\sin x) = \cos x\,\mathrm{d}x$
$(\mathrm{e}^x)' = \mathrm{e}^x$	$\mathrm{d}(\mathrm{e}^x) = \mathrm{e}^x\,\mathrm{d}x$
$(\ln x)' = \dfrac{1}{x}$	$\mathrm{d}(\ln x) = \dfrac{\mathrm{d}x}{x}$

2. 微分运算法则

由函数和、差、积、商的求导法则，可推出相应的微分法则．为了便于理解，下面我们用表格来把微分的运算法则与导数的运算法则对比一下：

函数和、差、积、商的求导法则	函数和、差、积、商的微分法则
$(u \pm v)' = u' \pm v'$	$\mathrm{d}(u \pm v) = \mathrm{d}u \pm \mathrm{d}v$
$(Cu)' = Cu'$	$\mathrm{d}(Cu) = C\mathrm{d}u$
$(uv)' = u'v + uv'$	$\mathrm{d}(uv) = v\mathrm{d}u + u\mathrm{d}v$
$\left(\dfrac{u}{v}\right)' = \dfrac{u'v - uv'}{v^2}$	$\mathrm{d}\left(\dfrac{u}{v}\right) = \dfrac{v\mathrm{d}u - u\mathrm{d}v}{v^2}$

例 3 求下列函数的微分：

$(1)\ y = x^3 \mathrm{e}^{2x}$； $(2)\ y = \arctan \dfrac{1}{x}$．

解 $(1)\ y' = 3x^2 \mathrm{e}^{2x} + 2x^3 \mathrm{e}^{2x} = x^2 \mathrm{e}^{2x}(3 + 2x)$，

所以 $\mathrm{d}y = y'\mathrm{d}x = x^2 \mathrm{e}^{2x}(3 + 2x)\mathrm{d}x$；

$(2)\ y' = \dfrac{-\dfrac{1}{x^2}}{1 + \dfrac{1}{x^2}} = -\dfrac{1}{1 + x^2}\mathrm{d}y = -\dfrac{1}{1 + x^2}\mathrm{d}x$．

2.6.5 微分形式不变性

设 $y = f(u)$，不论 u 是自变量还是中间变量都有 $\mathrm{d}y = f'(u)\mathrm{d}u$．

证 若 u 是自变量，则 $\mathrm{d}y = f'(u)\mathrm{d}u$；

若 u 是中间变量，则 $\mathrm{d}y = f'[\varphi'(x)]\varphi'(x)\mathrm{d}x = f'(u)\mathrm{d}u$．

由此可见，不论 u 是自变量还是中间变量，$y = f(u)$ 的微分 $\mathrm{d}y$ 总可以用 $f'(u)$ 与 $\mathrm{d}u$ 的乘积来表示，我们把这一性质称为微分形式不变性．

例 4 $y = \mathrm{e}^{-ax}\sin bx$，求 $\mathrm{d}y$．

解法一 $y' = -a\mathrm{e}^{-ax}\sin bx + b\mathrm{e}^{-ax}\cos bx$，

则 $$\mathrm{d}y = (-a\mathrm{e}^{-ax}\sin bx + b\mathrm{e}^{-ax}\cos bx)\mathrm{d}x.$$

解法二 $\mathrm{d}y = \mathrm{d}(\mathrm{e}^{-ax}\sin bx) = \sin bx\, \mathrm{d}\mathrm{e}^{-ax} + \mathrm{e}^{-ax}\mathrm{d}(\sin bx)$

$\qquad = \sin bx\, \mathrm{e}^{-ax}\mathrm{d}(-ax) + \mathrm{e}^{-ax}\cos bx\, \mathrm{d}(bx).$

例 5 求函数 $y = x\mathrm{e}^{\ln\tan x}$ 的微分．

解法一 用微分的定义 $\mathrm{d}y = f'(x)\mathrm{d}x$ 求微分，有

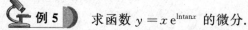

$$dy = (x\,e^{\ln\tan x})'dx = [e^{\ln\tan x} + x\,e^{\ln\tan x}\frac{1}{\tan x} \cdot \sec^2 x]dx$$

$$= e^{\ln\tan x}(1 + \frac{2x}{\sin 2x})dx.$$

解法二　利用一阶微分形式不变性和微分运算法则求微分，得

$$dy = d(x\,e^{\ln\tan x}) = e^{\ln\tan x}dx + x\,de^{\ln\tan x}$$

$$= e^{\ln\tan x}dx + x\,e^{\ln\tan x}d(\ln\tan x)$$

$$= e^{\ln\tan x}dx + x\,e^{\ln\tan x} \cdot \frac{1}{\tan x}d(\tan x)$$

$$= e^{\ln\tan x}dx + x\,e^{\ln\tan x}\frac{1}{\tan x} \cdot \frac{1}{\cos^2 x}dx$$

$$= e^{\ln\tan x}(1 + \frac{2x}{\sin 2x})dx.$$

小结　求函数微分可利用微分的定义、微分的运算法则、微分形式不变性等．利用微分形式不变性可以不考虑变量之间是怎样的复合关系，有时求微分更方便．

§2.7　微分在近似计算中的应用

实际生活中经常会遇到一些函数表达式较复杂的运算，但是结果又并非要求十分精确，在这种情况下，可以考虑使用微分来做近似的计算．

　　条件：$f'(x_0) \neq 0$．$|\Delta x|$ 比较小，$f(x_0)$，$f'(x_0)$ 容易求．

　　公式一：$\Delta y \approx dy = f'(x_0)\Delta x$；

　　公式二：$f(x_0 + \Delta x) \approx f(x_0) + f'(x_0)\Delta x$．

例1　求 $\sqrt{26}$ 的近似值．

　　解　作函数 $f(x) = \sqrt{x}$，故 $x_0 = 25$，$\Delta x = 1$，$f'(x) = \frac{1}{2\sqrt{x}}$，所以 $\sqrt{26} = f(25) +$

$f'(25)1 = \sqrt{25} + \frac{1}{2\sqrt{25}} = 5.1$．

利用 $f(x) \approx f(0) + f'(0)x$，$|x|$ 很小，可证得以下几个公式：

(1) $\sqrt[n]{1+x} = 1 + \frac{1}{n}x$；

(2) $\sin x \approx x$，$\tan x \approx x$；

(3) $e^x \approx 1 + x$，$\ln(1+x) \approx x$．

例2　求 $\sqrt{1.05}$ 的近似值．

解　$\sqrt{1.05}=\sqrt{1+0.05}=\sqrt{x+\Delta x}=f(x+\Delta x),$

$$f(x+\Delta x)\approx f(x)+f'(x)\Delta x=\sqrt{x}+\frac{1}{2\sqrt{x}}\Delta x=1+\frac{1}{2}\cdot0.05=1.025.$$

故其近似值为 1.025（精确值为 1.024695）.

例 3　求 $\sin29°$ 的近似值.

解　设 $f(x)=\sin x$，由近似公式 $f(x_0+\Delta x)\approx f(x_0)+f'(x_0)\Delta x$，得
$$\sin(x_0+\Delta x)\approx\sin x_0+\cos x_0\cdot\Delta x.$$

取 $x_0=\dfrac{\pi}{6}$，$\Delta x=-\dfrac{\pi}{180}$，则有

$$\sin29°\approx\frac{1}{2}+\frac{\sqrt{3}}{2}\left(-\frac{\pi}{180}\right)=0.4849.$$

例 4　有一批半径为 $1\mathrm{cm}$ 的球，为了提高球面光滑度要镀上一层铜，厚度为 $0.01\mathrm{cm}$. 估计一下每只球需要多少铜？（铜的比重为 $8.9\mathrm{g/cm^3}$）

解　球的体积为 $v=\dfrac{4}{3}\pi r^3$，问题变为当 $r_0=1$ 变到 $r_0+\Delta r=1+0.01$ 时求 Δv.

因为 $v'=4\pi r^2$，所以 $\Delta v\approx \mathrm{d}v=4\pi r^2\Delta r$，将数据代入可以算出

$$\Delta v\approx0.13\mathrm{cm^3}.$$

所以每只球需要铜 $0.13\times8.9=1.16\mathrm{g}$.

§2.8　数学史料

　　微积分成为一门学科是在 17 世纪，但是，微分和积分的思想在古代就已经产生了. 公元前 3 世纪，古希腊的阿基米德在研究解决抛物弓形的面积、球和球冠面积、螺线下面积和旋转双曲体的体积的问题中，就隐含着近代积分学的思想. 作为微分学基础的极限理论来说，早在古代就有比较清楚的论述. 比如我国的庄周所著的《庄子》一书的"天下篇"中，记有"一尺之棰，日取其半，万世不竭". 三国时期的刘徽在他的割圆术中提到"割之弥细，所失弥小，割之又割，以至于不可割，则与圆周和体而无所失矣."这些都是朴素的，也是很典型的极限概念.

　　到了 17 世纪，有许多科学问题需要解决，这些问题也就成为促使微积分产生的因素. 归结起来，大约有四种主要类型的问题：第一类问题是研究运动的时候直接出现的，也就是求即时速度的问题；第二类问题是求曲线的切线的问题；第三类问题是求函数的最大值和最小值问题；第四类问题是求曲线长、曲线围成的面积、曲面围成的体积、物体的重心、一个体积相当大的物体作用于另一物体上的引力. 17 世纪许多著名

的数学家、天文学家、物理学家都为解决上述几类问题做了大量的研究工作，如法国的费尔玛、笛卡儿、罗伯瓦、笛沙格；英国的巴罗、瓦里士；德国的开普勒；意大利的卡瓦列利等人都提出许多很有建树的理论，为微积分的创立做出了贡献. 17 世纪下半叶，在前人工作的基础上，英国大科学家牛顿和德国数学家莱布尼茨分别在自己的国度里独自研究和完成了微积分的创立工作，虽然这只是十分初步的工作. 他们的最大功绩是把两个貌似毫不相关的问题联系在一起，一个是切线问题（微分学的中心问题），一个是求积问题（积分学的中心问题）.

直到 19 世纪初，法国科学学院的科学家以柯西为首，对微积分的理论进行了认真研究，建立了极限理论，后来又经过德国数学家威尔斯特拉斯进一步的严格化，使极限理论成了微积分的坚定基础，才使微积分进一步发展开来.

任何新兴的、具有无量前途的科学成就都吸引着广大的科学工作者. 在微积分的历史上也闪烁着这样的一些明星：瑞士的雅科布·贝努利和他的兄弟约翰·贝努利、欧拉、法国的拉格朗日、柯西……欧氏几何也好，上古和中世纪的代数学也好，都是一种常量数学，微积分才是真正的变量数学，是数学中的大革命. 微积分是高等数学的主要分支，不只是局限在解决力学中的变速问题，它驰骋在近代和现代科学技术园地里，建立了数不清的丰功伟绩.

课后习题

一、填空题

1. 设一质点按 $s(t) = \sin^2(wt + \varphi)$ 作直线运动，则质点在时刻 t 的速度 $v(t) =$ _____，加速度 $a(t) =$ _____.

2. 设 $y = f(x)$ 在点 x_0 处可导，且 $f(x_0) = 0$，$f'(x_0) = 1$，则 $\lim\limits_{h \to \infty} h \cdot f\left(x_0 - \dfrac{1}{h}\right) =$ _____.

3. 设 $f(x)$ 在 $x = x_0$ 可导，且 $f'(x_0) = k$，则 $\lim\limits_{h \to 0} \dfrac{f(x_0) - f(x_0 - h)}{2h} =$ _____.

4. 设函数 $f(x)$ 在点 x_0 处可导，且 $\lim\limits_{h \to 0} \dfrac{f(x_0 - 2h) - f(x_0)}{h} = kf'(x_0)$，则 $k =$ _____.

5. 设 $f(x)$ 在点 $x = 2$ 处可导，且 $f'(x) = 1$，则 $\lim\limits_{h \to 0} \dfrac{f(2+h) - f(2-h)}{2h} =$ _____.

6. 若 $f(x)$ 在点 $x = 1$ 处可导，且 $\lim\limits_{x \to 1} f(x) = 3$，则 $f(1) =$ _____.

7. 曲线 $y = \dfrac{1}{3}x^3$ 上平行于直线 $x - 4y = 5$ 的切线方程为 _____.

8. 函数 $y = |x + 1|$ 导数不存在的点为 _____.

9. 设函数 $y = y(x)$ 由方程 $xy - e^x + e^y = 0$ 所确定，则 $y'(0) =$ _____.

10. 若 $f(x) = \begin{cases} x = t^2 + 2t \\ y = \ln(1+t) \end{cases}$，则 $\left. \dfrac{dy}{dx} \right|_{t=0} =$ _____.

二、选择题

1. 设函数 $y = f(x)$，当自变量 x 由 x_0 改变到 $x_0 + \Delta x$ 时，相应函数的改变量 $\Delta y =$ （　　）.

A. $f(x_0 + \Delta x)$ 　　　　　　　　B. $f(x_0) + \Delta x$

C. $f(x_0 + \Delta x) - f(x_0)$ 　　　　D. $f(x_0) \Delta x$

2. 设 $f(x)$ 在 x_0 处可，则 $\lim\limits_{\Delta x \to 0} \dfrac{f(x_0 - \Delta x) - f(x_0)}{\Delta x} =$ （　　）.

A. $-f'(x_0)$ 　　　　　　　　　　B. $f'(-x_0)$

C. $f'(x_0)$ 　　　　　　　　　　　D. $2f'(x_0)$

3. $f(x) = |x - 2|$ 在点 $x = 2$ 处的导数是（　　）.

A. 1 　　　　　　　　　　　　　B. 0

C. -1 　　　　　　　　　　　　　D. 不存在

4. 曲线 $y = 2x^3 - 5x^2 + 4x - 5$ 在点 $(2, -1)$ 处切线斜率等于（　　）.

A. 8 　　　　　　B. 12 　　　　　C. -6 　　　　　D. 6

5. 设 $y = e^{f(x)}$ 且 $f(x)$ 二阶可导，则 $y'' =$ （　　）.

A. $e^{f(x)}$ 　　　　　　　　　　　B. $e^{f(x)} f''(x)$

C. $e^{f(x)} [f'(x) f''(x)]$ 　　　　D. $e^{f(x)} \{ [f'(x)]^2 + f''(x) \}$

三、综合题

1. 求下列函数的导数.

(1) $y = xa^x + 7e^x$；

(2) $y = 3x\tan x + \sec x - 4$；

(3) $y = \dfrac{1 + \sin t}{1 + \cos x}$；

(4) $y = \dfrac{1 - \ln x}{1 + \ln x} + \dfrac{1}{x}$；

(5) $y = (x^2 - x)^5$；

(6) $y = 2\sin(3x + 6)$；

(7) $y = \cos^3 x$；

(8) $y = \ln(\tan x)$；

(9) $y = \sqrt{1 + \ln x}$.

2. 求下列函数的导数.

(1) $y = \dfrac{2\sec x}{1 + x^2}$；

(2) $y = \dfrac{\arctan x}{x} + \arccos x$；

(3) $y = \dfrac{1 + x + x^2}{1 + x}$；

(4) $y = x(\sin x + 1)\csc x$；

(5) $y = \cot x(1 + \cos x)$；

(6) $y = e^{\tan \frac{1}{x}}$；

$(7) y = \arccos \sqrt{1 - 3x}$ ；$\qquad\qquad (8) y = \tan^3 (1 - 2x)$.

3. 求下列函数的二阶导数 $\dfrac{d^2 y}{d x^2}$.

$(1) y = x \cos x$ ；$\qquad\qquad\qquad (2) y = e^{2x-1}$.

4. 求由下列方程所确定的隐函数的导数 $\dfrac{d y}{d x}$.

$(1) x^2 - y^2 = xy$ ；$\qquad\qquad (2) x \cos y = \sin (x + y)$.

5. 求下列函数的微分 .

$(1) y = \dfrac{1}{\sqrt{x}} \ln x$ ；$\qquad\qquad (2) y = \sqrt{\arcsin \sqrt{x}}$ ；

$(3) y = \tan^2 (1 + 2x^2)$ ；$\qquad (4) y = \sqrt{\cos 3x} + \ln \tan \dfrac{x}{2}$.

6. 求由方程 $y = 1 + x e^y$ 所确定的隐函数的二阶导数 $\dfrac{d^2 y}{d x^2}$.

第3章　中值定理与导数的应用

上一章学习了函数的导数，知道了导数是研究函数变化率的，那么，能否利用函数的导数进一步研究函数的性态呢？在高中阶段就已知函数在某一区间上一阶导数的正、负与函数单调性的关系；函数在某一点的一阶导数为零，反映到函数性态上又意味着什么？诸如这类问题是本章要研究的．本章首先介绍微分学的理论基础——中值定理，然后以中值定理为理论基础，以导数为工具，给出一类特殊极限（不定式）的一种简便求法；解决函数近似表达式和近似计算问题；最后进一步应用导数符号分析函数和其曲线变化的各种特征性质．

§3.1　微分中值定理

定义 3.1.1　设 $f(x)$ 在 x_0 的某一邻域 $U(x_0)$ 内有定义，若对一切 $x \in U(x_0)$ 有
$$f(x) \geqslant f(x_0) \quad [f(x) \leqslant f(x_0)],$$
则称 $f(x)$ 在 x_0 取得极小（大）值，称 x_0 是 $f(x)$ 的极小（大）值点，极小值和极大值统称为极值，极小值点和极大值点统称为极值点．

定理 3.1.1（费马引理）

函数 $f(x)$ 在点 x_0 的某邻域 $U(x)$ 内存定义，并且在 x_0 处可导，如果对于任意 $x \in U(x_0)$ 都有 $f(x) \leqslant f(x_0)[$或 $f(x) \geqslant f(x_0)]$，那么 $f'(x_0) = 0$．

证　设 $f(x)$ 在 x_0 取得极大值，则存在 x_0 的某邻域 $U(x_0)$，使对一切 $x \in U(x_0)$ 有 $f(x) \leqslant f(x_0)$．因此当 $x < x_0$ 时
$$\frac{f(x) - f(x_0)}{x - x_0} \geqslant 0;$$
而当 $x > x_0$ 时．
$$\frac{f(x) - f(x_0)}{x - x_0} \leqslant 0.$$

由于 $f(x)$ 在 x_0 可导，故按极限的不等式性质可得

$$f'(x_0) = f'_-(x_0) = \lim_{x \to x_0^-} \frac{f(x) - f(x_0)}{x - x_0} \geqslant 0$$

及

$$f'(x_0) = f'_+(x_0) = \lim_{x \to x_0^+} \frac{f(x) - f(x_0)}{x - x_0} \leqslant 0$$

所以 $f'(x_0) = 0$.

若 $f(x)$ 在 x_0 取得极小值，则类似可证 $f'(x_0) = 0$.

费马引理的几何意义如图 3.1 所示：若曲线 $y = f(x)$ 在 x_0 取得极大值或极小值，且曲线在 x_0 有切线，则此切线必平行于 x 轴.

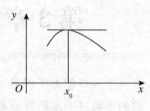

图 3.1

习惯上，称使得 $f'(x) = 0$ 的点为 $f(x)$ 的驻点. 定理 3.1.1 表明：可导函数 $f(x)$ 在 x_0 取得极值的必要条件是 x_0 为 $f(x)$ 的驻点.

定理 3.1.2(罗尔中值定理) 若 $f(x)$ 在 $[a, b]$ 上连续，在 (a, b) 内可导且 $f(a) = f(b)$，则在 (a, b) 内至少存在一点 ξ，使得 $f'(\xi) = 0$.

证 因为 $f(x)$ 在 $[a, b]$ 上连续，故在 $[a, b]$ 上必取得最大值 M 与最小值 m. 若 $m = M$，则 $f(x)$ 在 $[a, b]$ 上恒为常数，从而 $f'(x) = 0$. 这时在 (a, b) 内任取一点作为 ξ，都有 $f'(\xi) = 0$；若 $m < M$，则由 $f(a) = f(b)$ 可知，m 和 M 两者之中至少有一个是 $f(x)$ 在 (a, b) 内部一点 ξ 取得的. 由于 $f(x)$ 在 (a, b) 内可导，故由费马引理推知 $f'(\xi) = 0$.

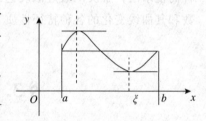

图 3.2

罗尔中值定理的几何意义如图 3.2 所示：在两端高度相同的一段连续曲线上，若除端点外它在每一点都有不垂直于 x 轴的切线，则在其中必至少有一条切线平行于 x 轴.

可能有同学会问，为什么不将条件合并为 $f(x)$ 在 $[a, b]$ 上可导？可以. 但条件加强了，就排斥了许多仅满足三个条件的函数. 例如

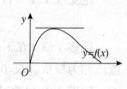

图 3.3

函数 $f(x) = (3 - x)\sqrt{x}$，$x \in [0, 3]$，则 $f'(x) = \dfrac{3(1-x)}{2\sqrt{x}}$.

显然 $x = 0$ 时，函数不可导(切线 $/\!/ \, y$ 轴)，即不符合加强条件；但它满足定理的三个条件，有水平切线(图 3.3).

例 1 不用求出函数 $f(x) = (x-1)(x-2)(x-3)(x-4)$ 的导数，说明 $f'(x) = 0$ 有几个实根，并指出它们所在的位置.

解 由于 $f(x)$ 是 $(-\infty, +\infty)$ 内的可导函数，且 $f(1) = f(2) = f(3) = f(4) =$

0, 故 $f(x)$ 在区间 $[1, 2]$, $[2, 3]$, $[3, 4]$ 上分别满足罗尔中值定理的条件, 从而推出至少存在 $\xi_1 \in (1, 2)$, $\xi_2 \in (2, 3)$, $\xi_3 \in (3, 4)$, 使得 $f'(\xi_i) = 0 (i = 1, 2, 3)$.

又因为 $f'(x) = 0$ 是三次代数方程, 它最多只有 3 个实根, 因此 $f'(x) = 0$ 有且仅有 3 个实根, 它们分别位于区间 $(1, 2)$, $(2, 3)$, $(3, 4)$ 内.

例 2 设 $a_0 + \dfrac{a_1}{2} + \cdots + \dfrac{a_n}{n+1} = 0$, 证明多项式 $f(x) = a_0 + a_1 x + \cdots + a_n x^n$ 在 $(0, 1)$ 内至少有一个零点.

证 令 $F(x) = a_0 x + \dfrac{a_1}{2} x^2 + \cdots + \dfrac{a_n}{n+1} x^{n+1}$, 则 $F'(x) = f(x)$, $F(0) = 0$, 且由假设知 $F(1) = 0$, 可见 $F(x)$ 在区间 $[0, 1]$ 上满足罗尔中值定理的条件, 从而推出至少存在一点 $\xi \in (0, 1)$, 使得

$$F'(\xi) = f(\xi) = 0$$

即说明 $\xi \in (0, 1)$ 是 $f(x)$ 的一个零点.

定理 3.1.3(拉格朗日中值定理) 若 $f(x)$ 在 $[a, b]$ 上连续, 在 (a, b) 内可导, 则在 (a, b) 内至少存在一点 ξ, 使得

$$f'(\xi) = \frac{f(b) - f(a)}{b - a} \tag{3.1}$$

从这个定理的条件与结论可见, 若 $f(x)$ 在 $[a, b]$ 上满足拉格朗日中值定理的条件, 则当 $f(a) = f(b)$ 时, 即得出罗尔中值定理的结论, 因此说罗尔中值定理是拉格朗日中值定理的一个特殊情形. 正是基于这个原因, 想到要利用罗尔中值定理来证明定理 3.1.3.

证 作辅助函数

$$F(x) = f(x) - \frac{f(b) - f(a)}{b - a} x$$

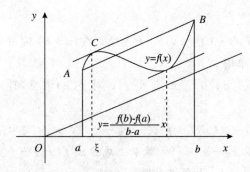

图 3.4

容易验证 $F(x)$ 在 $[a, b]$ 上满足罗尔中值定理的条件, 从而推出在 (a, b) 内至少存在一点 ξ, 使得 $F'(\xi) = 0$, 所以 (3.1) 式成立.

拉格朗日中值定理的几何意义如图 3.4 所示: 若曲线 $y = f(x)$ 在 (a, b) 内每一点都有不垂直于 x 轴的切线, 则在曲线上至少存在一点 $C[\xi, f(\xi)]$, 使得曲线在 C 点的

切线平行于过曲线两端点 A，B 的弦．这里辅助函数 $F(x)$ 表示曲线 $y = f(x)$ 的纵坐标与直线 $y = \dfrac{f(b) - f(a)}{b - a} x$ 的纵坐标之差，而这直线通过原点且与曲线过 A，B 两端点的弦平行，因此 $F(x)$ 满足罗尔中值定理的条件．

公式(3.1)也称为拉格朗日公式．在使用上常把它写成如下形式：

$$f(b) - f(a) = f'(\xi)(b - a) \tag{3.2}$$

它对于 $b < a$ 也成立．并且在定理 3.1.3 的条件下，(3.2)中的 a，b 可以用任意 x_1，$x_2 \in (a, b)$ 来代替，即有

$$f(x_1) - f(x_2) = f'(\xi)(x_1 - x_2) \tag{3.3}$$

其中 ξ 介于 x_1 与 x_2 之间．

在公式(1.3)中若取 $x_1 = x + \Delta x$，$x_2 = x$，则得

$$f(x + \Delta x) - f(x) = f'(\xi) \Delta x$$

或

$$f(x + \Delta x) - f(x) = f'(x + \theta \Delta x) \Delta x \quad (0 < \theta < 1)$$

它表示 $f'(x + \theta \Delta x) \Delta x$ 在 Δx 为有限时就是增量 Δy 的准确表达式．因此拉格朗日公式也称有限增量公式．

例 3 证明：若 $f(x)$ 在区间 I 内可导，且 $f'(x) = 0$，则 $f(x)$ 在 I 内是一个常数．

证 在区间 I 内任取一点 x_0，对任意 $x \in I$，$x \neq x_0$，在以 x_0、x 为端点的区间上应用拉格朗日中值定理，得到

$$f(x) - f(x_0) = f'(\xi)(x - x_0)$$

其中 ξ 介于 x_0 与 x 之间．由假设知 $f'(\xi) = 0$，故得 $f(x) - f(x_0) = 0$，即 $f(x) = f(x_0)$．这就说明 $f(x)$ 在区间 I 内恒为常数 $f(x_0)$．

即：**函数 $f(x)$ 在区间 I 为常值函数的充分必要条件是函数 $f(x)$ 在区间 I 的导数恒为 0．**

例 4 证明：若 $f(x)$ 在 $[a, b]$ 上连续，在 (a, b) 内可导，且 $f'(x) > 0$，则 $f(x)$ 在 $[a, b]$ 上严格单增．

证 任取 x_1，$x_2 \in [a, b]$，且 $x_1 < x_2$，对 $f(x)$ 在区间 $[x_1, x_2]$ 上应用拉格朗日中值定理，得到

$$f(x_2) - f(x_1) = f'(\xi)(x_2 - x_1), \quad x_1 < \xi < x_2.$$

由假设知 $f'(\xi) > 0$，且 $x_2 - x_1 > 0$，故从上式推出 $f(x_2) - f(x_1) > 0$，即 $f(x_2) > f(x_1)$，所以 $f(x)$ 在 $[a, b]$ 上严格单增．

类似可证：若 $f'(x) < 0$，则 $f(x)$ 在 $[a, b]$ 上严格单减．

例 5 (**导数极限定理**) 设 $f(x)$ 在 x_0 连续，在 $\overset{\circ}{U}(x_0)$ 内可导，且 $\lim\limits_{x \to x_0} f'(x)$ 存在，则 $f(x)$ 在 x_0 可导，且 $f'(x_0) = \lim\limits_{x \to x_0} f'(x)$．

证　任取 $x \in \overset{\circ}{U}(x_0)$，对 $f(x)$ 在以 x_0、x 为端点的区间上应用拉格朗日中值定理，得到

$$\frac{f(x) - f(x_0)}{x - x_0} = f'(\xi)$$

其中 ξ 在 x_0 与 x 之间，上式中令 $x \to x_0$，则 $\xi \to x_0$. 由于 $\lim\limits_{x \to x_0} f'(x)$ 存在，取极限便得

$$\lim_{x \to x_0} \frac{f(x) - f(x_0)}{x - x_0} = \lim_{\xi \to x_0} f'(\xi) = \lim_{x \to x_0} f'(x)$$

所以 $f(x)$ 在 x_0 可导，且 $f'(x_0) = \lim\limits_{x \to x_0} f'(x)$.

例 6　证明不等式

$$\frac{x}{1+x} < \ln(1+x) < x$$

对一切 $x > 0$ 成立.

证　令 $f(x) = \ln(1+x)$，对任意 $x > 0$，$f(x)$ 在 $[0, x]$ 上满足拉格朗日中值定理的条件，从而推出至少存在一点 $\xi \in (0, x)$，使得

$$f(x) - f(0) = f'(\xi)x$$

由于 $f(0) = 0$，$f'(\xi) = \dfrac{1}{1+\xi}$，上式即

$$\ln(1+x) = \frac{x}{1+\xi}$$

又由 $0 < \xi < x$，可得

$$\frac{x}{1+x} < \frac{x}{1+\xi} < x$$

因此当 $x > 0$ 时就有

$$\frac{x}{1+x} < \ln(1+x) < x$$

对于由参数方程

$$\begin{cases} x = x(t) \\ y = y(t) \end{cases} \quad (\alpha \leqslant t \leqslant \beta)$$

所表示的曲线，它的两端点连线的斜率为

$$\frac{y(\beta) - y(\alpha)}{x(\beta) - x(\alpha)}$$

若拉格朗日中值定理也适合这种情形，则应有

$$\left. \frac{\mathrm{d}y}{\mathrm{d}x} \right|_{t=\xi} = \frac{y'(\xi)}{x'(\xi)} = \frac{y(\beta) - y(\alpha)}{x(\beta) - x(\alpha)}$$

与这个几何阐述密切相连的是柯西中值定理，它是拉格朗日定理的推广.

定理 3.1.4(柯西中值定理)

若 $f(x)$ 与 $g(x)$ 在 $[a, b]$ 上连续，在 (a, b) 内可导且 $g'(x) \neq 0$，则在 (a, b) 内至少存在一点 ξ，使得

$$\frac{f(b) - f(a)}{g(b) - g(a)} = \frac{f'(\xi)}{g'(\xi)} \tag{3.4}$$

证 首先由罗尔定理可知 $g(b) - g(a) \neq 0$，因为如果不然，则存在 $\eta \in (a, b)$，使 $g'(\eta) = 0$，这与假设条件相矛盾．

作辅助函数

$$F(x) = f(x) - \frac{f(b) - f(a)}{g(b) - g(a)} g(x)$$

容易验证 $F(x)$ 在 $[a, b]$ 上满足罗尔定理的条件，从而推出至少存在一点 $\xi \in (a, b)$，使得 $F'(\xi) = 0$，即

$$f'(\xi) - \frac{f(b) - f(a)}{g(b) - g(a)} g'(\xi) = 0$$

由于 $g'(\xi) \neq 0$，所以 (3.4) 式成立．

§3.2　洛必达法则

柯西中值定理提供了一种求函数极限的方法．

设 $f(x_0) = g(x_0) = 0$，$f(x)$ 与 $g(x)$ 在 x_0 的某邻域内满足柯西中值定理的条件，从而有

$$\frac{f(x)}{g(x)} = \frac{f'(\xi)}{g'(\xi)}$$

其中 ξ 介于 x_0 与 x 之间．当 $x \to x_0$ 时，$\xi \to x_0$，因此若极限

$$\lim_{\xi \to x_0} \frac{f'(\xi)}{g'(\xi)} = A$$

则必有

$$\lim_{x \to x_0} \frac{f(x)}{g(x)} = A$$

这里 $\dfrac{f(x)}{g(x)}$ 是 $x \to x_0$ 时两个无穷小量之比，通常称之为 $\dfrac{0}{0}$ 型未定式．一般说来，这种未定式的确定往往是比较困难的，但如果 $\lim\limits_{x \to x_0} \dfrac{f'(x)}{g'(x)}$ 存在而且容易求出，困难便迎刃而解．对于 $\dfrac{\infty}{\infty}$ 型未定式，即两个无穷大量之比，也可以采用类似的方法确定．

通常把这种确定未定式的方法称为洛必达法则．

定理 3.2.1(洛必达法则 I)　若：

(1) $\lim\limits_{x \to x_0} f(x) = 0$，$\lim\limits_{x \to x_0} g(x) = 0$；

(2) $f(x)$ 与 $g(x)$ 在 x_0 的某去心邻域内可导，且 $g'(x) \neq 0$；

(3) $\lim\limits_{x \to x_0} \dfrac{f'(x)}{g'(x)}$ 存在(或为 ∞)，则

$$\lim\limits_{x \to x_0} \frac{f(x)}{g(x)} = \lim\limits_{x \to x_0} \frac{f'(x)}{g'(x)}$$

证　令

$$F(x) = \begin{cases} f(x), & x \neq x_0, \\ 0, & x = x_0, \end{cases} \qquad G(x) = \begin{cases} g(x), & x \neq x_0, \\ 0, & x = x_0, \end{cases}$$

由假设(1)(2)可知 $F(x)$ 与 $G(x)$ 在 x_0 的某邻域 $U(x_0)$ 内连续，在 $\mathring{U}(x_0)$ 内可导，且 $G'(x) = g'(x) \neq 0$. 任取 $x \in \mathring{U}(x_0)$，则 $F(x)$ 与 $G(x)$ 在以 x_0、x 为端点的区间上满足柯西中值定理的条件，从而有

$$\frac{F(x) - F(x_0)}{G(x) - G(x_0)} = \frac{F'(\xi)}{G'(\xi)} = \frac{f'(\xi)}{g'(\xi)}$$

其中 ξ 在 x_0 与 x 之间. 由于 $F(x_0) = G(x_0) = 0$，且当 $x \neq x_0$ 时 $F(x) = f(x)$，$G(x) = g(x)$，可得

$$\frac{f(x)}{g(x)} = \frac{f'(\xi)}{g'(\xi)}$$

上式中令 $x \to x_0$，则 $\xi \to x_0$，根据假设(3)就有

$$\lim\limits_{x \to x_0} \frac{f(x)}{g(x)} = \lim\limits_{\xi \to x_0} \frac{f'(\xi)}{g'(\xi)} = \lim\limits_{x \to x_0} \frac{f'(x)}{g'(x)}$$

对于 $\dfrac{\infty}{\infty}$ 型未定式，也有类似于定理 4.2.1 的法则，其证明省略.

定理 3.2.2(洛必达法则 Ⅱ)　若：

(1) $\lim\limits_{x \to x_0} f(x) = \infty$，$\lim\limits_{x \to x_0} g(x) = \infty$；

(2) $f(x)$ 与 $g(x)$ 在 x_0 的某去心邻域内可导，且 $g'(x) \neq 0$；

(3) $\lim\limits_{x \to x_0} \dfrac{f'(x)}{g'(x)}$ 存在(或为 ∞)，则

$$\lim\limits_{x \to x_0} \frac{f(x)}{g(x)} = \lim\limits_{x \to x_0} \frac{f'(x)}{g'(x)}$$

在定理 3.2.1 和定理 3.2.2 中，若把 $x \to x_0$ 换成 $x \to x_0^+$，$x \to x_0^-$，$x \to \infty$，$x \to +\infty$ 或 $x \to -\infty$ 时，定程只需对两定理中的假设(2)作相应的修改，结论仍然成立.

例 1　求下列极限：

(1) $\lim\limits_{x \to 0} \dfrac{x - \sin x}{x^3}$；

(2) $\lim\limits_{x \to \frac{\pi}{2}} \dfrac{\cos x}{\dfrac{\pi}{2} - x}$；

(3) $\lim\limits_{x \to +\infty} \dfrac{\dfrac{\pi}{2} - \arctan x}{\dfrac{1}{x}}$;　　　　　　(4) $\lim\limits_{x \to 1} \dfrac{x - x^x}{1 - x + \ln x}$.

解　由洛必达法则可得：

(1) $\lim\limits_{x \to 0} \dfrac{x - \sin x}{x^3} = \lim\limits_{x \to 0} \dfrac{1 - \cos x}{3x^2} = \lim\limits_{x \to 0} \dfrac{\sin x}{6x} = \dfrac{1}{6}$;

(2) $\lim\limits_{x \to \frac{\pi}{2}} \dfrac{\cos x}{\dfrac{\pi}{2} - x} = \lim\limits_{x \to \frac{\pi}{2}} \dfrac{-\sin x}{-1} = 1$;

(3) $\lim\limits_{x \to +\infty} \dfrac{\dfrac{\pi}{2} - \arctan x}{\dfrac{1}{x}} = \lim\limits_{x \to +\infty} \dfrac{-\dfrac{1}{1 + x^2}}{-\dfrac{1}{x^2}} = \lim\limits_{x \to +\infty} \dfrac{x^2}{1 + x^2} = 1$;

(4) $\lim\limits_{x \to 1} \dfrac{x - x^x}{1 - x + \ln x} = \lim\limits_{x \to 1} \dfrac{1 - x^x(\ln x + 1)}{-1 + \dfrac{1}{x}} = \lim\limits_{x \to 1} \dfrac{-x^x(\ln x + 1)^2 - x^x \cdot \dfrac{1}{x}}{-\dfrac{1}{x^2}} = 2$.

例 2　求下列极限：

(1) $\lim\limits_{x \to +\infty} \dfrac{(\ln x)^m}{x}$（$m$ 为正整数）；

(2) $\lim\limits_{x \to +\infty} \dfrac{x^m}{e^x}$（$m$ 为正整数）；

(3) $\lim\limits_{x \to 0^+} \dfrac{\ln \tan 5x}{\ln \tan 3x}$;

(4) $\lim\limits_{x \to +\infty} \dfrac{e^x + 2x \arctan x}{e^x - \pi x}$.

解　(1) 由于

$$\lim\limits_{x \to +\infty} \dfrac{\ln x}{x^{\frac{1}{m}}} = \lim\limits_{x \to +\infty} \dfrac{\dfrac{1}{x}}{\dfrac{1}{m} x^{\frac{1}{m} - 1}} = \lim\limits_{x \to +\infty} \dfrac{m}{x^{\frac{1}{m}}} = 0$$

所以　　　　　　　　　$$\lim\limits_{x \to +\infty} \dfrac{(\ln x)^m}{x} = \lim\limits_{x \to +\infty} \left(\dfrac{\ln x}{x^{\frac{1}{m}}}\right)^m = 0$$

(2) 由于

$$\lim\limits_{x \to +\infty} \dfrac{x}{e^{\frac{1}{m}x}} = \lim\limits_{x \to +\infty} \dfrac{1}{\dfrac{1}{m} e^{\frac{1}{m}x}} = 0$$

所以

$$\lim_{x \to +\infty} \frac{x^m}{e^x} = \lim_{x \to +\infty} \left(\frac{x}{e^{\frac{1}{m}x}} \right)^m = 0 ;$$

(3) $\lim\limits_{x \to 0^+} \dfrac{\ln\tan 5x}{\ln\tan 3x} = \lim\limits_{x \to 0^+} \dfrac{\dfrac{5\sec^2 5x}{\tan 5x}}{\dfrac{3\sec^2 3x}{\tan 3x}} = \lim\limits_{x \to 0^+} \dfrac{5\tan 3x}{3\tan 5x} \cdot \lim\limits_{x \to 0^+} \dfrac{1 + \tan^2 5x}{1 + \tan^2 3x} = 1 ;$

(4) 由于

$$\lim_{x \to +\infty} \frac{e^x + 2x\arctan x}{e^x - \pi x} = \lim_{x \to +\infty} \frac{e^x + 2\arctan x + \dfrac{2x}{1 + x^2}}{e^x - \pi}$$

$$= \lim_{x \to +\infty} \frac{1 + 2e^{-x}\arctan x + \dfrac{2x}{1 + x^2}e^{-x}}{1 - \pi e^{-x}} = 1$$

且

$$\lim_{x \to -\infty} \frac{e^x + 2x\arctan x}{e^x - \pi x} = \lim_{x \to -\infty} \frac{\dfrac{e^x}{x} + 2\arctan x}{\dfrac{e^x}{x} - \pi} = \frac{2\left(-\dfrac{\pi}{2}\right)}{-\pi} = 1$$

所以

$$\lim_{x \to \infty} \frac{e^x + 2x\arctan x}{e^x - \pi x} = 1$$

对于其他类型的未定式，如 $0 \cdot \infty$，$\infty - \infty$，∞^0，0^0，1^∞ 等类型，可以通过恒等变形或简单变换将它们转化为 $\dfrac{0}{0}$ 或 $\dfrac{\infty}{\infty}$ 型，再应用洛必达法则.

例 3 求下列极限：

(1) $\lim\limits_{x \to 0^+} x\ln x$；

(2) $\lim\limits_{x \to \frac{\pi}{2}} (\sec x - \tan x)$；

(3) $\lim\limits_{x \to +\infty} (1 + x)^{\frac{1}{x}}$；

(4) $\lim\limits_{x \to 0^+} x^x$；

(5) $\lim\limits_{x \to 0} (\cos x)^{\frac{1}{x^2}}$.

解 (1) $\lim\limits_{x \to 0^+} x\ln x = \lim\limits_{x \to 0^+} \dfrac{\ln x}{\dfrac{1}{x}} = \lim\limits_{x \to 0^+} \dfrac{\dfrac{1}{x}}{-\dfrac{1}{x^2}} = \lim\limits_{x \to 0^+} (-x) = 0$；

(2) $\lim\limits_{x \to \frac{\pi}{2}} (\sec x - \tan x) = \lim\limits_{x \to \frac{\pi}{2}} \dfrac{1 - \sin x}{\cos x} = \lim\limits_{x \to \frac{\pi}{2}} \dfrac{-\cos x}{-\sin x} = 0$；

(3) 由于

$$\lim_{x \to +\infty} \ln(1 + x)^{\frac{1}{x}} = \lim_{x \to +\infty} \frac{\ln(x + 1)}{x} = \lim_{x \to +\infty} \frac{\dfrac{1}{1 + x}}{1} = 0$$

所以

$$\lim_{x \to +\infty} (1+x)^{\frac{1}{x}} = \lim_{x \to +\infty} e^{\ln(1+x)^{\frac{1}{x}}} = e^0 = 1;$$

(4) 由(1)得

$$\lim_{x \to 0+} \ln x^x = \lim_{x \to 0+} x \ln x = 0$$

所以

$$\lim_{x \to 0+} x^x = \lim_{x \to 0+} e^{\ln x^x} = e^0 = 1;$$

(5) 由于

$$\lim_{x \to 0} \ln (\cos x)^{\frac{1}{x^2}} = \lim_{x \to 0} \frac{\ln(\cos x)}{x^2} = \lim_{x \to 0} \frac{-\tan x}{2x} = -\frac{1}{2}$$

所以

$$\lim_{x \to 0} (\cos x)^{\frac{1}{x^2}} = \lim_{x \to 0} e^{\ln(\cos x)^{\frac{1}{x^2}}} = e^{-\frac{1}{2}}.$$

洛必达法则是确定未定式的一种重要且简便的方法. 使用洛必达法则时应注意检验定理中的条件, 然后一般要整理化简; 如仍属于未定式, 可以继续使用. 使用中应注意结合运用其他求极限的方法, 如等价无穷小替换、作恒等变形或适当的变量代换等, 以简化运算过程. 此外, 还应注意到洛必达法则的条件是充分的, 并非必要. 如果所求极限不满足其条件时, 应考虑改用其他求极限的方法.

 例 4 极限 $\lim\limits_{x \to \infty} \dfrac{x + \sin x}{x - \sin x}$ 存在吗？能否用洛必达法则求其极限？

解 $\lim\limits_{x \to \infty} \dfrac{x + \sin x}{x - \sin x} = \lim\limits_{x \to \infty} \dfrac{1 + \dfrac{1}{x}\sin x}{1 - \dfrac{1}{x}\sin x} = 1$, 即极限存在. 但不能用洛必达法则求出其

极限. 因为 $\lim\limits_{x \to \infty} \dfrac{x + \sin x}{x - \sin x}$ 尽管是 $\dfrac{\infty}{\infty}$ 型, 可是若对分子分母分别求导后得 $\dfrac{1 + \cos x}{1 - \cos x}$, 由于

$\lim\limits_{x \to \infty} \dfrac{1 + \cos x}{1 - \cos x}$ 不存在, 故不能使用洛必达法则.

§3.3 函数的单调性、极值、最值

3.3.1 函数单调性的判别法

单调函数是一个重要的函数类. 本节将讨论单调函数与其导函数之间的关系, 从而提供一种判别函数单调性的方法.

如果函数 $f(x)$ 在闭区间 $[a, b]$ 上单调增加, 那么它的导数有什么几何特征呢？

由图 3.5(a) 可看出，曲线 $y=f(x)$ 的切线与 x 轴的夹角 α 总为锐角，从而其导数 $f'(x)=\tan\alpha>0$；若函数 $f(x)$ 在闭区间 $[a,b]$ 上单调减小 [图 3.5(b)]，则曲线 $y=f(x)$ 的切线与 x 轴的夹角 α 总为钝角，从而其导数 $f'(x)<0$.

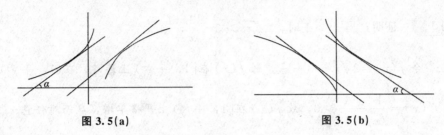

图 3.5(a)　　　　　　　　　　　　　　图 3.5(b)

定理 3.3.1　设 $f(x)$ 在 $[a,b]$ 上连续，在 (a,b) 内可导，则 $f(x)$ 在 $[a,b]$ 上单调递增（单调递减）的充要条件是在 (a,b) 内 $f'(x)\geqslant0$ [或 $f'(x)\leqslant0$]，且在 (a,b) 内任何子区间上 $f'(x)\not\equiv0$.

不难看出定理中的闭区间可以换成其他各种区间，相应的结论亦成立.

例 1　判定函数 $f(x)=x+\cos x\,(0\leqslant x\leqslant2\pi)$ 的单调性.

解　$f(x)$ 在 $[0,2\pi]$ 上连续，在 $(0,2\pi)$ 内可导，

$$f'(x)=1-\sin x\geqslant0,$$

且等号仅当 $x=\dfrac{\pi}{2}$ 时成立. 所以由定理 3.3.1 推知 $f(x)=x+\cos x$ 在 $[0,2\pi]$ 上严格单增.

例 2　讨论函数 $f(x)=\dfrac{3}{4}x^4+2x^3-\dfrac{9}{2}x^2+1$ 的单调性（见图 3.6）.

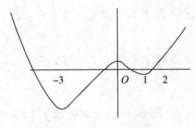

图 3.6

解　$y'=3x^3+6x^2-9x=3x(x-1)(x+3)$，

令 $y'=0$，得 $x=-3,0,1$，用这三个点将函数的定义域 $(-\infty,+\infty)$ 分为四部分：$(-\infty,-3),(-3,0),(0,1),(1,+\infty)$，分别讨论其上函数的单调性. 此例涉及区间较多，可列表讨论如下：

	$(-\infty,-3)$	$(-3,0)$	$(0,1)$	$(1,+\infty)$
y'	$-$	$+$	$-$	$+$
y	↘	↗	↘	↗

故在区间$[-3, 1]$，$[1, +\infty)$上单调增加，在区间$(-\infty, -3]$，$[0, 1]$上单调减少.

另外，还可以利用函数的单调性证明不等式.

例3 证明：当$x > 1$时，$2\sqrt{x} > 3 - \dfrac{1}{x}$.

证 令$f(x) = 2\sqrt{x} - 3 + \dfrac{1}{x}$，则$f(x)$在$[1, +\infty)$上连续，在$(1, +\infty)$内可导，且$f'(x) = \dfrac{1}{\sqrt{x}} - \dfrac{1}{x^2} > 0$，故$f(x)$在$[1, +\infty)$上严格单增，从而对任意$x > 1$，都有$f(x) = 2\sqrt{x} - 3 + \dfrac{1}{x} > f(1) = 0$. 即当$x > 1$时，$2\sqrt{x} > 3 - \dfrac{1}{x}$.

由费马引理知道，可导函数的极值点一定是它的驻点. 但是反过来却不一定.

例如$x = 0$是函数$y = x^3$的驻点，可它并不是极值点，因为$y = x^3$是一个严格单增函数.

所以$f'(x_0) = 0$只是可导函数$f(x)$在x_0取得极值的必要条件，并非充分条件. 另外，对于导数不存在的点，函数也可能取得极值. 例如$y = |x|$，它在$x = 0$处导数不存在，但在该点却取得极小值0.

综上所论，只需从函数的驻点或导数不存在的点中去寻求函数的极值点，进而求出函数的极值.

定理3.3.2(极值的第一充分条件) 设$f(x)$在x_0连续，且在x_0的去心δ邻域$\mathring{U}(x_0, \delta)$内可导.

(1)若当$x \in (x_0 - \delta, x_0)$时$f'(x) > 0$，当$x \in (x_0, x_0 + \delta)$时$f'(x) < 0$，则$f(x)$在$x_0$取得极大值；

(2)若当$x \in (x_0 - \delta, x_0)$时$f'(x) < 0$，当$x \in (x_0, x_0 + \delta)$时$f'(x) > 0$，则$f(x)$在$x_0$取得极小值；

(3)若对一切$x \in \mathring{U}(x_0, \delta)$都有$f'(x) > 0$[或$f'(x) < 0$]，则$f(x)$在$x_0$不取极值.

证 (1)按假设及函数单调性判别法可知，$f(x)$在$[x_0 - \delta, x_0]$上严格单增，在$[x_0, x_0 + \delta]$上严格单减，故对任意$x \in \mathring{U}(x_0, \delta)$，总有
$$f(x) < f(x_0),$$
所以$f(x)$在x_0取得极大值.

(2)(3)两种情况可以类似证明.

例4 求$y = (2x - 5)\sqrt[3]{x^2}$的极值点与极值.

解 $y = (2x - 5)\sqrt[3]{x^2} = 2x^{\frac{5}{3}} - 5x^{\frac{2}{3}}$在$(-\infty, +\infty)$内连续，当$x \neq 0$时，有

$$y' = \frac{10}{3}x^{\frac{2}{3}} - \frac{10}{3}x^{-\frac{1}{3}} = \frac{10}{3}\frac{x-1}{\sqrt[3]{x}}$$

令 $y'=0$ 得驻点 $x=1$. 当 $x=0$ 时，函数的导数不存在. 列表讨论如下（表中 ↗ 表示单增，↘ 表示单减）：

x	$(-\infty, 0)$	0	$(0, 1)$	1	$(1, +\infty)$
y'	+	不存在	+	0	+
y	↗	0 极大值	↘	-3 极小值	↗

故得函数 $f(x)$ 的极大值点 $x=0$，极大值 $f(0)=0$；极小值点 $x=1$，极小值 $f(1)=-3$.

顺便指出，也可以利用函数的驻点及导数不存在的点来确定函数的单调区间.

例 5　求函数 $y = \sqrt[3]{(x^2-2x)^2}$ 的极值.

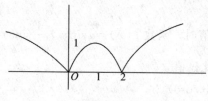

图 3.7

解　其定义域为 $(-\infty, +\infty)$，

$$y' = \frac{2}{3}\left[x(x-2)\right]^{-\frac{1}{3}}(2x-2) = \frac{4(x-1)}{3\sqrt[3]{x(x-2)}},$$

令 $y'=0$，得驻点 $x=1$ 和不可导点 $x=0$，$x=2$.

用极值的第一充分条件来判定极值. 为简明起见，用这三个分界点分定义域为四部分，并列表讨论如下：

x	→	0	→	1	→	2	→
y'	−	∞	+	0	−	∞	+
y	↘	极小，0	↗	极大，−3	↘	极小	↗

所以函数有极小值 $f(0)=0$，$f(2)=0$，极大值 $f(1)=1$（见图 3.7）.

注　驻点和不可导点只是**可能的**极值点，未必定是. 如 $x=0$ 是函数的驻点，但不是极值点.

当函数 $f(x)$ 二阶可导时，也往往利用二阶导数的符号来判断 $f(x)$ 的驻点是否为极值点.

定理 3.3.3（极值的第二充分条件）　设 $f(x)$ 在 x_0 二阶可导，且 $f'(x_0)=0$，$f''(x_0) \neq 0$.

(1) 若 $f''(x_0) < 0$，则 $f(x)$ 在 x_0 取得极大值；

(2) 若 $f''(x_0) > 0$，则 $f(x)$ 在 x_0 取得极小值．

证 (1) 由于

$$f''(x_0) = \lim_{x \to x_0} \frac{f'(x) - f'(x_0)}{x - x_0} < 0,$$

及 $f'(x_0) = 0$，故有

$$\lim_{x \to x_0} \frac{f'(x)}{x - x_0} < 0$$

根据极限的局部保号性可知，存在 $\delta > 0$，使得当 $x \in \overset{\circ}{U}(x_0, \delta)$ 时有

$$\frac{f'(x)}{x - x_0} < 0$$

于是当 $x \in (x_0 - \delta, x_0)$ 时 $f'(x) > 0$，而当 $x \in (x_0, x_0 + \delta)$ 时 $f'(x) < 0$，所以由极值的第一充分条件推知 $f(x)$ 在 x_0 取得极大值．

(2) 的情形可以类似证明．

例 6 试问 a 为何值时，函数 $f(x) = a \sin x + \frac{1}{3} \sin 3x$ 在 $x = \frac{\pi}{3}$ 处取得极值？它是极大值还是极小值？求此极值．

解 $f'(x) = a \cos x + \cos 3x$.

由假设知 $f'(\frac{\pi}{3}) = 0$，从而有 $\frac{a}{2} - 1 = 0$，即 $a = 2$.

又当 $a = 2$ 时，$f''(x) = -2 \sin x - 3 \sin 3x$，且 $f''(\frac{\pi}{3}) = -\sqrt{3} < 0$，所以 $f(x) = 2 \sin x + \frac{1}{3} \sin 3x$ 在 $x = \frac{\pi}{3}$ 处取得极大值为，且极大值为 $f(\frac{\pi}{3}) = \sqrt{3}$.

3.3.2 函数的最大值与最小值及其应用问题

根据闭区间上连续函数的性质，若函数 $f(x)$ 在 $[a, b]$ 上连续，则 $f(x)$ 在 $[a, b]$ 上必取得最大值和最小值．本段将讨论如何求出函数的最大值和最小值．

对于可导函数来说，若 $f(x)$ 在区间 I 内的一点 x_0 取得最大(小)值，则在 x_0 不仅有 $f'(x_0) = 0$，即 x_0 是 $f(x)$ 的驻点，而且 x_0 为 $f(x)$ 的极值点．一般而言，最大(小)值还可能在区间端点或不可导点上取得．因此，若 $f(x)$ 在 I 上至多有有限个驻点及不可导点，为了避免对极值的考察，可直接比较这三种点的函数值即可求得最大值和最小值．

例 7 求函数 $f(x) = x^3 - 3x^2 - 9x + 5$ 在 $[-2, 4]$ 上的最大值与最小值．

解 $f(x)$ 在 $[-2, 4]$ 上连续，故必存在最大值与最小值．令

$$f'(x) = 3x^2 - 6x - 9 = 3(x + 1)(x - 3) = 0$$

得驻点 $x = -1$ 和 $x = 3$，因为

$$f(-1) = 10,\ f(3) = -22,\ f(-2) = 3,\ f(4) = 15,$$

所以 $f(x)$ 在 $x = -1$ 取得最大值 10，在 $x = 3$ 取得最小值 -22.

当函数 $f(x)$ 在闭区间 $[a, b]$ 上连续，在开区间 (a, b) 内至多有有限多个不可导点和至多有有限多个稳定点时，可按下述步骤求函数 $f(x)$ 在闭区间 $[a, b]$ 上的最值：

（1）求出函数 $f(x)$ 在驻点、不可导点、区间 I 的端点的函数值；

（2）进行比较，最大的就是最大值，最小的就是最小值. 故称为 **比较法**.

在求最大（小）值的问题中，值得指出的有下述特殊情形：设 $f(x)$ 在某区间 I 上连续，在 I 内可导，且有唯一的驻点 x_0. 如果 x_0 还是 $f(x)$ 的极值点，则由函数单调性判别法推知，当 $f(x_0)$ 是极大值时，$f(x_0)$ 就是 $f(x)$ 在 I 上的最大值；当 $f(x_0)$ 是极小值时，$f(x_0)$ 就是 $f(x)$ 在 I 上的最小值.

如果遇到实际生活中的最大值或最小值问题，则首先应建立起目标函数（即欲求其最值的那个函数），并确定其定义区间，将它转化为函数的最值问题. 特别地，如果所考虑的实际问题存在最大值（或最小值），并且所建立的目标函数 $f(x)$ 有唯一的驻点 x_0，则 $f(x_0)$ 必为所求的最大值（或最小值）.

例 8　从半径为 R 的圆铁片上截下中心角为 φ 的扇形卷成一圆锥形漏斗，问 φ 取多大时做成的漏斗的容积最大？

解　设所做漏斗的顶半径为 r，高为 h，则

$$2\pi r = R\varphi,\ r = \sqrt{R^2 - h^2}.$$

漏斗的容积 V 为

$$V = \frac{1}{3}\pi r^2 h = \frac{1}{3}\pi h(R^2 - h^2),\ 0 < h < R$$

由于 h 由中心角 φ 唯一确定，故将问题转化为先求函数 $V = V(h)$ 在 $(0, R)$ 上的最大值.

令 $V' = \frac{1}{3}\pi R^2 - \pi h^2 = 0$，得唯一驻点 $h = \dfrac{R}{\sqrt{3}}$. 从而

$$\varphi = \frac{2\pi}{R}\sqrt{R^2 - h^2}\,\Big|_{h = \frac{R}{\sqrt{3}}} = \frac{2}{3}\sqrt{6}\,\pi$$

因此根据问题的实际意义可知 $\varphi = \dfrac{2}{3}\sqrt{6}\,\pi$ 时能使漏斗的容积最大.

例 9　某工厂要建一面积为 512m^2 的矩形堆料场，一边可以用原有的墙壁，其它三面需新建. 问堆料场的长和宽各为多少米时，能使砌墙所用的料最省？

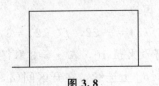

图 3.8

解 设利用原有旧墙 x m，则堆料场的另一边长为 $\dfrac{512}{x}$ m（图 3.8），所以新砌墙的总长度为

$$f(x) = x + 2 \cdot \frac{512}{x}, x \in (0, +\infty), f'(x) = 1 - \frac{1024}{x^2}.$$

令 $f'(x) = 0$，得 $x = 32$.

因为 $f''(32) = \dfrac{2048}{x^3}\Big|_{x=32} = \dfrac{1}{16} > 0$，所以 $x = 32$ 是函数 $f(x)$ 的极小值点，又因为 $x = 32$ 是可微函数 $f(x)$ 在开区间 $(0, +\infty)$ 内唯一的驻点，从而 $x = 32$ 就是函数 $f(x)$ 在 $(0, +\infty)$ 内的最小值点. 即当堆料场的长和宽分别为 32 和 $\dfrac{512}{32} = 16$ 时，能使砌墙所用的料最省.

在研究实际问题的最值时，还可作如下简化处理：

(1) 若目标函数 $f(x)$ 在其定义区间 I 上处处可微；

(2) 在区间 I 内部有唯一的驻点 x_0；

(3) 由问题的实际意义能够判定所求最值存在且必在 I 内取到，则可立即断言 $f(x_0)$ 就是所求的最值，而不必再先用定理 $[f'(x)$ 或 $f''(x)$ 符号$]$ 去判定是不是极值了.

§3.4 函数图象的凹凸性和拐点

在讨论函数图形之前先研究曲线的几种特性.

3.4.1 曲线的凸性

§3.3 对函数的单调性、极值、最大值与最小值进行了讨论，使大家知道了函数变化的大致情况. 但这还不够，因为同属单增的两个可导函数的图形，虽然从左到右曲线都在上升，但它们的弯曲方向却可以不同. 如图 3.9 中的曲线为向下凸，图 3.10 中的曲线为向上凸.

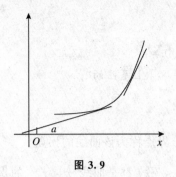

图 3.9

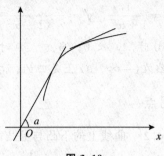

图 3.10

定义 3.4.1　设 $y=f(x)$ 在 (a,b) 内可导，若曲线 $y=f(x)$ 位于其每点处切线的上方，则称它在 (a,b) 内下凸（或上凹）；若曲线 $y=f(x)$ 位于其每点处切线的下方，则称它在 (a,b) 内上凸（或下凹）．相应地，也称函数 $y=f(x)$ 分别为 (a,b) 内的下凸函数和上凸函数（通常把下凸函数称为凹函数）．

从图 3.9 和图 3.10 明显看出，下凸曲线的斜率 $\tan\alpha=f'(x)$（其中 α 为切线的倾角）随着 x 的增大而增大，即 $f'(x)$ 为单增函数；上凸曲线的斜率 $f'(x)$ 随着 x 的增大而减小，即 $f'(x)$ 为单减函数．但 $f'(x)$ 的单调性可由二阶导数 $f''(x)$ 来判定，因此有下述定理．

定理 3.4.1　若 $f(x)$ 在 (a,b) 内二阶可导，则曲线 $y=f(x)$ 在 (a,b) 内下凸（上凸）的充要条件是

$$f''(x)\geqslant 0[f''(x)\leqslant 0],\ x\in(a,b)$$

定理 3.4.1 中所指的曲线 $y=f(x)$ 在 (a,b) 内下凸（或上凹），包括出现这样的情形，即曲线可能在 (a,b) 内某个小区间上为直线段，如果把这种情形排除在外，即规定除切点外，曲线上纵坐标的值总大（或小）于切线上相应纵坐标的值，这时曲线是严格下凸（或严格上凸）．对于这种严格凸性来说，定理 3.5.1 的充要条件中，除指出 $f''(x)\geqslant 0(\leqslant 0)$，$x\in(a,b)$ 之外，还必须增加要求：在 (a,b) 内的任何子区间上 $f''(x)\equiv 0$．

 例 1　讨论曲线 $y=\mathrm{e}^{-x^2}$ 的凹凸性．

解　$y'=-2x\mathrm{e}^{-x^2}$，$y''=2(2x^2-1)\mathrm{e}^{-x^2}$．所以：

当 $2x^2-1>0$，即当 $x>\dfrac{1}{\sqrt{2}}$ 或 $x<-\dfrac{1}{\sqrt{2}}$ 时 $y''>0$；

当 $2x^2-1<0$，即当 $-\dfrac{1}{\sqrt{2}}<x<\dfrac{1}{\sqrt{2}}$ 时 $y''<0$．

因此在区间 $\left(-\infty,-\dfrac{1}{\sqrt{2}}\right)$ 与 $\left(\dfrac{1}{\sqrt{2}},+\infty\right)$ 内曲线下凸；在区间 $\left(-\dfrac{1}{\sqrt{2}},\dfrac{1}{\sqrt{2}}\right)$ 内曲线上凸．

例 2　判定函数 $y=\arctan x$ 的凹凸性．

解　$y' = \dfrac{1}{1+x^2}$，$y'' = -\dfrac{2x}{(1+x^2)^2}$.

当 $x > 0$ 时，$y'' < 0$；当 $x < 0$ 时，$y'' > 0$.

所以曲线在 $(-\infty, 0)$ 上是凹的，在 $[0, +\infty]$ 上是凸的.

3.4.2　拐点

定义 3.4.2　曲线上的下凸与上凸部分的分界点称为该曲线的拐点.

根据例 1 的讨论即知，点 $\left(-\dfrac{1}{\sqrt{2}}, \dfrac{1}{\sqrt{e}}\right)$ 与 $\left(\dfrac{1}{\sqrt{2}}, \dfrac{1}{\sqrt{e}}\right)$ 都是曲线 $y = e^{-x^2}$ 的拐点.

从定义 3.4.1 及其说明部分已经看出利用二阶导数研究曲线的凸性与利用一阶导数研究函数的单调性，两者有相对应的结果. 其实曲线的拐点同样有类似于函数极值点的性质，也是利用更高一阶导数而得出的.

定理 3.4.2(拐点的必要条件)　若 $f(x)$ 在 x_0 某邻域 $U(x_0, \delta)$ 内二阶可导，且 $[x_0, f(x_0)]$ 为曲线 $y = f(x)$ 的拐点，则 $f''(x_0) = 0$.

证　不妨设曲线 $y = f(x)$ 在 $(x_0 - \delta, x_0)$ 下凸，而在 $(x_0, x_0 + \delta)$ 上凸，由定理 3.4.1 可知，在 $(x_0 - \delta, x_0)$ 内 $f''(x) \geqslant 0$，而在 $(x_0, x_0 + \delta)$ 内 $f''(x) \leqslant 0$. 于是对任意 $x \in \mathring{U}(x_0, \delta)$，总有 $f'(x) - f'(x_0) \leqslant 0$，因此

$$f''_-(x_0) = \lim_{x \to x_0^-} \frac{f'(x) - f'(x_0)}{x - x_0} \geqslant 0,$$

$$f''_+(x_0) = \lim_{x \to x_0^+} \frac{f'(x) - f'(x_0)}{x - x_0} \leqslant 0.$$

由于 $f(x)$ 在 x_0 二阶可导，所以 $f''(x_0) = 0$.

但条件 $f''(x_0) = 0$ 并非是充分的，例如 $y = x^4$，有 $y'' = 12x^2 \geqslant 0$，且等号仅当 $x = 0$ 时成立，因此曲线 $y = x^4$ 在 $(-\infty, +\infty)$ 内下凸. 即是说，虽然 $y''|_{x=0} = 0$，但 $(0, 0)$ 不是该曲线的拐点.

下面是判别拐点的两个充分条件.

定理 3.4.3　设 $f(x)$ 在 x_0 某邻域内二阶可导，$f''(x_0) = 0$. 若 $f''(x)$ 在 x_0 的左、右两侧分别有确定的符号，并且符号相反，则 $[x_0, f(x_0)]$ 是曲线的拐点；若符号相同，则 $[x_0, f(x_0)]$ 不是拐点.

定理 3.4.4　设 $f(x)$ 在 x_0 三阶可导，且 $f''(x_0) = 0$，$f'''(x_0) \neq 0$，则 $[x_0, f(x_0)]$ 是曲线 $y = f(x)$ 的拐点.

定理 3.4.3 的证明可由定理 3.4.1 及拐点的定义立刻得出. 定理 3.4.4 的证明与定理 3.4.3 相类似.

此外，对于 $f(x)$ 的二阶不可导点 x_0，$[x_0, f(x_0)]$ 也有可能是曲线 $y = f(x)$ 的拐点.

例 3　求曲线 $y = x^{\frac{1}{3}}$ 的拐点.

解 $y = x^{\frac{1}{3}}$ 在 $(-\infty, +\infty)$ 内连续. 当 $x \neq 0$ 时,

$$y' = \frac{1}{3}x^{-\frac{2}{3}}, \quad y'' = -\frac{2}{9}x^{-\frac{5}{3}};$$

当 $x = 0$ 时, $y = 0$, y', y'' 不存在. 由于在 $(-\infty, 0)$ 内 $y'' > 0$, 在 $(0, +\infty)$ 内 $y'' < 0$, 因此曲线 $y = x^{\frac{1}{3}}$ 在 $(-\infty, 0)$ 内下凸, 在 $(0, +\infty)$ 内上凸. 按拐点的定义可知点 $(0, 0)$ 是曲线的拐点.

综上所述, 寻求曲线 $y = f(x)$ 的拐点, 只需先找到使得 $f''(x_0) = 0$ 的点及二阶不可导点, 然后再按定理 3.4.3 或定理 3.4.4 去判定.

 例 4 求曲线 $y = \dfrac{x}{1+x^2}$ 的凹凸区间及拐点.

解 $y' = \dfrac{1-x^2}{(1+x^2)^2}$, $y'' = \dfrac{2x(x^2-3)}{(1+x^2)^2}$.

令 $y'' = 0$, 得 $x = 0$ 和 $x = \pm\sqrt{3}$. 注意到函数是奇函数, 可列表讨论如下:

x	0	$(0, \sqrt{3})$	$\sqrt{3}$	$(\sqrt{3}, +\infty)$
y''	0	$-$	0	$+$
y		凸		凹

故曲线在区间 $(-\infty, -\sqrt{3}]$ 和 $[0, \sqrt{3}]$ 是凸的, 在 $[-\sqrt{3}, 0]$ 和 $[\sqrt{3}, +\infty)$ 是凹的.

例 5 求曲线 $y = (x-1)\sqrt[3]{x^5}$ 的凹凸区间和拐点.

解
$$y' = x^{\frac{5}{3}} + (x-1) \cdot \frac{5}{3} \cdot x^{\frac{2}{3}} = \frac{8}{3}x^{\frac{5}{3}} - \frac{5}{3}x^{\frac{2}{3}},$$

$$y'' = \frac{40}{9}x^{\frac{2}{3}} - \frac{10}{9}x^{-\frac{1}{3}} = \frac{10}{9} \cdot \frac{4x-1}{\sqrt[3]{x}},$$

令 $y'' = 0$, 得 $x = 1/4$; $x = 0$ 时, y'' 不存在.

x	$(-\infty, 0)$	0	$(0, 1/4)$	$1/4$	$(1/4, +\infty)$
y''	$+$	∞	$-$	0	$+$
y	凹	拐	凸	拐	凹

所以曲线的拐点为: $(0, 0)$ 和 $\left(\dfrac{1}{4}, \dfrac{-3}{16\sqrt[3]{16}}\right)$.

凹区间为: $(-\infty, 0]$ 和 $[1/4, +\infty)$; 凸区间为 $[0, 1/4]$.

§3.5　曲线的渐近线及函数图象的描绘

3.5.1　曲线的渐近线

在平面上, 当曲线伸向无穷远处时, 一般很难把曲线画准确. 但是, 如果曲线伸向无穷远处, 它能无限地靠近一条直线, 那么就可以既快又好地画出趋于无穷远处这条曲线的走向趋势. 如平面解析几何中的双曲线 $\dfrac{x^2}{a^2}-\dfrac{y^2}{b^2}=1$ 与直线 $y=\dfrac{b}{a}x$ 和 $y=-\dfrac{b}{a}x$ 就是如此. 这样的直线叫做曲线的渐近线.

定义 3.5.1　如果曲线上的点沿曲线趋于无穷远时, 此点与某一直线的距离趋于零, 则称此直线是曲线的渐近线.

渐近线有水平渐近线、垂直渐近线和斜渐近线.

1. 水平渐近线

若函数 $y=f(x)$ 的定义域是无穷区间, 且

$$\lim_{x\to\infty}f(x)=C$$

时, 则称直线 $y=C$ 为曲线 $y=f(x)$ 的水平渐近线.

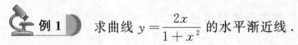 **例 1**　求曲线 $y=\dfrac{2x}{1+x^2}$ 的水平渐近线.

解　因为

$$\lim_{x\to\infty}\frac{2x}{1+x^2}=0$$

所以 $y=0$ 是曲线 $y=\dfrac{2x}{1+x^2}$ 的水平渐近线.

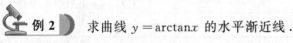 **例 2**　求曲线 $y=\arctan x$ 的水平渐近线.

解　因为

$$\lim_{x\to-\infty}\arctan x=-\frac{\pi}{2},\quad \lim_{x\to+\infty}\arctan x=\frac{\pi}{2}$$

所以 $y=-\dfrac{\pi}{2}$ 和 $y=\dfrac{\pi}{2}$ 都是曲线 $y=\arctan x$ 的水平渐近线.

2. 垂直渐近线

若函数 $y=f(x)$ 在 $x=a$ 处间断, 且

$$\lim_{x\to a}f(x)=\infty,$$

则称直线 $x=a$ 为曲线 $y=f(x)$ 的垂直渐近线.

例 3 求曲线 $y=\dfrac{3}{x-2}$ 的渐近线.

解 因为

$$\lim_{x\to\infty}\frac{3}{x-2}=0,\ \lim_{x\to 2}\frac{3}{x-2}=\infty$$

所以 $y=0$ 是曲线 $y=\dfrac{3}{x-2}$ 的水平渐近线，$x=2$ 是曲线 $y=\dfrac{3}{x-2}$ 的垂直渐近线（图 3.11）.

3. 斜渐近线

若对于函数 $y=f(x)$，有

$$\lim_{x\to\infty}\big[f(x)-(ax+b)\big]=0$$

成立，则称直线 $y=ax+b$ 为曲线 $y=f(x)$ 的斜渐近线，其中

$$a=\lim_{x\to\infty}\frac{f(x)}{x},\ b=\lim_{x\to\infty}\big[f(x)-ax\big].$$

例 4 求曲线 $y=\dfrac{x^2}{1+x}$ 的渐近线.

解 因为 $\lim\limits_{x\to-1}\dfrac{x^2}{1+x}=\infty$，所以 $x=-1$ 为曲线的垂直渐近线. 又因为

$$a=\lim_{x\to\infty}\frac{f(x)}{x}=\lim_{x\to\infty}\frac{x}{1+x}=1,$$

$$b=\lim_{x\to\infty}\big[f(x)-ax\big]=\lim_{x\to\infty}\frac{-x}{1+x}=-1,$$

所以直线 $y=x-1$ 是曲线的渐近线（图 3.12）.

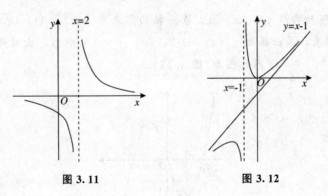

图 3.11   图 3.12

3.5.2　函数图象的描绘

在中学所采用的描点法作图，其局限性在于选取的点不可能很多，因而一些关键性的点如极值点、拐点等，往往有可能漏掉，曲线的单调性、凹凸性等一些重要性态

也难以准确地显示出来．现在，通过前几节的介绍，可以利用导数来分析函数的单调性、极值、凹凸性、拐点及渐近线等．这样，就能较准确地将函数的图形描绘出来．利用导数描绘函数图形的一般步骤为：

(1) 确定函数的定义域，并讨论其周期性、奇偶性、有界性；

(2) 求 $f'(x)$，$f''(x)$，解方程 $f'(x)=0$ 和 $f''(x)=0$，求出在定义域内的全部实根，并求出 $f'(x)$，$f''(x)$ 不存在的点；

(3) 由第(2)步中所得到的点，将定义域分成相应区间，列表分析各区间内函数的单调性、凹凸性，各区间的分界点是不是极值点和拐点；

(4) 确定曲线的渐近线；

(5) 适当补充一些点，如曲线 $y=f(x)$ 与坐标轴的交点等；

(6) 根据上述结果作图．

例 5 画出函数 $y=3x-x^3$ 的图形．

解 函数的定义域为 $(-\infty,+\infty)$，且为奇函数．

$$y'=3-3x^2,\quad y''=-6x$$

令 $y'=0$ 得 $x=\pm1$，令 $y''=0$ 得 $x=0$，在定义域内没有不可导的点．

列表讨论：

x	0	(0, 1)	1	(1, $+\infty$)
y'	+	+	0	—
y''	0	— —	—	—
y	拐点(0, 0)	⌒	极大值 2	⌒

显然，曲线 $y=3x-x^3$ 无渐近线．

令 $y=0$，可知曲线 $y=3x-x^3$ 与 x 轴的交点为 $(-\sqrt{3},0)$，$(\sqrt{3},0)$．

综合上述结果，画出函数 $y=3x-x^3$ 在 $(0,+\infty)$ 的图形，由对称性得出曲线 $y=3x-x^3$ 在 $(-\infty,+\infty)$ 内的图形(图 3.13)．

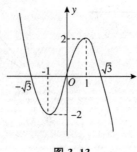

图 3.13

例 6 画出函数 $y=\mathrm{e}^{-x^2}$ 的图形．

解 函数的定义域为 $(-\infty, +\infty)$，且为偶函数.

$$y' = -2x\,\mathrm{e}^{-x^2},$$
$$y'' = 2(2x^2-1)\mathrm{e}^{-x^2}.$$

令 $y'=0$ 得 $x=0$，令 $y''=0$ 得 $x=\pm\dfrac{1}{\sqrt{2}}$，在定义域内没有不可导的点.

列表讨论：

x	0	$\left(0, \dfrac{1}{\sqrt{2}}\right)$	$\dfrac{1}{\sqrt{2}}$	$\left(\dfrac{1}{\sqrt{2}}, +\infty\right)$
y'	0	$-$	$-$	$-$
y''	$-$	$-$	0	$+$
y	极大值 1	↘	拐点 $\left(\dfrac{1}{\sqrt{2}}, \mathrm{e}^{-\frac{1}{2}}\right)$	↘

因为 $\lim\limits_{x\to\infty}\mathrm{e}^{-x^2}=0$，所以直线 $y=0$ 为水平渐近线；曲线过点 $(0, 1)$.

根据以上讨论，即可画出函数 $y=\mathrm{e}^{-x^2}$ 的图形（图 3.14）.

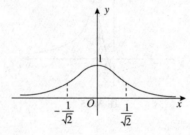

图 3.14

例 7 画出函数 $y=\dfrac{2x-1}{(x-1)^2}$ 的图形.

解 函数的定义域为 $(-\infty, 1)\cup(1, +\infty)$.

$$y'=\frac{-2x}{(x-1)^3}, \qquad y''=\frac{2(2x+1)}{(x-1)^4}.$$

令 $y'=0$ 得 $x=0$，令 $y''=0$ 得 $x=-\dfrac{1}{2}$，在定义域内没有不可导的点.

列表讨论：

x	$\left(-\infty, -\dfrac{1}{2}\right)$	$-\dfrac{1}{2}$	$\left(-\dfrac{1}{2}, 0\right)$	0	$(0, 1)$	$(1, +\infty)$
y'	$-$	$-$	$-$	0	$+$	$-$
y''	$-$	0	$+$	$+$	$+$	$+$

（续表）

x	$(-\infty, -\dfrac{1}{2})$	$-\dfrac{1}{2}$	$(-\dfrac{1}{2}, 0)$	0	$(0, 1)$	$(1, +\infty)$
y	）	拐点 $(-\dfrac{1}{2}, -\dfrac{8}{9})$	（	极小值 1	）	（

因为 $\lim\limits_{x\to\infty}\dfrac{2x-1}{(x-1)^2}=0$，所以 $y=0$ 为曲线的一条水平渐近线；因为 $\lim\limits_{x\to1}\dfrac{2x-1}{(x-1)^2}=\infty$，所以 $x=1$ 为曲线的一条垂直渐近线．曲线 $y=\dfrac{2x-1}{(x-1)^2}$ 与坐标轴的交点为 $(0, -1)$，$(\dfrac{1}{2}, 0)$；适当补充点 $(2, 3)$，$(4, \dfrac{7}{9})$．

根据以上讨论，即可画出函数 $y=\dfrac{2x-1}{(x-1)^2}$ 的图形（图 3.15）．

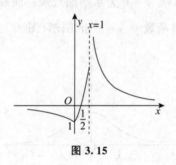

图 3.15

§3.6 数学史料

人们对微分中值定理的研究，从微积分建立之始就开始了．1637 年，著名法国数学家费马（Fermat）在《求最大值和最小值的方法》中给出费马定理．1691 年，法国数学家罗尔（Rolle）在《方程的解法》一文中给出多项式形式的罗尔定理．1797 年，法国数学家拉格朗日在《解析函数论》一书中给出拉格朗日定理，并给出最初的证明．对微分中值定理进行系统研究的是法国数学家柯西（Cauchy），他是数学分析严格化运动的推动者，他的三部巨著《分析教程》、《无穷小计算教程概论》（1823 年）、《微分计算教程》（1829 年），以严格化为主要目标，对微积分理论进行了重构．他首先赋予中值定理以重要作用，使其成为微分学的核心定理．在《无穷小计算教程概论》中，柯西首先严格地证明了拉格朗日定理，又在《微分计算教程》中将其推广为广义中值定理——柯西定理，从而发现了最后一个微分中值定理．

几乎在所有的微积分教材或参考书中，都是用柯西中值公式来证明洛必达法则．这样的证明十分简洁明了，无论是教者还是学者都感到很自然顺当，但是这类证明在显示法则完美性的同时增加了法则的神秘性，掩盖了法则的创造者那种艰难曲折的探索过程．从《古今数学思想》第二册中可以看到 3 位数学巨匠的生卒年代：洛必达(1661—1704)，约瑟夫·拉格朗日(1736—1813)，柯西(1789—1857)，从上述数字中可以看出：洛必达不可能采用他死后 85 年才诞生的 Cauchy 所发现的中值定理．因而教材上洛必达法则的证明是后人为走捷径而给出的一个成熟的证明．

洛必达法则的产生过程：詹姆斯·伯努利(1655—1705)和约翰·伯努利(1667—1748)两兄弟是稍后于 Newton(1642—1727)和 Leibniz(1646—1716)对于微分学有巨大贡献的人，在他们的父亲约翰·威利斯(1616—1703)不希望他们学习数学的情况下，两兄弟都自学成才，成为历史上有名的数学家．克莱因的《古今数学思想》中说：约翰·伯努利作出了一个现今著名的定理，它是用来求一个分数当分子分母都趋于 0 时的极限，由此可见：洛必达法则是约翰·伯努利先提出来的．《古今数学思想》还有关于兄弟俩的一段有趣叙述："约翰·伯努利非常急于成名，开始和他的哥哥展开竞争，很快两人在许多问题上互相挑战，甚至毫不迟疑地将哥哥的成果据为己有，哥哥亦采用相同的方法反击．"由此可见，洛必达法则应该是约翰·伯努利和约翰·伯努利兄弟俩率先(或从同时代数学家那里得到启发后)提出来的，并由约翰·伯努利经过很长时间探讨才逐步完成的．那么约翰·伯努利的成果怎么又会被称为洛必达法则呢？原来定理在 1691 年由约翰·伯努利的学生 F.A. 洛必达编入一本对微积分有较大影响的书《无穷小分析》中，随着这本书的广泛流传，其作者 L·Hospital 在数学界的影响也越来越大，从而 John Bernoulli 作出的定理逐渐被数学界称为 L·Hospital 法则．

课后习题

一、填空题

1．若函数 $f(x)$ 在闭区间 $[a, b]$ 上连续，在开区间 (a, b) 内可导，$f(a)=f(b)$，则罗尔中值定理的结论是_____；

2．若函数 $f(x)$ 在闭区间 $[a, b]$ 上连续，在开区间 (a, b) 内可导，由拉格朗日中值定理知，在开区间 (a, b) 内至少存在一点 ξ，使得 $f'(\xi)=$_____；

3．设函数 $f(x)$ 在开区间 (a, b) 内可导，在 (a, b) 内 $f'(x)<0$，则 $f(x)$ 在 (a, b) 内的单调性为_____；若在 (a, b) 内 $f'(x)>0$，则 $f(x)$ 在 (a, b) 内的单调性为_____；

4．若方程 $f'(x)=0$ 的实根为 x_0，则点 x_0 称为函数 $f(x)$ 的_____；

5．设函数 $f(x)$ 在点 x_0 左右邻域二阶可导，且 $f'(x_0)=0$，若 $f''(x_0)>0$，则函数

值 $f(x_0)$ 为点 x_0 左右邻域的_____；若 $f''(x_0) < 0$，则函数值 $f(x_0)$ 为点 x_0 左右邻域的_____；

二、选择题

1. 在下列四个函数中，在 $[-1, 1]$ 上满足罗尔定理条件的函数是（　　）.

A. $y = 8|x| + 1$ 　　　　　　　B. $y = 4x^2 + 1$

C. $y = \dfrac{1}{x^2}$ 　　　　　　　D. $y = |\sin x|$

2. 函数 $f(x) = \dfrac{1}{x}$ 满足拉格朗日中值定理条件的区间是（　　）.

A. $[-2, 2]$ 　　　B. $[-2, 0]$ 　　　C. $[1, 2]$ 　　　D. $[0, 1]$

3. 方程 $x^5 - 5x + 1 = 0$ 在 $(-1, 1)$ 内根的个数是（　　）.

A. 没有实根 　　　　　　　　B. 有且仅有一个实根

C. 有两个相异的实根 　　　　　D. 有五个实根

4. 若对任意 $x \in (a, b)$，有 $f'(x) = g'(x)$，则（　　）.

A. 对任意 $x \in (a, b)$，有 $f(x) = g(x)$

B. 存在 $x_0 \in (a, b)$，使得 $f(x_0) = g(x_0)$

C. 对任意 $x \in (a, b)$，有 $f(x) = g(x) + C_0$（C_0 是某个常数）

D. 对任意 $x \in (a, b)$，有 $f(x) = g(x) + C$（C 是任意常数）

5. 函数 $f(x) = 3x^5 - 5x^3$ 在 $\mathbf{R}$ 上有（　　）.

A. 四个极值点；　　　　　　B. 三个极值点

C. 二个极值点 　　　　　　　D. 一个极值点

6. 函数 $f(x) = 2x^3 - 6x^2 - 18x + 7$ 的极大值是（　　）.

A. 17 　　　　　B. 11 　　　　　C. 10 　　　　　D. 9

7. 求极限 $\lim\limits_{x \to 0} \dfrac{x^2 \sin \dfrac{1}{x}}{\sin x}$ 时，下列各种解法正确的是（　　）.

A. 用洛必达法则后，求得极限为 0

B. 因为 $\lim\limits_{x \to 0} \dfrac{1}{x}$ 不存在，所以上述极限不存在

C. 原式 $= \lim\limits_{x \to 0} \dfrac{x}{\sin x} \cdot x \sin \dfrac{1}{x} = 0$

D. 因为不能用洛必达法则，故极限不存在

8. 设函数 $y = \dfrac{2x}{1 + x^2}$，在（　　）.

A. $(-\infty, +\infty)$ 单调增加

B. $(-\infty, +\infty)$ 单调减少

C. $(-1, 1)$ 单调增加，其余区间单调减少

D. $(-1,1)$ 单调减少，其余区间单调增加

9. 指出曲线 $y = \dfrac{x}{3 - x^2}$ 的渐近线（　　）.

A. 没有水平渐近线，也没有斜渐近线

B. $x = \sqrt{3}$ 为其垂直渐近线，但无水平渐近线

C. 既有垂直渐近线，又有水平渐近线

D. 只有水平渐近线

10. 函数 $f(x) = x^{\frac{2}{3}} - (x^2 - 1)^{\frac{1}{3}}$ 在区间 $(0,2)$ 上的最小值为（　　）.

A. $\dfrac{729}{4}$　　　　　　B. 0　　　　　　C. 1　　　　　　D. 无最小值

三、综合题

1. 用洛必达法则求下列极限．

(1) $\lim\limits_{x \to 0} \dfrac{\ln(1 + x)}{x}$;

(2) $\lim\limits_{x \to 0} \dfrac{e^x - e^{-x}}{\sin x}$;

(3) $\lim\limits_{x \to a} \dfrac{\sin x - \sin a}{x - a}$;

(4) $\lim\limits_{x \to \pi} \dfrac{\sin 3x}{\tan 5x}$;

(5) $\lim\limits_{x \to 0^+} \dfrac{\ln\tan 7x}{\ln\tan 2x}$;

(6) $\lim\limits_{x \to \frac{\pi}{2}} \dfrac{\tan x}{\tan 3x}$;

(7) $\lim\limits_{x \to 0}(\cot x - \dfrac{1}{x})$;

(8) $\lim\limits_{x \to 1}(\dfrac{x}{x - 1} - \dfrac{1}{\ln x})$;

(9) $\lim\limits_{x \to 0} x \cdot \cot 2x$;

(10) $\lim\limits_{x \to 0^+} \sin x \ln x$;

(11) $\lim\limits_{x \to 0}(1 + \sin x)^{\frac{1}{x}}$;

(12) $\lim\limits_{x \to +\infty}\left(\dfrac{2}{\pi}\arctan x\right)^x$;

(13) $\lim\limits_{x \to 0^+}\left(\ln\dfrac{1}{x}\right)^x$;

(14) $\lim\limits_{x \to 0^+}(\cot x)^{\frac{1}{\ln x}}$;

(15) $\lim\limits_{x \to 0^+} x^{\sin x}$;

(16) $\lim\limits_{x \to \frac{\pi}{2}^-}(\cos x)^{\frac{\pi}{2} - x}$.

2. 求下列函数的单调区间与极值．

(1) $f(x) = x^3 - 3x$;

(2) $f(x) = x^2 - 6x + 1$;

(3) $f(x) = x - \ln(1 + x)$;

(4) $y = \dfrac{\ln^2 x}{x}$;

(5) $f(x) = x e^{-x}$.

3. 求下列函数在指定区间上的最值．

(1) $f(x) = x^3 - 9x + 15x + 1$ 在区间 $[-1, 2]$ 上;

(2) $f(x) = x^4 - 8x + 2$ 在区间 $[-1, 3]$ 上．

4. 判断下列曲线的凹凸性．

(1) $y = 4x - x^2$;

(2) $y = x \arctan x$

5. 求下列函数的拐点及凹凸区间

(1) $y = x^3 - 5x^2 + 3x + 5$;

(2) $y = x e^{-x}$;

(3) $y = \ln(x^2 + 1)$;

(4) $y = x^4(12\ln x - 7)$.

6. 求下列曲线的渐近线.

(1) $y = \dfrac{1}{x^2 - 4x + 5}$;

(2) $y = e^{\frac{1}{x}}$.

第4章　不定积分

微分学中所研究问题的做法是从已知函数 $f(x)$ 出发求其导数 $f'(x)$，即所谓的微分运算. 微分运算的重要意义已经通过列举许多应用给予说明. 但是我们也应该看到，许多实际问题不是要寻找某一函数的导数，而是恰恰相反，从已知的某一函数的导数 $f'(x)$ 出发求其本身 $f(x)$，这便是所谓的积分运算. 显然，积分运算是微分运算的逆运算. 另外，积分运算也为后面定积分的运算奠定了基础. 在本章里将引入不定积分的概念，讨论换元积分法和分部积分法.

§4.1　不定积分的概念与性质

4.1.1　原函数与不定积分的概念

例 1 已知真空中的自由落体在任意时刻 t 的运动速度为
$$v = v(t) = g(t) \quad (常数 g 为重力加速度)$$
又知当时间 $t = 0$ 时，路程 $s = 0$，求自由落体的运动规律.

解　所求运动规律就是指物体经过的路程 s 与时间 t 之间的函数关系.

设所求的运动规律为
$$s = s(t)$$
于是有
$$s' = s'(t) = v = gt$$
而且 $t = 0$ 时 $s = 0$. 根据导数公式，易知
$$s = \frac{1}{2}gt^2$$
这就是我们所求的运动规律. 事实上
$$v = s' = (\frac{1}{2}gt^2)' = gt$$

并且 $t=0$ 时 $s=0$. 因此 $s=\dfrac{1}{2}gt^2$ 即为所求的运动规律.

例 2 设曲线上任意一点 $M(x，y)$ 处的切线斜率为

$$k=f(x)=2x$$

若这曲线经过坐标原点，求这曲线的方程.

解 设所求的曲线的方程为

$$y=F(x)$$

则曲线上任意一点 $M(x，y)$ 的切线斜率为 $y'=F'(x)=2x$.

由于曲线经过坐标原点，所以当 $x=0$ 时，$y=0$，因此所求曲线的方程为

$$y=x^2$$

事实上，$y'=(x^2)'=2x$，又 $x=0$ 时，$y=0$. 因此 $y=x^2$ 即为所求的曲线方程.

以上两个问题，如果抽掉物理意义或几何意义，可归结为同一个问题，就是已知某函数的导函数，求这个函数. 即已知 $F'(x)=f(x)$，求 $F(x)$.

定义 4.1.1 设函数 $F(x)$ 与 $f(x)$ 在同一区间内有定义，并且在该区间内的任一点都有 $F'(x)=f(x)$ 或 $\mathrm{d}F(x)=f(x)\mathrm{d}x$，那么就称函数 $F(x)$ 为 $f(x)$ 的一个**原函数**.

例如，函数 x^2 是 $2x$ 的一个原函数，因为 $(x^2)'=2x$ 或 $\mathrm{d}(x^2)=2x\mathrm{d}x$.

又因为 $$(x^2+1)'=2x,\quad (x^2-\sqrt{3})'=2x,$$

$$(x^2-\dfrac{1}{4})'=2x,\quad (x^2+c)'=2x,$$

其中 c 为任意常数，所以 x^2+1，$x^2-\dfrac{1}{4}$，$x^2-\sqrt{3}$，x^2+c 等都是 $2x$ 的原函数.

说明 如果函数有一个原函数，那么它就有无限多个原函数，并且其中任意两个原函数之间只差一个常数.

原函数存在定理 如果函数 $f(x)$ 在区间 I 上连续，则函数 $f(x)$ 在该区间上原函数必定存在(证明从略).

原函数族定理 如果函数 $f(x)$ 有原函数，那么它就有无限多个原函数，并且其中任意两个原函数之间相差一个常数.

证 定理要求我们证明下列两点：

(1) $f(x)$ 的原函数有无限多个.

设函数 $f(x)$ 有一个原函数 $F(x)$，即 $F'(x)=f(x)$，并设 C 为任意常数，由于

$$[F(x)+C]'=F'(x)=f(x)$$

所以 $F(x)+C$ 也是 $f(x)$ 的原函数，而 C 可取无限多个值，所以 $f(x)$ 有无限多个原函数.

(2) $f(x)$ 的任意两个原函数的差是常数.

设 $F(x)$，$G(x)$ 都是 $f(x)$ 的原函数，即

$$F'(x)=f(x),\quad G'(x)=f(x)$$

令
$$h(x) = F(x) - G(x)$$

于是有
$$h'(x) = [F(x) - G(x)]' = F'(x) - G'(x) = f(x) - f(x) = 0$$

由前面的知识可知，导数恒为零的函数必为常数：
$$h(x) = F(x) - G(x) = C_0 (C_0 \text{ 为某个常数})$$

这表明，$G(x)$ 只差一个常数.

从而可以推得下面的结论：

$F(x)$ 为 $f(x)$ 一个原函数，那么 $F(x) + C$ 就是 $f(x)$ 的全部原函数（称为原函数族），其中 C 为任意常数.

定义 4.1.2 函数 $f(x)$ 的全体原函数叫做 $f(x)$ 的**不定积分**，记为
$$\int f(x) \mathrm{d}x$$

其中，记号"$\int$"称为**积分号**，$f(x)$ 称为**被积函数**，x 称为**积分变量**，$f(x)\mathrm{d}x$ 称为**被积表达式**.

由此定义及前面的讨论可知，如果 $F(x)$ 为 $f(x)$ 一个原函数，那么 $F(x) + C$ 就是 $f(x)$ 的不定积分，即
$$\int f(x) \mathrm{d}x = F(x) + C$$

不定积分与微分的关系：
$$\left[\int f(x) \mathrm{d}x \right]' = f(x) \text{ 或 } \mathrm{d}\left[\int f(x) \mathrm{d}x \right] = f(x) \mathrm{d}x$$

反之，则有
$$\int F'(x) \mathrm{d}x = F(x) + C \text{ 或 } \int \mathrm{d}F(x) = F(x) + C$$

也就是说，若先积分后微分，则两者的作用相互抵消；反过来，若先微分后积分，则应该在抵消后加上一个常数 C.

4.1.2 不定积分的几何意义

根据不定积分的定义，可知上面例 2 中提出的切线斜率为 $2x$ 的全部曲线是
$$y = \int 2x \mathrm{d}x = x^2 + C$$

即
$$y = x^2 + C$$

因为 C 可取任意实数，所以 $y = x^2 + C$ 就表达了无穷多条抛物线，所有这些抛物线构成一个曲线的集合，叫作曲线族，且族中任一条抛物线可由另一条抛物线沿 y 轴方向平移而得到.

一般地，若 $F(x)$ 为 $f(x)$ 的不定积分，则
$$\int f(x) \mathrm{d}x = F(x) + C$$

是 $f(x)$ 的**原函数族**，对于 C 每取的一个值 C_0，就确定 $f(x)$ 的一个原函数，在直角坐标系中就确定一条曲线 $y=F(x)+C_0$，这条曲线叫作 $f(x)$ 的一条积分曲线. 所有这些积分曲线构成一个曲线族，称为 $f(x)$ 的**积分曲线族**. 在每一条积分曲线上横坐标相同的点 x 处作切线，这些切线都是相互平行的，如图 4.1 所示.

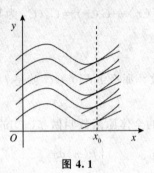

图 4.1

4.1.3 基本积分表

既然积分运算是微分运算的逆运算，那么很自然地从导数公式得到相应的积分公式，现把它们列表如下：

序号	$F'(x)=f(x)$	$\int f(x)\mathrm{d}x=F(x)+C$
(1)	$(x)'=1$	$\int \mathrm{d}x=x+C$
(2)	$(\dfrac{x^{\alpha+1}}{\alpha+1})'=x^\alpha$	$\int x^\alpha \mathrm{d}x=\dfrac{x^{\alpha+1}}{\alpha+1}+C(\alpha\neq-1)$
(3)	$[\ln(-x)]'=\dfrac{1}{x}(x<0)$ $(\ln x)'=\dfrac{1}{x}(x>0)$	$\int \dfrac{1}{x}\mathrm{d}x=\ln|x|+C$
(4)	$\int(\arctan x)'=\dfrac{1}{1+x^2}$	$\int \dfrac{1}{1+x^2}\mathrm{d}x=\arctan x+C$
(5)	$(\arcsin x)'=\dfrac{1}{\sqrt{1-x^2}}$	$\int \dfrac{1}{\sqrt{1-x^2}}\mathrm{d}x=\arcsin x+C$
(6)	$(\dfrac{a^x}{\ln a})'=a^x$	$\int a^x \mathrm{d}x=\dfrac{a^x}{\ln a}+C$
(7)	$(\mathrm{e}^x)'=\mathrm{e}^x$	$\int \mathrm{e}^x \mathrm{d}x=\mathrm{e}^x+C$
(8)	$(\sin x)'=\cos x$	$\int \cos x\,\mathrm{d}x=\sin x+C$
(9)	$(-\cos x)'=\sin x$	$\int \sin x\,\mathrm{d}x=-\cos x+C$
(10)	$(\tan x)'=\sec^2 x$	$\int \sec^2 x\,\mathrm{d}x=\tan x+C$

(续表)

序号	$F'(x) = f(x)$	$\int f(x)\mathrm{d}x = F(x) + C$
(11)	$(-\cot x)' = \csc^2 x$	$\int \csc^2 x\,\mathrm{d}x = -\cot x + C$
(12)	$(\sec x)' = \sec x\tan x$	$\int \sec x\tan x\,\mathrm{d}x = \sec x + C$
(13)	$(-\csc x)' = \csc x\cot x$	$\int \csc x\cot x\,\mathrm{d}x = -\csc x + C$

例 3 求 $\int \dfrac{1}{x^3}\mathrm{d}x$.

解 $\int \dfrac{1}{x^3}\mathrm{d}x = \int x^{-3}\mathrm{d}x = \dfrac{x^{-3+1}}{-3+1} + C = -\dfrac{1}{2x^2} + C.$

例 4 求 $\int x\sqrt{x}\,\mathrm{d}x$.

解 $\int x\sqrt{x}\,\mathrm{d}x = \int x^{\frac{3}{2}}\mathrm{d}x = \dfrac{x^{\frac{3}{2}+1}}{\frac{3}{2}+1} + C = \dfrac{2}{5}x^{\frac{5}{2}} + C = \dfrac{2}{5}x^2\sqrt{x} + C.$

4.1.4 不定积分的性质

性质 1 $\int [f(x) \pm g(x)]\mathrm{d}x = \int f(x)\mathrm{d}x \pm \int g(x)\mathrm{d}x.$

性质 2 $\int kf(x)\mathrm{d}x = k\int f(x)\mathrm{d}x\,(k\ 是常数).$

证(性质 1) 由导数的运算法则可知,

$$\left[\int f(x)\mathrm{d}x \pm \int g(x)\mathrm{d}x\right]' = \left[\int f(x)\mathrm{d}x\right]' \pm \left[\int g(x)\mathrm{d}x\right]' = f(x) \pm g(x)$$

这说明:$\int f(x)\mathrm{d}x \pm \int g(x)\mathrm{d}x$ 为 $f(x) \pm g(x)$ 的原函数,又有积分号,含有一个

任意常数,因此,$\int f(x)\mathrm{d}x \pm \int g(x)\mathrm{d}x$ 为 $f(x) \pm g(x)$ 的不定积分.

性质 1 对于有限个函数都是成立的.

类似地,可以证明性质 2.

性质 3 求不定积分与求导数或微分互为逆运算.

(1) $\left[\int f(x)\mathrm{d}x\right]' = f(x)$ 或 $\mathrm{d}\left[\int f(x)\mathrm{d}x\right] = f(x)\mathrm{d}x.$

(2) $\int F'(x)\mathrm{d}x = F(x) + C$ 或 $\int \mathrm{d}F(x) = F(x) + C.$

根据上述性质及基本积分表,可求一些简单函数的不定积分.

例 5 求 $\int (10^x + 3\sin x + \sqrt{x})\,dx$.

解 $\int (10^x + 3\sin x + \sqrt{x})\,dx$

$$= \int 10^x\,dx + 3\int \sin x\,dx + \int \sqrt{x}\,dx$$

$$= \frac{10^x}{\ln x} - 3\cos x + \frac{1}{\frac{1}{2}+1}x^{\frac{1}{2}+1} + C$$

$$= \frac{10^x}{\ln x} - 3\cos x + \frac{2}{3}x^{\frac{3}{2}} + C$$

例 6 求 $\int \frac{(x-1)^3}{x^2}\,dx$.

解 $\int \frac{(x-1)^3}{x^2}\,dx = \int \frac{x^3 - 3x^2 + 3x - 1}{x^2}\,dx$

$$= \int (x - 3 + \frac{3}{x} - \frac{1}{x^2})\,dx$$

$$= \int x\,dx - 3\int dx + 3\int \frac{1}{x}\,dx - \int \frac{1}{x^2}\,dx$$

$$= \frac{x^2}{2} - 3x + 3\ln|x| + \frac{1}{x} + C$$

例 7 求 $\int \frac{x^4}{1+x^2}\,dx$.

解 $\int \frac{x^4}{1+x^2}\,dx = \int \frac{x^4 - 1 + 1}{1+x^2}\,dx$

$$= \int \frac{(x^2+1)(x^2-1) + 1}{1+x^2}\,dx$$

$$= \int (x^2 - 1 + \frac{1}{1+x^2})\,dx$$

$$= \frac{x^3}{3} - x + \arctan x + C$$

例 8 求 $\int \frac{dx}{1+\cos 2x}$.

解 $\int \frac{dx}{1+\cos 2x} = \int \frac{1}{2\cos^2 x}\,dx = \frac{1}{2}\int \frac{1}{\cos^2 x}\,dx$

$$= \frac{1}{2}\int \sec^2 x\,dx = \frac{1}{2}\tan x + C$$

§4.2 换元积分法

4.2.1 第一类换元积分法

设 $F(u)$ 为 $f(u)$ 的原函数，即 $F'(u)=f(u)$ 或 $\int f(u)\mathrm{d}u=F(u)+C$.

如果 $u=\varphi(x)$，且 $\varphi(x)$ 可微，则

$$\frac{\mathrm{d}}{\mathrm{d}x}F[\varphi(x)]=F'(u)\varphi'(x)=f(u)\varphi'(x)=f[\varphi(x)]\varphi'(x)$$

即 $F[\varphi(x)]$ 为 $f[\varphi(x)]\varphi'(x)$ 的原函数，或

$$\int f[\varphi(x)]\varphi'(x)\mathrm{d}x=F[\varphi(x)]+C=[F(u)+C]_{u=\varphi(x)}=\Big[\int f(u)\mathrm{d}u\Big]_{u=\varphi(x)}$$

因此有：

定理 4.2.1 设 $F(u)$ 为 $f(u)$ 的原函数，$u=\varphi(x)$ 可微，则

$$\int f[\varphi(x)]\varphi'(x)\mathrm{d}x=\Big[\int f(u)\mathrm{d}u\Big]_{u=\varphi(x)}$$

称其为第一类换元积分公式.

由于利用第一类换元积分法求不定积分时出现了将 $\varphi'(x)\mathrm{d}x$ 凑成微分 $\mathrm{d}\varphi(x)$，所以第一类换元积分法也称凑微分法.

例 1 求下列不定积分：

(1) $\displaystyle\int 2\cos 2x\,\mathrm{d}x$ ；　　　　　　　　　　(2) $\displaystyle\int \frac{1}{3+2x}\mathrm{d}x$ ；

(3) $\displaystyle\int \frac{a^{\frac{1}{x}}}{x^2}\mathrm{d}x$ ；　　　　　　　　　　(4) $\displaystyle\int \frac{1}{\sqrt{x}\,(1+x)}\mathrm{d}x$.

解 (1) $\displaystyle\int 2\cos 2x\,\mathrm{d}x=\int \cos 2x\,(2x)'\,\mathrm{d}x=\int \cos 2x\,\mathrm{d}(2x)=\sin 2x+C$ ；

(2) 原式 $\displaystyle=\frac{1}{2}\int \frac{1}{3+2x}(3+2x)'\,\mathrm{d}x=\frac{1}{2}\int \frac{1}{3+2x}\mathrm{d}(3+2x)=\frac{1}{2}\ln|3+2x|+C$ ；

(3) $\displaystyle\int \frac{a^{\frac{1}{x}}}{x^2}\mathrm{d}x=-\int a^u\,\mathrm{d}u=-\frac{a^u}{\ln a}+C=-\frac{a^{\frac{1}{x}}}{\ln a}+C$ ；

(4) $\displaystyle\int \frac{1}{\sqrt{x}\,(1+x)}\mathrm{d}x=2\int \frac{1}{1+x}\mathrm{d}(\sqrt{x})=2\arctan\sqrt{x}+C$.

例 2 求下列不定积分 $(a>0)$：

(1) $\displaystyle\int \frac{1}{a^2+x^2}\mathrm{d}x$ ；　　　(2) $\displaystyle\int \frac{1}{\sqrt{a^2-x^2}}\mathrm{d}x$ ；　　　(3) $\displaystyle\int \frac{1}{x^2-a^2}\mathrm{d}x$.

解 (1) 原式 $= \dfrac{1}{a^2} \displaystyle\int \dfrac{1}{1+\left(\dfrac{x}{a}\right)^2} dx = \dfrac{1}{a} \displaystyle\int \dfrac{1}{1+\left(\dfrac{x}{a}\right)^2} d\left(\dfrac{x}{a}\right) = \dfrac{1}{a} \arctan \dfrac{x}{a} + C;$

(2) 原式 $= \displaystyle\int \dfrac{1}{\sqrt{a^2-x^2}} dx = \dfrac{1}{a} \displaystyle\int \dfrac{1}{\sqrt{1-\left(\dfrac{x}{a}\right)^2}} dx$

$$= \int \dfrac{1}{\sqrt{1-\left(\dfrac{x}{a}\right)^2}} d\dfrac{x}{a}$$

$$= \arcsin \dfrac{x}{a} + C;$$

(3) 原式 $= \displaystyle\int \dfrac{1}{x^2-a^2} dx = \dfrac{1}{2a} \displaystyle\int \left(\dfrac{1}{x-a} - \dfrac{1}{x+a}\right) dx$

$$= \dfrac{1}{2a} \left[\int \dfrac{1}{x-a} d(x-a) - \int \dfrac{1}{x+a} d(x+a) \right]$$

$$= \dfrac{1}{2a} \left[\ln |x-a| - \ln |x+a| \right] + C$$

$$= \dfrac{1}{2a} \ln \left| \dfrac{x-a}{x+a} \right| + C.$$

小结 在利用凑微分法求不定积分时，以下的凑微分形式经常出现：

$(1) \displaystyle\int f(ax+b) dx = \dfrac{1}{a} \displaystyle\int f(ax+b) d(ax+b)$

$(2) \displaystyle\int f(e^x) e^x dx = \displaystyle\int f(e^x) de^x$

$(3) \displaystyle\int f(x^\alpha) x^{\alpha-1} dx = \dfrac{1}{\alpha} \displaystyle\int f(x^\alpha) dx^\alpha$

$(4) \displaystyle\int f(\ln x) \dfrac{1}{x} dx = \displaystyle\int f(\ln x) d(\ln x)$

$(5) \displaystyle\int f(\cos x) \sin x \, dx = -\displaystyle\int f(\cos x) d\cos x$

$(6) \displaystyle\int f(\sin x) \cos x \, dx = \displaystyle\int f(\sin x) d\sin x$

$(7) \displaystyle\int f(\tan x) \sec^2 x \, dx = \displaystyle\int f(\tan x) d\tan x$

$(8) \displaystyle\int f(\cot x) \csc^2 x \, dx = -\displaystyle\int f(\cot x) d\cot x$

$(9) \displaystyle\int f(\arcsin x) \dfrac{1}{\sqrt{1-x^2}} dx = \displaystyle\int f(\arcsin x) d(\arcsin x)$

$(10) \displaystyle\int f(\arctan x) \dfrac{1}{1+x^2} dx = \displaystyle\int f(\arctan x) d(\arctan x)$

4.2.2 第二类换元积分法

$$\int f(x)\,\mathrm{d}x \xrightarrow{x=\varphi(t)} \int f[\varphi(t)]\varphi'(t)\,\mathrm{d}t = F(t)+C \xrightarrow{t=\varphi^{-1}(x)} F[\varphi^{-1}(x)]+C[\text{其中}$$

$\varphi(t)$ 是单调可导函数]

例3 计算：$(1)\displaystyle\int \frac{1}{1+\sqrt{1+x}}\,\mathrm{d}x$；$(2)\displaystyle\int \frac{x^2}{\sqrt{1-x^2}}\,\mathrm{d}x$.

解 （1）令 $\sqrt{1+x}=t$，则 $x=t^2-1$，$\mathrm{d}x=2t\,\mathrm{d}t$，于是

$$\text{原式} = \int \frac{2t}{1+t}\,\mathrm{d}t = 2\int \frac{t+1-1}{1+t}\,\mathrm{d}t = 2\Big[\int \mathrm{d}t - \int \frac{\mathrm{d}t}{1+t}\Big] = 2t-2\ln|1+t|+C;$$

$$= 2\sqrt{1+x}-2\ln\big|1+\sqrt{1+x}\,\big|+C;$$

（2）设 $x=\sin t$，$\sqrt{1-x^2}=\cos t$，$\mathrm{d}x=\cos t\,\mathrm{d}t$，于是

$$\text{原式} = \int \frac{\sin^2 t \cos t}{\cos t}\,\mathrm{d}t = \int \sin^2 t\,\mathrm{d}t = \int \frac{1-\cos 2t}{2}\,\mathrm{d}t$$

$$= \frac{1}{2}\int \mathrm{d}t - \frac{1}{4}\int \cos 2t\,\mathrm{d}(2t)$$

$$= \frac{1}{2}t - \frac{1}{4}\sin 2t + C = \frac{1}{2}t - \frac{1}{2}\sin t\cos t + C$$

$$= \frac{1}{2}\arcsin x - \frac{x}{2}\sqrt{1-x^2} + C.$$

小结 第二类换元积分法常用于消去根号，但有时也用于某些多项式，像

$\displaystyle\int \frac{1}{(x^2+a^2)^2}\,\mathrm{d}x$ 也可用函数的三角代换求出结果. 通常

当被积分函数含有根式 $\sqrt{a^2-x^2}$ 时，可令 $x=a\sin t$；

当被积分函数含有根式 $\sqrt{a^2+x^2}$ 时，可令 $x=a\tan t$；

当被积分函数含有根式 $\sqrt{x^2-a^2}$ 时，可令 $x=a\sec t$.

4.2.3 分部积分法

设函数 $u=u(x)$，$v=v(x)$ 有连续导数，由

$$(uv)' = u'v + uv'$$

得

$$uv' = (uv)' - u'v$$

两边求不定积分，得

$$\int uv'\,\mathrm{d}x = uv - \int u'v\,\mathrm{d}x$$

为便于应用，上式可写成

$$\int u\,\mathrm{d}v = uv - \int v\,\mathrm{d}u$$

这就是分部积分公式. 如果求 $\displaystyle\int uv'\,\mathrm{d}x$ 有困难，而求 $\displaystyle\int u'v\,\mathrm{d}x$ 较容易时，就可以利用

分部积分公式.

例 4 求 $\int \ln x \, dx$.

解 $\int \ln x \, dx \xrightarrow{\text{令} u = \ln x, \ v = x} x \ln x - \int x \, d\ln x$

$$= x \cdot \ln x - \int x \cdot \frac{1}{x} dx$$

$$= x \ln x - x + C$$

例 5 求 $\int x \, e^x \, dx$.

解 $\int x \, e^x \, dx = \int x \, de^x \xrightarrow{\text{令} u = x, \ v = e^x} x \, e^x - \int e^x \, dx$

$$= x \, e^x - e^x + C$$

例 6 求 $\int e^x \sin x \, dx$.

解 $\int e^x \sin x \, dx = \int \sin x \, d(e^x) = e^x \sin x - \int e^x \, d(\sin x)$

$$= e^x \sin x - \int e^x \cos x \, dx = e^x \sin x - \int \cos x \, de^x$$

$$= e^x \sin x - e^x \cos x + \int e^x \, d\cos x$$

$$= e^x \sin x - e^x \cos x - \int e^x \sin x \, dx$$

由于上式右端的第三项就是所求的积分 $\int e^x \sin x \, dx$，将它移到等式左端去，两端再同除以 2，即得

$$\int e^x \sin x \, dx = \frac{1}{2} e^x (\sin x - \cos x) + C$$

§4.3 微分方程的基本概念

4.3.1 引例

例 1 一条曲线通过点 $(1, 2)$，且在该曲线上任一点 $M(x, y)$ 处的切线斜率等于这点横坐标的 2 倍，求曲线方程.

解 根据导数的几何意义，所求曲线 $y = f(x)$ 应满足方程

$$\frac{\mathrm{d}y}{\mathrm{d}x}=2x \text{ 或 } \mathrm{d}y=2x\,\mathrm{d}x \tag{1}$$

对式(1)两边积分，得

$$y=\int 2x\,\mathrm{d}x，即\ y=x^2+C \tag{2}$$

其中，C 为任意常数.

按题意，所求曲线通过点$(1，2)$，即式(2)应满足条件：当 $x=1$ 时，$y=2$. 将此条件代入式(2)，即得 $C=1$，所求的曲线方程为

$$y=x^2+1 \tag{3}$$

例2 在真空中，物体由静止状态自由下落，求物体的运动规律(重力加速度为 g).

解 设物体的运动规律为 $s=s(t)$，根据牛顿第二定律及二阶导数的力学意义，函数 $s=s(t)$ 应满足

$$\frac{\mathrm{d}^2 s}{\mathrm{d}t^2}=g \tag{4}$$

按题意，$s(t)$ 还应满足下列条件：

当 $t=0$ 时，$s=0$，$v=\dfrac{\mathrm{d}s}{\mathrm{d}t}=0$，将(4)式两端积分，得

$$\frac{\mathrm{d}s}{\mathrm{d}t}=v=gt+C_1 \tag{5}$$

对式(5)两端再积分，得

$$s=\frac{1}{2}gt^2+C_1 t+C_2 \tag{6}$$

C_1，C_2 都是任意常数. 把条件 $t=0$ 时 $v=0$ 代入式(5)，$t=0$ 时 $s=0$ 代入式(6)得

$$C_1=C_2=0$$

所求物体的运动规律为

$$s=\frac{1}{2}gt^2 \tag{7}$$

4.3.2　微分方程的基本概念

式(1)和式(4)都是含有未知函数的导数的等式，通常把含有未知函数的导数(或微分)的等式，叫**微分方程**.

在一个微分方程中，未知函数的导数(或微分)的最高阶数叫做**微分方程的阶数**，如例1中的方程是一阶微分方程，例2中的微分方程是二阶微分方程. 又如

$y'''-y'=\sin x$ 是三阶微分方程；

$\dfrac{\mathrm{d}^4 y}{\mathrm{d}x^4}+\dfrac{\mathrm{d}^2 y}{\mathrm{d}x^2}+y=\mathrm{e}^{-x}$ 是四阶微分方程.

一般地，n 阶微分方程的形式为：

$$F(x, y, y', \cdots, y^n) = 0$$

其中，$y^{(n)}$ 必须出现，而 x，y，y'，$\cdots$，$y^{(n-1)}$ 等变量则可以不出现，例如 n 阶微分方程中 $y^{(n)} + 1 = 0$，除 $y^{(n)}$ 外，其他变量都没有出现.

如果一个函数代入到微分方程后，能使该方程成为恒等式，则称此函数为该**方程的解**. 例如，式(2)和式(3)是式(1)的解，式(6)和式(7)是式(4)的解.

如果微分方程的解中含有相互独立的任意常数的个数与微分方程的阶数相同，则称此解为该**方程的通解**. 如果微分方程的解是按照问题所给的条件确定了通解中的任意常数而得到的解，则称此解为**微分方程的特解**.

例如，$y = x^2 + C$ 是 $y' = 2x$ 的通解，而 $y = x^2 + 1$ 是它的特解，在例2中，式(6)是式(4)的通解，式(7)是式(4)的特解.

为了确定微分方程的特解，需要给出这个解所必须满足的条件，这就是所谓的定解条件. 常见的定解条件是**初始条件**.

一般地，一阶微分方程的初始条件是：$x = x_0$ 时，$y = y_0$. 或写成 $y \big|_{x=x_0} = y_0$，x_0，y_0 是给定的常数. 二阶微分方程的初始条件是：$x = x_0$ 时 $y = y_0$，$y' = y'_0$，或写成 $y \big|_{x=x_0} = y_0$，$y' \big|_{x=x_0} = y'_0$.

由微分方程寻找它的解的过程叫做解微分方程.

 **例 3** 验证 $y = (C_1 + C_2 x) e^{-x}$（C_1，C_2 是任意常数）是方程 　　　(8)

$$y'' + 2y' + y = 0 \qquad (9)$$

的通解，并求满足初始条件 $y \big|_{x=0} = 4$，$y' \big|_{x=0} = -2$ 的特解.

解 求出所给函数 $y = (C_1 + C_2 x) e^{-x}$ 的导数：

$$y' = (C_2 - C_1) e^{-x} - C_2 x e^{-x} \qquad (10)$$

$$y'' = (C_1 - 2C_2) e^{-x} + C_2 x e^{-x} \qquad (11)$$

将 y、y'、y'' 代入式(9)，得

$$(C_1 - 2C_2) e^{-x} + C_2 x e^{-x} + 2(C_2 - C_1) e^{-x} - 2C_2 x e^{-x} + (C_1 + C_2 x) e^{-x} \equiv 0$$

将式(8)代入式(9)后成为一个恒等式，并且式(8)中含有两个相互独立的任意常数，所以式(8)是式(9)的通解.

将初始条件 $y \big|_{x=0} = 4$ 代入式(8)，得

$$C_1 = 4$$

将 $y' \big|_{x=0} = -2$ 代入式(10)，得

$$C_2 = 2$$

把 C_1，C_2 的值代入式(8)，就得所求的特解：$y = (4 + 2x) e^{-x}$.

§4.4　一阶微分方程

4.4.1　变量可分离方程

形如 $\dfrac{\mathrm{d}y}{\mathrm{d}x}=f(x)\varphi(y)$ 的方程称为变量可分离方程，其中 $f(x)$ 和 $\varphi(y)$ 分别是 x，y 的连续函数.

变量可分离方程的解法

对于变量可分离方程

$$\frac{\mathrm{d}y}{\mathrm{d}x}=f(x)\varphi(y)$$

分离变量得

$$\frac{\mathrm{d}y}{\varphi(y)}=f(x)\mathrm{d}x$$

再积分，得

$$\int\frac{\mathrm{d}y}{\varphi(y)}=\int f(x)\mathrm{d}x$$

这就是方程的通解.

注意　在变量分离的过程中，必须保证 $\varphi(y)\neq0$. 但如果 $\varphi(y)=0$ 有根 $y=y_0$，则不难验证 $y=y_0$ 也是微分方程的解. 有时无论怎样扩充通解的表达式中的任意常数，此解不包含在其中，解题时要另外补充上，不能遗漏.

例 1　求解方程 $\dfrac{\mathrm{d}y}{\mathrm{d}x}=-\dfrac{x}{y}$.

解　$y\mathrm{d}y=-x\mathrm{d}x$，两边积分，得 $\dfrac{1}{2}y^2=-\dfrac{1}{2}x^2+\dfrac{1}{2}C$，即原方程的通解为：$x^2+y^2=C$.

例 2　求方程 $\dfrac{\mathrm{d}y}{\mathrm{d}x}+p(x)y=0$ 的通解，其中 $p(x)$ 是连续函数.

解　$\dfrac{\mathrm{d}y}{y}=-p(x)\mathrm{d}x$，两边积分，得 $\ln|y|=-\displaystyle\int p(x)\mathrm{d}x+C_1$.

$$y=\pm\mathrm{e}^{-\int p(x)\,\mathrm{d}x+C_1}=(\pm\mathrm{e}^{C_1})\cdot\mathrm{e}^{-\int p(x)\,\mathrm{d}x},$$

令 $C=\pm\mathrm{e}^{C_1}$，即原方程的通解为

$$y=C\mathrm{e}^{-\int p(x)\,\mathrm{d}x}$$

4.4.2 一阶线性微分方程

形如 $\dfrac{dy}{dx} = P(x)y + Q(x)$ 的方程称为一阶线性微分方程. 当 $Q(x) \equiv 0$ 时, $\dfrac{dy}{dx} = P(x)y$ 称为一阶线性齐次方程；当 $Q(x)$ 不恒为零时, $\dfrac{dy}{dx} = P(x)y + Q(x)$ 称为一阶线性非齐次方程.

一阶线性方程的解法及其性质

(a) 一阶齐次线性方程的解法

首先，求其对应的线性齐次方程 $y' = P(x)y$ 的通解：

利用分离变量法可得其通解为

$$y = C e^{\int P(x)dx},$$

其中 C 为任意常数，满足初始条件 $y(x_0) = y_0$ 的解是

$$y = y_0 e^{\int_{x_0}^{x} P(t)dt}.$$

其次，利用常数变易法求线性非齐次方程的通解：

将线性齐次方程通解中的任意常数变易为待定函数来求线性非齐次方程的通解，此方法称为常数变易法.

可得通解为

$$y = e^{\int P(x)dx} \left[\int Q(x) e^{-\int P(x)dx} dx + C \right]$$

满足初始条件 $\varphi(x_0) = y_0$ 的特解为

$$y = e^{\int_{x_0}^{x} P(t)dt} \left[y_0 + \int_{x_0}^{x} Q(t) e^{-\int_{x_0}^{t} P(s)ds} dt \right]$$

(b) 线性齐次方程解的性质

性质 1 必有零解 $y = 0$.

性质 2 通解等于任意常数 C 与一个非零特解的乘积.

性质 3 若 y_1, y_2 均为齐次方程的解，则 $\alpha y_1 + \beta y_2$ 也是该方程的解，其中 α, β 为任意常数.

(c) 线性非齐次方程解的性质

性质 1 无零解，所有的解不能构成解空间.

性质 2 若 y_1 是齐次方程的解，y_2 是非齐次方程的解，则 $y = Cy_1 + y_2$ 也是非齐次方程的解，其中 C 为任意常数.

性质 3 若 y_1, y_2 均为非齐次方程的解，则 $y_1 - y_2$ 是相应的齐次方程的解；

性质 4(叠加原理) 若 y_1 是 $y' = P(x)y + Q_1(x)$ 的解，y_2 是 $y' = P(x)y + Q_2(x)$ 的解，则 $y_1 + y_2$ 是 $y' = P(x)y + Q_1(x) + Q_2(x)$ 的解.

例 1 求方程 $\dfrac{dy}{dx} + 2xy = 4x$ 的通解.

解 $\quad y = C\mathrm{e}^{-x^2} + \mathrm{e}^{-x^2} \int 4x\,\mathrm{e}^{x^2}\,\mathrm{d}x = C\mathrm{e}^{-x^2} + 2$

例 2 求方程 $xy' - 2y = 2x^4$ 的通解.

解 $\quad y' = (2/x)y + 2x^3$

$$y = Cx^2 + x^2 \int 2x^3/x^2\,\mathrm{d}x = Cx^2 + x^4$$

§4.5 数学史料

1643 年 1 月 4 日,在英格兰林肯郡小镇沃尔索浦的一个自耕农家庭里,牛顿诞生了. 牛顿是一个早产儿,出生时只有三磅重,接生婆和他的亲人都担心他能否活下来. 谁也没有料到这个看起来微不足道的小东西会成为一位震古烁今的科学巨人,并且活到了 85 岁的高龄.

大约从五岁开始,牛顿被送到公立学校读书. 少年时的牛顿并不是神童,他资质平常,成绩一般,但他喜欢读书,喜欢看一些介绍各种简单机械模型制作方法的读物,并从中受到启发,自己动手制作些奇奇怪怪的小玩意,如风车、木钟、折叠式提灯等等.

1661 年,19 岁的牛顿以减费生的身份进入剑桥大学三一学院,靠为学院做杂务的收入支付学费,1664 年成为奖学金获得者,1665 年获学士学位. 其间科学家伊萨克·巴罗独具慧眼,看出了牛顿具有深邃的观察力、敏锐的理解力,于是将自己的数学知识,包括计算曲线图形面积的方法,全部都传授给牛顿,并把牛顿引向了近代自然科学的研究领域.

1665 年初,牛顿创立级数近似法,以及把任意幂的二项式化为一个级数的规则;同年 11 月,创立正流数法(微分);次年 1 月,用三棱镜研究颜色理论;5 月,开始研究反流数法(积分). 这一年内,牛顿开始研究重力问题,并想把重力理论推广到月球的运动轨道上去. 他还从开普勒定律中推导出使行星保持在它们的轨道上的力必定与它们到旋转中心的距离的平方成反比. 牛顿见苹果落地而悟出地球引力的传说,说的也是此时发生的轶事.

微积分的创立可以说是牛顿最卓越的数学成就. 牛顿是为解决运动问题,才创立这种和物理概念直接联系的数学理论的,牛顿称之为"流数术". 它所处理的一些具体问题,如切线问题、求积问题、瞬时速度问题以及函数的极大值和极小值问题等,在牛顿前已经得到人们的研究了. 但牛顿超越了前人,他站在了更高的角度,对以往分散的努力加以综合,将自古希腊以来求解无限小问题的各种技巧统一为两类普通的算法 —— 微分和积分,并确立了这两类运算的互逆关系,从而完成了微积分发明中最关键的一步，为近代科学发展提供了最有效的工具，开辟了数学上的一个新纪元．

牛顿对解析几何与综合几何也都有贡献．此外，他的数学工作还涉及数值分析、概率论和初等数论等众多领域．

但是由于受时代的限制，牛顿基本上是一个形而上学的机械唯物主义者．他认为运动只是机械力学的运动，是空间位置的变化；宇宙和太阳一样是没有发展变化的；靠着万有引力的作用，恒星永远在一个固定不变的位置上……

晚年的牛顿开始致力于对神学的研究，他否定哲学的指导作用，虔诚地相信上帝，埋头于写以神学为题材的著作．当他遇到难以解释的天体运动时，竟提出了"神的第一推动力"的谬论，他说："上帝统治万物，我们是他的仆人而敬畏他、崇拜他．"

1727 年 3 月 20 日，伟大的艾萨克·牛顿逝世．同其他很多杰出的英国人一样，他被埋葬在了威斯敏斯特教堂．

牛顿在临终前对自己的生活道路是这样总结的："我不知道在别人看来，我是什么样的人；但在我自己看来，我不过就像是一个在海滨玩耍的小孩，为不时发现比寻常更为光滑的一块卵石或比寻常更为美丽的一片贝壳而沾沾自喜，而对于展现在我面前的浩瀚的真理的海洋，却全然没有发现．"这当然是牛顿的谦逊．

课后习题

一、填空题

1. $\int(1-\sin^2\frac{x}{2})\mathrm{d}x = $ _____ ；

2. 若 e^x 是 $f(x)$ 的原函数，则 $\int x^2 f(\ln x)\mathrm{d}x = $ _____ ；

3. $\int\sin(\ln x)\mathrm{d}x = $ _____ ；

4. 已知 e^{-x^2} 是 $f(x)$ 的一个原函数，则 $\int f(\tan x)\sec^2 x\,\mathrm{d}x = $ _____ ；

5. 在积分曲线族 $\int\frac{\mathrm{d}x}{x\sqrt{x}}$ 中，过 $(1,1)$ 点的积分曲线是 $y = $ _____ ；

6. $F'(x)=f(x)$，则 $\int f'(ax+b)\mathrm{d}x = $ _____ ；

7. 设 $\int f(x)\mathrm{d}x = \frac{1}{x^2}+C$，则 $\int\frac{f(\mathrm{e}^{-x})}{\mathrm{e}^x}\mathrm{d}x = $ _____ ；

8. 设 $\int x f(x)\mathrm{d}x = \arcsin x + C$，则 $\int\frac{1}{f(x)}\mathrm{d}x = $ _____ ；

9. $f'(\ln x)=1+x$，则 $f(x) = $ _____ ；

10. 若 $\int xf(x)\mathrm{d}x = x\sin x - \int \sin x\,\mathrm{d}x$，则 $f(x) =$ _____.

二、选择题

1. 若 $\int f(x)\mathrm{d}x$ 的导数是 $\cos x$，则 $f(x)$ 有一个原函数为（   ）.

(A) $1 + \cos x$ (B) $1 - \cos x$

(C) $1 + \sin x$ (D) $1 - \sin x$

2. 下列各式中正确的是（   ）.

(A) $\mathrm{d}\left[\int f(x)\mathrm{d}x\right] = f(x)$ (B) $\dfrac{\mathrm{d}}{\mathrm{d}x}\left[\int f(x)\mathrm{d}x\right] = f(x)\mathrm{d}x$

(C) $\int \mathrm{d}f(x) = f(x)$ (D) $\int \mathrm{d}f(x) = f(x) + C$

3. 设 $f(x) = \mathrm{e}^{-x}$，则 $\int \dfrac{f(\ln x)}{x}\mathrm{d}x = （\quad）.$

(A) $\dfrac{1}{x} + C$ (B) $\ln x + C$

(C) $-\dfrac{1}{x} + C$ (D) $-\ln x + C$

4. $\int \dfrac{1}{\sqrt{x(1-x)}}\mathrm{d}x = （\quad）.$

(A) $\dfrac{1}{2}\arcsin\sqrt{x} + C$ (B) $\arcsin\sqrt{x} + C$

(C) $2\arcsin(2x - 1) + C$ (D) $\arcsin(2x - 1) + C$

5. 若 $f(x)$ 在 $[a, b]$ 上的某原函数为零，则在 $[a, b]$ 上必有（   ）.

(A) $f(x)$ 的原函数恒等于零

(B) $f(x)$ 的不定积分恒等于零

(C) $f(x)$ 恒等于零

(D) $f(x)$ 不恒等于零，但导函数 $f'(x)$ 恒为零

三、综合题

1. 求下列不定积分(基本积分公式).

(1) $\displaystyle\int \dfrac{\mathrm{d}x}{x^2}$;   (2) $\displaystyle\int \dfrac{\mathrm{d}x}{x^2\sqrt{x}}$;

(3) $\displaystyle\int (x - 2)^2\mathrm{d}x$;   (4) $\displaystyle\int \dfrac{x^2}{1 + x^2}\mathrm{d}x$;

(5) $\displaystyle\int \dfrac{2 \cdot 3^x - 5 \cdot 2^x}{3^x}\mathrm{d}x$;   (6) $\displaystyle\int \dfrac{\cos 2x}{\cos^2 x\,\sin^2 x}\mathrm{d}x$;

(7) $\displaystyle\int \left(2\mathrm{e}^x + \dfrac{3}{x}\right)\mathrm{d}x$;   (8) $\displaystyle\int \left(1 - \dfrac{1}{x^2}\right)\sqrt{x\sqrt{x}}\,\mathrm{d}x$.

2. 求下列不定积分(第一换元法).

(1) $\int (3-2x)^3 \, \mathrm{d}x$;

(2) $\int \dfrac{\mathrm{d}x}{\sqrt[3]{2-3x}}$;

(3) $\int \dfrac{\sin\sqrt{t}}{\sqrt{t}} \, \mathrm{d}t$;

(4) $\int \dfrac{\mathrm{d}x}{x \ln x \ln(\ln x)}$;

(5) $\int \dfrac{\mathrm{d}x}{\cos x \sin x}$;

(6) $\int \dfrac{\mathrm{d}x}{\mathrm{e}^x + \mathrm{e}^{-x}}$;

(7) $\int x \cos(x^2) \, \mathrm{d}x$

(8) $\int \dfrac{3x^3}{1-x^4} \, \mathrm{d}x$;

(9) $\int \dfrac{\sin x}{\cos^3 x} \, \mathrm{d}x$;

(10) $\int \dfrac{1-x}{\sqrt{9-4x^2}} \, \mathrm{d}x$;

(11) $\int \dfrac{\mathrm{d}x}{2x^2-1}$;

(12) $\int \cos^3 x \, \mathrm{d}x$.

3. 求下列不定积分(第二换元法).

(1) $\int \dfrac{1}{x\sqrt{1+x^2}} \, \mathrm{d}x$;

(2) $\int \sin\sqrt{x} \, \mathrm{d}x$;

(3) $\int \dfrac{\sqrt{x^2-4}}{x} \, \mathrm{d}x$;

(4) $\int \dfrac{\mathrm{d}x}{1+\sqrt{2x}}$;

4. 求下列不定积分(分部积分法).

(1) $\int x \sin x \, \mathrm{d}x$;

(2) $\int \arcsin x \, \mathrm{d}x$;

(3) $\int x^2 \ln x \, \mathrm{d}x$;

(4) $\int \mathrm{e}^{-2x} \sin \dfrac{x}{2} \, \mathrm{d}x$.

5. 求下列微分方程.

(1) $y' = 2xy$;

(2) $x(y^2+1)\mathrm{d}x + y(x^2+1)\mathrm{d}y = 0$;

(3) $xy' - y = x^2$.

第5章　定积分

定积分和不定积分是积分学中密切相关的两个基本概念，定积分在自然科学和实际问题中有着广泛的应用. 本章将从实例出发引出定积分的概念，并介绍定积分的性质及其计算方法，最后讨论定积分在几何、物理上的一些简单应用.

§5.1　定积分的概念与性质

5.1.1　引例

1. 曲边梯形(如图5.1)的面积

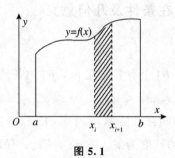

图 5.1

设曲线方程为 $y=f(x)$，且 $f(x)$ 函数在区间 $[a,b]$ 上连续，$f(x)\geqslant 0$. 如何求曲边梯形的面积呢？

(1) 分割：任取 $n-1$ 个内分点：$a=x_1<x_2<x_3<\cdots<x_n<x_{n+1}=b$，分割区间 $[a,b]$ 为 n 个小区间，记 $x_{i+1}-x_i=\Delta x_i$，其中 Δx_i 既代表第 i 个小区间也表示第 i 个小区间的长度，与此同时将曲边梯形分割为 n 个小的曲边梯形；

(2) 求和(求曲边梯形面积的近似值)：设 ΔA_i 表示第 i 个小曲边梯形的面积，则 $A=\sum_{k=1}^{n}\Delta A_i$，又 $\Delta A_i\approx f(\xi_i)\Delta x_i$，$i=1,2,\cdots,n$（$\xi_i$ 是 $[x_i,x_{i+1}]$ 上的任意一点），A

$$= \sum_{k=1}^{n} \Delta A_i \approx \sum_{i=1}^{n} f(\xi_i) \Delta x_i;$$

（3）取极限：记 $\lambda = \max\{\Delta x_1, \Delta x_2, \cdots, \Delta x_n\}$，若极限 $\lim\limits_{\lambda \to 0} \sum\limits_{i=1}^{n} f(\xi_i) \Delta x_i$ 存在，

称其为曲边梯形的面积，即：$A = \lim\limits_{\lambda \to 0} \sum\limits_{k=1}^{n} \Delta A_i \int_1^{+\infty} \ln x \, dx.$

2. 变速直线运动的质点的路程

设质点的速度函数为 $v = v(t)$，考虑从时刻 α 到时刻 β 所走过的路程．设 $v(t)$ 在 $[\alpha, \beta]$ 上连续，$v(t) \geqslant 0$，仍然采用分割的方法．

① 分割：$\alpha = t_1 < t_2 < t_3 < \cdots < t_n < t_{n+1} = \beta$；

② 求和：在时间间隔 $[t_i, t_{i+1}]$ 内，质点的路程近似为：$\Delta s_i \approx v(\xi_i) \Delta t_i$，其中 ξ_i 是 $[t_i, t_{i+1}]$ 内的任意一点，$\Delta t_i = t_{i+1} - t_i$，则 $s = \sum\limits_{i=1}^{n} \Delta s_i \approx \sum\limits_{i=1}^{n} v(\xi_i) \Delta t_i$；

③ 取极限：记 $\lambda = \max\{\Delta t_1, \Delta t_2, \cdots, \Delta t_n\}$，当 $\lambda \to 0$ 时，和式 $\sum\limits_{i=1}^{n} v(\xi_i) \Delta t_i$ 的极限就是质点从时刻 α 到时刻 β 的路程，即 $s = \lim\limits_{\lambda \to 0} \sum\limits_{i=1}^{n} v(\xi_i) \Delta t_i.$

注 以上两例分别讨论了几何量面积和物理量速度，尽管其背景不同，但是解决的方法与计算的步骤却完全一样．采用的是化整为零、以直代曲、以不变代变、逐渐逼近的方式；共同点是：取决于一个函数及其自变量的范围，舍弃其实际背景，给出定积分的定义．

5.1.2 定积分概念、存在条件及几何意义

1. 定积分的定义

设函数 $f(x)$ 在区间 $[a, b]$ 上有界，在 $[a, b]$ 内任意插入 $n-1$ 个分点：

$$a = x_1 < x_2 < x_3 < \cdots < x_n < x_{n+1} = b$$

分割 $[a, b]$ 为 n 个子区间：$[x_1, x_2]$，$[x_2, x_3]$，$\cdots$，$[x_i, x_{i+1}]$，$\cdots$，$[x_n, x_{n+1}]$，第 i 个子区间的长度为 $x_{i+1} - x_i = \Delta x_i$；任取 $\xi_i \in [x_i, x_{i+1}]$，$i = 1, 2 \cdots, n$，作和：$\sum\limits_{i=1}^{n} f(\xi_i) \Delta x_i$；

对于 $\lambda = \max\{\Delta x_1, \Delta x_2, \cdots, \Delta x_n\}$，如果极限 $\lim\limits_{\lambda \to 0} \sum\limits_{i=1}^{n} f(\xi_i) \Delta x_i$ 存在，则称此极限值为函数 $f(x)$ 在区间 $[a, b]$ 上的定积分，记作：$\int_a^b f(x) dx$，即

$$\int_a^b f(x) dx = \lim_{\lambda \to 0} \sum_{i=1}^{n} f(\xi_i) \Delta x_i$$

也称函数 $f(x)$ 在区间 $[a, b]$ 上可积．其中，$f(x)$ 称为被积函数，$f(x) dx$ 称为被积

表达式，x 为积分变量，$[a, b]$ 为积分区间，a 称为积分的下限，b 称为积分的上限，$\sum_{i=1}^{n} f(\xi_i) \Delta x_i$ 称为积分和．

根据定义，在引例中的曲边梯形的面积用定积分可以表示为 $A = \int_{a}^{b} f(x) \mathrm{d}x$；变速直线运动的质点的路程可以表示为：$s = \int_{a}^{\beta} v(t) \mathrm{d}t$．

注 （1）注意在定积分的定义中的两个任意性，函数可积即意味着极限值存在，是一个确定的常数，与对区间的分割方式及在区间 $[x_i, x_{i+1}]$ 上点 ξ_i 的取法无关；

（2）定积分的积分值只与被积函数、积分区间有关，与积分变量的符号无关，即

$$\int_{a}^{b} f(x) \mathrm{d}x = \int_{a}^{b} f(t) \mathrm{d}t = \int_{a}^{b} f(u) \mathrm{d}u;$$

（3）在定积分的定义中假定了 $a < b$，在实际应用及理论分析中，有时会遇到下限大于上限或上下限相等的情形，为此约定：

$$\int_{a}^{b} f(x) \mathrm{d}x = -\int_{b}^{a} f(x) \mathrm{d}x; \quad \int_{a}^{a} f(x) \mathrm{d}x = 0.$$

2. 定积分存在的条件

（1）闭区间上的连续函数一定可积；

（2）在闭区间上有有限个第一类间断点的函数也可积．

3. 定积分的几何意义

若 $f(x) \geqslant 0$，由引例可知 $\int_{a}^{b} f(x) \mathrm{d}x$ 的几何意义是：位于 x 轴上方的曲边梯形的面积；若 $f(x) \leqslant 0$，则 $A = \int_{a}^{b} [-f(x)] \mathrm{d}x$ 为位于 x 轴下方的曲边梯形面积，从而定积分 $\int_{a}^{b} f(x) \mathrm{d}x$ 代表该面积的负值，$A = -\int_{a}^{b} f(x) \mathrm{d}x$．

一般地，曲边梯形的面积为 $\int_{a}^{b} |f(x)| \mathrm{d}x$，而 $\int_{a}^{b} f(x) \mathrm{d}x$ 的几何意义则是曲边梯形面积的代数和．

例 1 用定义计算定积分 $\int_{a}^{b} x \mathrm{d}x$．

解 被积函数 $f(x) = x$ 在区间 $[a, b]$ 上连续，故一定可积．从而对于 ξ_i 的任意的取法，和式 $\sum_{i=1}^{n} f(\xi_i) \Delta x_i$ 的极限均存在且相等，因此：

（1）n 等分区间 $[a, b]$，每个子区间长度为 $\Delta x_i = \dfrac{b-a}{n}$，$i = 1, \cdots, n$，分点为

$$x_1 = a, \ x_2 = a + \frac{b-a}{n}, \ x_3 = a + 2\frac{b-a}{n}, \ \cdots, \ x_{n+1} = a + n\frac{b-a}{n} = b$$

（2）取 $\xi_i \in [x_i, x_{i+1}]$ 且为此区间的右端点，即 $\xi_i = x_{i+1} = a + i\frac{b-a}{n}$，则

$$\sum_{i=1}^{n} f(\xi_i)\Delta x_i = \sum_{i=1}^{n}\xi_i\Delta x_i = \sum_{i=1}^{n}(a+i\frac{b-a}{n})\cdot\frac{b-a}{n} = \frac{b-a}{n}(\sum_{i=1}^{n}a+\frac{b-a}{n}\sum_{i=1}^{n}i)$$

$$=\frac{b-a}{n}(na+\frac{b-a}{n}\cdot\frac{n(n+1)}{2}) = (b-a)[a+\frac{b-a}{2}\cdot(1+\frac{1}{n})]$$

$$\int_a^b x\,dx = \lim_{n\to\infty}\sum_{i=1}^{n} f(\xi_i)\Delta x_i = \lim_{n\to\infty}(b-a)[a+\frac{b-a}{2}(1+\frac{1}{n})]$$

$$=(b-a)[a+\frac{b-a}{2}] = \frac{b^2-a^2}{2}$$

例 2 将下列和式的极限用定积分表示：

$$\lim_{n\to\infty} n(\frac{1}{1+n^2}+\frac{1}{2^2+n^2}+\cdots+\frac{1}{n^2+n^2})$$

解 $n(\frac{1}{1+n^2}+\frac{1}{2^2+n^2}+\cdots+\frac{1}{n^2+n^2}) = \frac{1}{n}\sum_{i=1}^{n}\frac{1}{1+(\frac{i}{n})^2} = \sum_{i=1}^{n}\frac{1}{1+(\frac{i}{n})^2}\cdot\frac{1}{n}$

此时，取 $\Delta x_i = \frac{1}{n}$，即积分区间长为 1；取 $\xi_i = x_i = \frac{i}{n}$，正好是 $[0,1]$ n 等分后的分

点；又 $f(\xi_i) = \frac{1}{1+(\frac{i}{n})^2}$，故 $f(x) = \frac{1}{1+x^2}$，从而

$$\lim_{n\to\infty}(\frac{1}{1+n^2}+\frac{1}{2^2+n^2}+\cdots+\frac{1}{n^2+n^2}) = \lim_{n\to\infty}\sum_{i=1}^{n}\frac{1}{1+(\frac{i}{n})^2}\frac{1}{n} = \int_0^1\frac{1}{1+x^2}dx$$

例 3 根据定积分的几何意义，指出下列积分的值.

(1) $\int_a^b 3\,dx$；　　　　(2) $\int_0^a x\,dx$；　　　　(3) $\int_{-a}^a \sqrt{a^2-x^2}\,dx$；

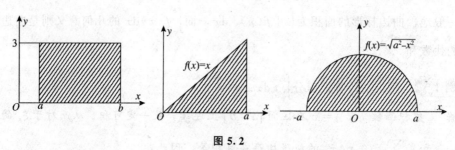

图 5.2

解 由图 5.2 易得

(1) $\int_a^b 3\,dx = 3(b-a)$；(2) $\int_0^a x\,dx = \frac{a^2}{2}$；(3) $\int_{-a}^a \sqrt{a^2-x^2}\,dx = \frac{1}{2}\pi a^2$.

5.1.3 定积分的性质

下面各性质中，积分上下限的大小如不特殊声明，均不加限制，并且假定 $f(x)$，$g(x)$ 为可积的，

性质 1 两个函数代数和的定积分等于它们定积分的代数和，即

$$\int_a^b [f(x) \pm g(x)] \mathrm{d}x = \int_a^b f(x) \mathrm{d}x \pm \int_a^b g(x) \mathrm{d}x.$$

此性质可推广到有限多个函数代数和情形.

性质 2 被积函数的常数因子可以提到积分号外，即

$$\int_a^b k f(x) \mathrm{d}x = k \int_a^b f(x) \mathrm{d}x \quad (k \text{ 是常数}).$$

性质 3 对任意点 c，有

$$\int_a^b f(x) \mathrm{d}x = \int_a^c f(x) \mathrm{d}x + \int_c^b f(x) \mathrm{d}x.$$

该性质又称为定积分的积分区间可加性.

性质 4 如果在 $[a, b]$ 上，$f(x) \geqslant 0$，那么

$$\int_a^b f(x) \mathrm{d}x \geqslant 0.$$

性质 5 如果在 $[a, b]$ 上，$f(x) \geqslant g(x)$，那么

$$\int_a^b f(x) \mathrm{d}x \geqslant \int_a^b g(x) \mathrm{d}x.$$

性质 6 设 M 与 m 分别是函数 $f(x)$ 在区间 $[a, b]$ 上的最大值与最小值，则

$$m(b-a) \leqslant \int_a^b f(x) \mathrm{d}x \leqslant M(b-a).$$

此性质说明，曲边梯形的面积介于以 M 为高的大矩形和以 m 为高的小矩形面积之间.

性质 7 如果 $f(x)$ 在区间 $[a, b]$ 上连续，则在区间 $[a, b]$ 上至少存在一点 ξ，使得

$$\int_a^b f(x) \mathrm{d}x = f(\xi)(b-a)$$

该性质又称为**积分中值定理**.

以上性质的证明这里从略. 对于积分中值定理，特别指出其几何意义是在 $[a, b]$ 上至少存在一点 ξ，使得以区间 $[a, b]$ 为底边，以曲线 $y = f(x)$ 为曲边的曲边梯形的面积等于同底边而高为 $f(\xi)$ 的矩形面积. 如图 5.3 所示.

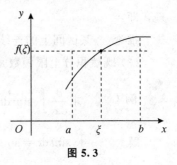

图 5.3

其中 $f(\xi) = \dfrac{1}{b-a} \int_a^b f(x) \mathrm{d}x$ 表示连续曲线 $f(x)$ 在闭区间 $[a, b]$ 上的平均高度，即函数 $f(x)$ 在区间 $[a, b]$ 上的平均值. 这是有限个数求平均值概念的推广，在实际中经常遇到.

§5.2 积分上限函数与微积分基本定理

5.2.1 积分上限函数

1. 积分上限函数的定义

设函数 $f(x)$ 在 $[a,b]$ 上连续，$x \in [a,b]$，则函数 $f(x)$ 在 $[a,x]$ 上可积. 以 x 为积分上限的定积分

$$\int_a^x f(t)\mathrm{d}t$$

与 x 相对应，显然它是 x 的函数，记作 $\Phi(x)$（图1），即

$$\Phi(x) = \int_a^x f(t)\mathrm{d}t, \; x \in [a,b].$$

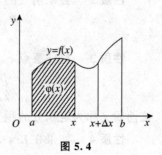

图 5.4

这种积分上限为变量的定积分称为**积分上限函数**.

2. 微积分基本定理

定理 5.2.1（微积分基本定理）　积分上限函数所确定的函数是被积函数的原函数，即设 $f(x)$ 在 $[a,b]$ 上连续，$x \in [a,b]$，则

$$\frac{\mathrm{d}}{\mathrm{d}x}\int_a^x f(t)\mathrm{d}t = f(x) \tag{1}$$

证明从略.

公式说明：

(1) 积分上限函数的导数等于被积函数，这表明**积分上限函数是被积函数的原函数**. 这揭示了微分（或导数）与（变上限）定积分之间的内在联系，因而称为**微积分基本定理**.

(2) 定理 5.2.1 要求函数 $f(x)$ 在 $[a,b]$ 上连续，于是附带给出了原函数存在定理，即：

推论　某区间上的连续函数在该区间上存在原函数.

(3) 既然积分上限函数是被积函数的原函数，这就为计算定积分开辟了新途径.

例 1　求 $\dfrac{\mathrm{d}}{\mathrm{d}x}\displaystyle\int_0^x \sin t\,\mathrm{d}t$.

解　$\dfrac{\mathrm{d}}{\mathrm{d}x}\displaystyle\int_0^x \sin t\,\mathrm{d}t = \sin x$

例 2　求 $\dfrac{\mathrm{d}}{\mathrm{d}x}\displaystyle\int_x^0 \ln(1+t^2)\,\mathrm{d}t$.

解　$\dfrac{\mathrm{d}}{\mathrm{d}x}\displaystyle\int_{x}^{0}\ln(1+t^{2})\mathrm{d}t=-\ln(1+t^{2})$

例 3　求 $\dfrac{\mathrm{d}}{\mathrm{d}x}\displaystyle\int_{0}^{x^{2}}\sin(1+\mathrm{e}^{t})\mathrm{d}t$.

解　$\dfrac{\mathrm{d}}{\mathrm{d}x}\displaystyle\int_{0}^{x^{2}}\sin(1+\mathrm{e}^{t})\mathrm{d}t=\sin(1+\mathrm{e}^{x^{2}})\cdot 2x=2x\sin(1+\mathrm{e}^{x^{2}})$

例 4　求 $\displaystyle\lim_{x\to 0}\dfrac{\displaystyle\int_{0}^{x}t\tan t\,\mathrm{d}t}{x^{3}}$.

解　$\displaystyle\lim_{x\to 0}\dfrac{\displaystyle\int_{0}^{x}t\tan t\,\mathrm{d}t}{x^{3}}=\lim_{x\to 0}\dfrac{x\tan x}{3x^{2}}=\lim_{x\to 0}\dfrac{x\cdot x}{3x^{2}}=\dfrac{1}{3}$

5.2.2　牛顿 - 莱布尼兹公式

定理 5.2.2　设 $f(x)$ 在 $[a,b]$ 上连续，且 $F(x)$ 是 $f(x)$ 的一个原函数，则

$$\int_{a}^{b}f(x)\mathrm{d}x=F(b)-F(a)$$

这是著名的**牛顿 - 莱布尼兹公式**，常记作

$$\int_{a}^{b}f(x)\mathrm{d}x=F(x)\,\big|_{a}^{b}=F(b)-F(a).\tag{2}$$

牛顿 - 莱布尼兹公式把定积分的计算问题归结为求被积函数的原函数在上、下限处函数值之差的问题，从而巧妙地避开了求和式极限的艰难道路，为运用定积分计算普遍存在的总量问题另辟坦途.

例 5　求由抛物线 $y=x^{2}$，直线 $x=1$ 和 x 轴围成的曲边三角形的面积.

解　设所求曲边三角形（图 5.5）的面积为 S，则

$$S=\int_{0}^{1}x^{2}\mathrm{d}x=\dfrac{x^{3}}{3}\,\bigg|_{0}^{1}=\dfrac{1}{3}$$

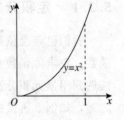

图 5.5

例 6　求 $\displaystyle\int_{0}^{2}(\mathrm{e}^{x}+x-1)\mathrm{d}x$.

解　$\displaystyle\int_{0}^{2}(\mathrm{e}^{x}+x+1)\mathrm{d}x=\left(\mathrm{e}^{x}+\dfrac{1}{2}x^{2}+x\right)\bigg|_{0}^{2}=\mathrm{e}^{2}+3$

例 7　求 $\displaystyle\int_{-1}^{3}|x-1|\mathrm{d}x$.

解　$\displaystyle\int_{-1}^{3}|x-1|\mathrm{d}x=\int_{-1}^{0}(1-x)\mathrm{d}x+\int_{0}^{3}(x-1)\mathrm{d}x$

$$=\left(x-\dfrac{1}{2}x^{2}\right)\bigg|_{-1}^{0}+\left(\dfrac{1}{2}x^{2}-x\right)\bigg|_{0}^{3}=\dfrac{3}{2}+\dfrac{3}{2}=3$$

例 8 求 $\int_0^4 \dfrac{\mathrm{d}x}{1+\sqrt{x}}$.

解 先用换元积分法求不定积分 $\int \dfrac{\mathrm{d}x}{1+\sqrt{x}}$.

令 $\sqrt{x} = t$，则 $x = t^2$，$\mathrm{d}x = 2t\,\mathrm{d}t$，于是

$$\int \frac{\mathrm{d}x}{1+\sqrt{x}} = \int \frac{2t\,\mathrm{d}t}{1+t} = 2\int \frac{1+t-1}{1+t}\mathrm{d}t = 2\int \left(1 - \frac{1}{1+t}\right)\mathrm{d}t$$

$$= 2[t - \ln(1+t)] + C = 2[\sqrt{x} - \ln(1+\sqrt{x})] + C$$

取一个原函数

$$F(x) = 2[\sqrt{x} - \ln(1+\sqrt{x})],$$

由公式(2)，得

$$\int_0^4 \frac{\mathrm{d}x}{1+\sqrt{x}} = 2[\sqrt{x} - \ln(1+\sqrt{x})]_0^4 = 2(2 - \ln 3)$$

注意 在本例求原函数时用到了不定积分的换元积分法．需消去新变量 t，还原为原积分变量 x，而后用牛顿 - 莱布尼兹公式．

§5.3 定积分换元积分法与分部积分法

5.3.1 定积分的换元积分法

我们已经会依据牛顿 - 莱布尼兹公式给出的步骤求定积分：先求被积函数的一个原函数，再求原函数在上、下限处的函数值之差．这是计算定积分的基本方法．但这种方法遇到用换元积分法求原函数时，需将新变量还原为原来的积分变量，才能求原函数之差，如例 8 所做的那样．这样做比较麻烦．现介绍省略还原为原积分变量的步骤计算定积分的方法．

1. 定积分的换元积分法

先看 §5.2 例 8 用新方法来计算．

令 $\sqrt{x} = t$，即 $x = t^2$，$\mathrm{d}x = 2t\,\mathrm{d}t$，当 $x = 0$ 时，$t = 0$. 当 $x = 4$ 时，$t = 2$. 于是

$$\int_0^4 \frac{\mathrm{d}x}{1+\sqrt{x}} = \int_0^2 \frac{2t\,\mathrm{d}t}{1+t} = 2[t - \ln(1+t)]_0^2 = 2(2 - \ln 3).$$

这样做省略了将新变量 t 还原为原积分变量 x 的麻烦．但需注意两点：

第一，引入的新函数 $x = \varphi(t)$ 必须单调，使 t 在区间 $[\alpha, \beta]$ 上变化时，x 在区间 $[a, b]$ 上变化，且 $a = \varphi(\alpha)$，$b = \varphi(\beta)$.

第二，改变积分变量时必须改变积分上、下限，简称为**换元必换限**.

严格说来，关于定积分的换元积分法有下面的定理.

定理 5.3.1 设：

(1) 函数 $f(x)$ 在区间 $[a，b]$ 上连续；

(2) 函数 $x = \varphi(t)$ 在区间 $[\alpha，\beta]$ 上单调，且有连续导数；

(3) $t \in [\alpha，\beta]$ 时，$x \in [a，b]$，且 $a = \varphi(\alpha)$，$b = \varphi(\beta)$，

则
$$\int_a^b f(x)dx = \int_\alpha^\beta f[\varphi(t)]\varphi'(t)dt.$$

此式称为**定积分的换元积分公式**. 证明从略.

例 1 求 $\int_0^a \sqrt{a^2 - x^2}\,dx (a > 0)$.

解 令 $x = a\sin t (t \in [0，\frac{\pi}{2}])$，则 $dx = a\cos t\,dt$. 当 $x = 0$ 时，$t = 0$，$x = a$ 时，$t = \frac{\pi}{2}$，于是

$$\int_0^a \sqrt{a^2 - x^2}\,dx = \int_0^{\frac{\pi}{2}} a\cos t \cdot a\cos t\,dt = a^2 \int_0^{\frac{\pi}{2}} \cos^2 t\,dt$$

$$= a^2 \int_0^{\frac{\pi}{2}} \frac{1 + \cos 2t}{2}dt = \frac{a^2}{2}\left(t + \frac{\sin 2t}{2}\right)\bigg|_0^{\frac{\pi}{2}} = \frac{1}{4}\pi a^2$$

例 2 求 $\int_0^1 \frac{\arctan x}{1 + x^2}dx$.

解 设 $t = \arctan x$，则 $dt = \frac{1}{1 + x^2}dx$. 当 $x = 0$ 时 $t = 0$，$x = 1$ 时 $t = \frac{\pi}{4}$，于是

$$\int_0^1 \frac{\arctan x}{1 + x^2}dx = \int_0^{\frac{\pi}{4}} t\,dt = \frac{1}{2}t^2\bigg|_0^{\frac{\pi}{4}} = \frac{1}{32}\pi^2$$

这个定积分中被积函数的原函数也可用"凑微分法"求得，即

$$\int_0^1 \frac{\arctan x}{1 + x^2}dx = \int_0^1 \arctan x\,d\arctan x = \frac{1}{2}\arctan^2 x\bigg|_0^1 = \frac{1}{32}\pi^2$$

注 用"凑微分法"求定积分时，可以不设中间变量，因而积分的上、下限也不需要变换，一般这样计算更加简单.

例 3 设 $f(x)$ 在区间 $[-a，a]$ 上连续，证明：

(1) 如果 $f(x)$ 为奇函数，则 $\int_{-a}^a f(x)dx = 0$.

(2) 如果 $f(x)$ 为偶函数，则 $\int_{-a}^a f(x)dx = 2\int_0^a f(x)dx$.

证 由定积分的性质 3 有

$$\int_{-a}^a f(x)dx = \int_{-a}^0 f(x)dx + \int_0^a f(x)dx$$

对于积分 $\int_{-a}^{0} f(x)\mathrm{d}x$，作代换 $x = -t$，得

$$\int_{-a}^{0} f(x)\mathrm{d}x = -\int_{a}^{0} f(-t)\mathrm{d}t = \int_{0}^{a} f(-x)\mathrm{d}x$$

所以

$$\int_{-a}^{a} f(x)\mathrm{d}x = \int_{0}^{a} [f(x) + f(-x)]\mathrm{d}x$$

（1）如果 $f(x)$ 为奇函数，即 $f(-x) = -f(x)$，则

$$f(x) + f(-x) = f(x) - f(x) = 0$$

于是

$$\int_{-a}^{a} f(x)\mathrm{d}x = 0$$

（2）如果 $f(x)$ 为偶函数，即 $f(-x) = f(x)$，则

$$f(x) + f(-x) = f(x) + f(x) = 2f(x)$$

于是

$$\int_{-a}^{a} f(x)\mathrm{d}x = 2\int_{0}^{a} f(x)\mathrm{d}x$$

例 4　计算下列定积分：

$$(1)\ \int_{-3}^{3} \frac{\sin x}{1 + x^2}\mathrm{d}x\ ;\qquad\qquad (2)\ \int_{-1}^{1} (|x| + \sin x)x^2\mathrm{d}x.$$

解　$(1)\ \displaystyle\int_{-3}^{3} \frac{\sin x}{1 + x^2}\mathrm{d}x = 0;$

$(2)\ \displaystyle\int_{-1}^{1} (|x| + \sin x)x^2\mathrm{d}x = \int_{-1}^{1} |x|x^2\mathrm{d}x = 2\int_{0}^{1} x^3\mathrm{d}x = 2 \cdot \frac{1}{4}x^4 \Big|_{0}^{1} = \frac{1}{2}.$

5.3.2　定积分的分部积分法

设函数 $u(x)$ 和 $v(x)$ 在区间 $[a, b]$ 上存在连续导数，则由 $(uv)' = u'v + uv'$，得 $uv' = (uv)' - u'v$. 两端从 a 到 b 对 x 求定积分，便得**定积分的分部积分公式**：

$$\int_{a}^{b} u\,\mathrm{d}v = uv\,\big|_{a}^{b} - \int_{a}^{b} v\,\mathrm{d}u.$$

例 5　求 $\displaystyle\int_{0}^{\frac{1}{2}} \arcsin x\,\mathrm{d}x$.

解　$\displaystyle\int_{0}^{\frac{1}{2}} \arcsin x\,\mathrm{d}x = x\arcsin x\,\Big|_{0}^{\frac{1}{2}} - \int_{0}^{\frac{1}{2}} \frac{x}{\sqrt{1 - x^2}}\mathrm{d}x = \frac{\pi}{12} + \sqrt{1 - x^2}\,\Big|_{0}^{\frac{1}{2}} = \frac{\pi}{12} + \frac{\sqrt{3}}{2} - 1$

例 6　求 $\displaystyle\int_{0}^{1} \mathrm{e}^{\sqrt{x}}\,\mathrm{d}x$.

解　$\displaystyle\int_{0}^{1} \mathrm{e}^{\sqrt{x}}\,\mathrm{d}x \xlongequal{t = \sqrt{x}} \int_{0}^{1} \mathrm{e}^t\,\mathrm{d}t^2 = 2\int_{0}^{1} t\mathrm{e}^t\,\mathrm{d}t = 2\int_{0}^{1} t\,\mathrm{d}\mathrm{e}^t$

$\qquad = 2\left[(t\mathrm{e}^t)\,\Big|_{0}^{1} - \int_{0}^{1} \mathrm{e}^t\,\mathrm{d}t\right] = 2\left(\mathrm{e} - \mathrm{e}^t\,\Big|_{0}^{1}\right) = 2$

例 7　计算 $\displaystyle\int_{0}^{\frac{\pi}{2}} \sin^n x\,\mathrm{d}x\ (n \geqslant 0$ 为整数$)$.

解 设 $I_n = \int_0^{\frac{\pi}{2}} \sin^n x \, \mathrm{d}x$，则

$$I_0 = \int_0^{\frac{\pi}{2}} \mathrm{d}x = \frac{\pi}{2}, \quad I_1 = \int_0^{\frac{\pi}{2}} \sin x \, \mathrm{d}x = -\cos x \,\Big|_0^{\frac{\pi}{2}} = 1,$$

$$I_n = \int_0^{\frac{\pi}{2}} \sin^{n-1} x \sin x \, \mathrm{d}x = -\int_0^{\frac{\pi}{2}} \sin^{n-1} x \, \mathrm{d}\cos x$$

$$= -\sin^{n-1} x \cos x \,\Big|_0^{\frac{\pi}{2}} + (n-1)\int_0^{\frac{\pi}{2}} \sin^{n-2} x \, \cos^2 x \, \mathrm{d}x$$

$$= (n-1)\int_0^{\frac{\pi}{2}} \sin^{n-2} x \,(1 - \sin^2 x)\, \mathrm{d}x$$

$$= (n-1)\int_0^{\frac{\pi}{2}} \sin^{n-2} x \, \mathrm{d}x - (n-1)\int_0^{\frac{\pi}{2}} \sin^n x \, \mathrm{d}x$$

$$= (n-1)I_{n-2} - (n-1)I_n$$

移项得：$I_n = \dfrac{n-1}{n} I_{n-2}$.

上述公式称为**递推公式**.

例如

$$I_{n-2} = \frac{n-3}{n-2} I_{n-4}$$

同样地，依次进行下去，直到 I_n 的下标递减到 0 或 1 为止. 于是

$$I_n = \int_0^{\frac{\pi}{2}} \sin^n x \, \mathrm{d}x = \begin{cases} \dfrac{n-1}{n} \cdot \dfrac{n-3}{n-2} \cdot \cdots \cdot \dfrac{1}{2} \cdot \dfrac{\pi}{2}, & n \text{ 为偶数}. \\[3mm] \dfrac{n-1}{n} \cdot \dfrac{n-3}{n-2} \cdot \cdots \cdot \dfrac{2}{3} \cdot 1, & n \text{ 为奇数}. \end{cases}$$

例如

$$\int_0^{\frac{\pi}{2}} \sin^6 x \, \mathrm{d}x = \frac{5}{6} \cdot \frac{3}{4} \cdot \frac{1}{2} \cdot \frac{\pi}{2} = \frac{5}{32}\pi,$$

$$\int_0^{\frac{\pi}{2}} \sin^5 x \, \mathrm{d}x = \frac{4}{5} \cdot \frac{2}{3} \cdot 1 = \frac{8}{15}.$$

§5.4　广义积分

前面所讨论的定积分，是以积分区间为有限闭区间及在该区间函数有界为前提. 在实际问题中，还会经常遇到积分区间为无穷区间的积分，或被积函数为无界函数的积分. 这两类积分通称为广义积分.

5.4.1　无穷区间上的广义积分

定义 5.4.1　设 $f(x)$ 在 $[a, +\infty)$ 上连续，取 $b > a$，极限 $\lim\limits_{b \to +\infty} \int_a^b f(x) \, \mathrm{d}x$ 称为

$f(x)$ 在无穷区间 $[a, +\infty)$ 上的积分，记作 $\int_a^{+\infty} f(x)\mathrm{d}x$，即

$$\int_a^{+\infty} f(x)\mathrm{d}x = \lim_{b \to +\infty} \int_a^b f(x)\mathrm{d}x$$

若上式等号右端的极限存在，则称此无穷区间上的积分 $\int_a^{+\infty} f(x)\mathrm{d}x$ 收敛，否则称之为发散.

类似地，定义 $f(x)$ 在无穷区间 $(-\infty, b)$ 上的积分为

$$\int_{-\infty}^b f(x)\mathrm{d}x = \lim_{a \to -\infty} \int_a^b f(x)\mathrm{d}x$$

若上式等号右端的极限存在，则称之收敛，否则称之发散.

函数在无穷区间 $(-\infty, +\infty)$ 上的积分定义为

$$\int_{-\infty}^{\infty} f(x)\mathrm{d}x = \int_{-\infty}^c f(x)\mathrm{d}x + \int_c^{+\infty} f(x)\mathrm{d}x,$$

其中 C 为任意实数，当上式右端两个积分都收敛时，则称之为收敛，否则称之为发散.

无穷区间上的积分也称为无穷积分或广义积分.

例 1 计算 $\int_0^{+\infty} \mathrm{e}^{-x}\mathrm{d}x$.

解
$$\int_0^{+\infty} \mathrm{e}^{-x}\mathrm{d}x = \lim_{b \to +\infty} \int_0^b \mathrm{e}^{-x}\mathrm{d}x = \lim_{b \to +\infty} (-\mathrm{e}^{-x}) \Big|_0^b$$
$$= \lim_{b \to +\infty} (-\frac{1}{\mathrm{e}^b} + 1) = 1$$

为了书写方便，在计算过程中可不写极限符号，仿照牛顿-莱布尼茨公式的形式，记为

$$F(+\infty) = \lim_{x \to +\infty} F(x), \quad F(-\infty) = \lim_{x \to -\infty} F(x),$$

则以上广义积分可用与牛顿-莱布尼茨公式类似的形式表示为

$$\int_a^{+\infty} f(x)\mathrm{d}x = F(x) \Big|_a^{+\infty}$$

$$\int_{-\infty}^b f(x)\mathrm{d}x = F(x) \Big|_{-\infty}^b$$

$$\int_{-\infty}^{\infty} f(x)\mathrm{d}x = F(x) \Big|_{-\infty}^{+\infty}$$

这样例 1 可写为

$$\int_0^{+\infty} \mathrm{e}^{-x}\mathrm{d}x = (-\mathrm{e}^{-x}) \Big|_0^{+\infty} = 0 + 1 = 1$$

例 2 讨论无穷积分 $\int_1^{+\infty} \frac{1}{x^p}\mathrm{d}x$ 收敛性.

解 当 $p = 1$ 时，$\int_1^{+\infty} \frac{1}{x}\mathrm{d}x = \ln|x| \Big|_1^{+\infty} = +\infty$，发散；

当 $p \neq 1$ 时，$\int_{1}^{+\infty} \dfrac{1}{x^p}\mathrm{d}x = \dfrac{x^{1-p}}{1-p}\bigg|_{1}^{+\infty} = \begin{cases} +\infty, & p < 1 \text{ 发散} \\ \dfrac{1}{p-1}, & p > 1 \text{ 收敛} \end{cases}$.

例 3 求 $\int_{-\infty}^{+\infty} \dfrac{1}{1+x^2}\mathrm{d}x$.

解 $\int_{-\infty}^{+\infty} \dfrac{1}{1+x^2}\mathrm{d}x = \arctan x \bigg|_{-\infty}^{+\infty} = \dfrac{\pi}{2} - \left(-\dfrac{\pi}{2}\right) = \pi$

5.4.2 无界函数的广义积分

定义 5.4.2 设函数 $f(x)$ 在 $(a, b]$ 上连续，$\lim\limits_{x \to a^+} f(x) = \infty$. 如果极限 $\lim\limits_{u \to a^+} \int_{u}^{b} f(x)\mathrm{d}x$ 存在，则称此极限值为 $f(x)$ 在 $(a, b]$ 上的广义积分，记作 $\int_{a}^{b} f(x)\mathrm{d}x$，即

$$\int_{a}^{b} f(x)\mathrm{d}x = \lim_{u \to a^+} \int_{u}^{b} f(x)\mathrm{d}x.$$

此时也称 $\int_{a}^{b} f(x)\mathrm{d}x$ 收敛；若上述的极限不存在，则称 $\int_{a}^{b} f(x)\mathrm{d}x$ 发散.

注 这里的 $\int_{a}^{b} f(x)\mathrm{d}x$ 与第一节的 $\int_{a}^{b} f(x)\mathrm{d}x$ 是不同的，这里的 $f(x)$ 在 $x = a$ 处没有定义.

类似地，可以定义函数 $f(x)$ 在 $[a, b)$ 上的广义积分：$\int_{a}^{b} f(x)\mathrm{d}x = \lim\limits_{u \to b^-} \int_{a}^{u} f(x)\mathrm{d}x$.

设 $f(x)$ 在 $[a, c)$，$(c, b]$ 上连续，而在点 c 的邻域内无界. 如果两个广义积分 $\int_{a}^{c} f(x)\mathrm{d}x$ 与 $\int_{c}^{b} f(x)\mathrm{d}x$ 都收敛，就称 $\int_{a}^{b} f(x)\mathrm{d}x$ 收敛，并且有

$$\int_{a}^{b} f(x)\mathrm{d}x = \int_{a}^{c} f(x)\mathrm{d}x + \int_{c}^{b} f(x)\mathrm{d}x$$
$$= \lim_{u \to c^-} \int_{a}^{c} f(x)\mathrm{d}x + \lim_{u \to c^+} \int_{c}^{b} f(x)\mathrm{d}x$$

否则就说广义积分 $\int_{a}^{b} f(x)\mathrm{d}x$ 不存在或发散.

例 4 讨论积分 $\int_{0}^{1} \dfrac{1}{\sqrt{1-x^2}}\mathrm{d}x$ 的收敛性.

解 $\int_{0}^{1} \dfrac{1}{\sqrt{1-x^2}}\mathrm{d}x = \lim\limits_{u \to 1^-} \int_{0}^{u} \dfrac{1}{\sqrt{1-x^2}}\mathrm{d}x = \lim\limits_{u \to 1^-} \arcsin x \bigg|_{0}^{u} = \dfrac{\pi}{2}$

例 5 讨论积分 $\int_{a}^{b} \dfrac{1}{(x-a)^p}\mathrm{d}x \,(p > 0)$ 的收敛性.

解 当 $p = 1$ 时，$\int_{a}^{b} \dfrac{1}{x-a}\mathrm{d}x = \lim\limits_{u \to a^+} \int_{u}^{b} \dfrac{1}{x-a}\mathrm{d}x = \lim\limits_{u \to a^+} \ln(x-a) \bigg|_{u}^{b}$，发散；

当 $p \neq 1$ 时，$\int_a^b \dfrac{1}{(x-a)^p}dx = \lim\limits_{u \to a^+} \int_u^b \dfrac{1}{(x-a)^p}dx = \lim\limits_{u \to a^+} \dfrac{1}{1-p}(x-a)^{1-p}\Big|_u^b = $

$\dfrac{(b-a)^{1-p}}{1-p}$，则当 $p>1$ 时，发散；当 $p<1$ 时，收敛.

例 6 求 $\int_0^1 \ln x\, dx$.

解 $\int_0^1 \ln x\, dx = \lim\limits_{u \to 0^+} \int_u^1 \ln x\, dx = \lim\limits_{u \to 0^+}\left[x\ln x\Big|_u^1 - \int_u^1 x \cdot \dfrac{1}{x}dx \right]$

$$= \lim\limits_{u \to 0^+}\left[-u\ln u - x\Big|_u^1 \right] = -(1-0) = -1$$

其中，$\lim\limits_{u \to 0^+} u\ln u = \lim\limits_{u \to 0^+} \dfrac{\ln u}{\dfrac{1}{u}} = \lim\limits_{u \to 0^+} \dfrac{\dfrac{1}{u}}{-\dfrac{1}{u^2}} = \lim\limits_{u \to 0^+} -u = 0$.

§5.5 定积分的应用

5.5.1 微元法

1. 能用定积分计算的量 U，应满足下列三个条件

(1) U 与变量 x 的变化区间 $[a,b]$ 有关；

(2) U 对于区间 $[a,b]$ 具有可加性；

(3) U 的部分量 ΔU_i 可近似地表示成 $f(\xi_i) \cdot \Delta x_i$.

2. 写出计算 U 的定积分表达式步骤

(1) 根据问题，选取一个变量 x 为积分变量，并确定它的变化区间 $[a,b]$；

(2) 设想将区间 $[a,b]$ 分成若干小区间，取其中的任一小区间 $[x, x+dx]$，求出它所对应的部分量 ΔU 的近似值：

$$\Delta U \approx f(x)dx \ [f(x) \text{ 为} [a,b] \text{ 上一连续函数}]$$

则称 $f(x)dx$ 为量 U 的元素，且记作 $dU = f(x)dx$.

(3) 以 U 的元素 dU 作被积表达式，以 $[a,b]$ 为积分区间，得

$$U = \int_a^b f(x)dx$$

这个方法叫做微元法，其实质是找出 U 的元素 dU 的微分表达式：

$$dU = f(x)dx \ (a \leqslant x \leqslant b).$$

5.5.2 平面区域的面积

1. 直角坐标系下的情形

（1）由曲线 $y = f(x)$ $[f(x) \geqslant 0]$ 及直线 $x = a$，$x = b (a < b)$ 与 x 轴所围成的曲边梯形面积 A（图 5.6）：

$A = \int_a^b f(x) \mathrm{d}x$，其中：$f(x) \mathrm{d}x$ 为面积元素 $\mathrm{d}A$.

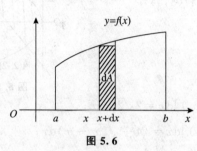

图 5.6

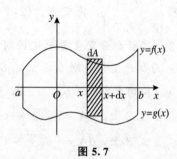

图 5.7

（2）由曲线 $y = f(x)$ 与 $y = g(x)$ 及直线 $x = a$，$x = b (a < b)(f(x) \geqslant g(x))$ 所围成的图形面积 A（图 5.7）：

$$A = \int_a^b f(x) \mathrm{d}x - \int_a^b g(x) \mathrm{d}x = \int_a^b [f(x) - g(x)] \mathrm{d}x$$

其中：$[f(x) - g(x)] \mathrm{d}x$ 为面积元素 $\mathrm{d}A$.

（3）由曲线 $x = f(y)$ 与 $x = g(y)$ 及直线 $y = c$，$y = d (c < d)(f(y) \geqslant g(y))$ 所围成的图形面积 A（图 5.8）：

$$A = \int_c^d [f(y) - g(y)] \mathrm{d}y$$

其中：$[f(y) - g(y)] \mathrm{d}y$ 为面积元素 $\mathrm{d}A$.

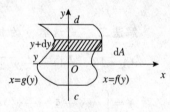

图 5.8

例 1 求由 $y = 1 - x^2$ 与 x 轴所围成的平面图形的面积.

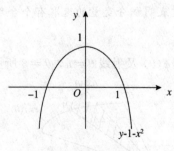

图 5.9

解 步骤 1 画图（图 5.9），抛物线 $y = 1 - x^2$ 与 x 轴交点为 $(-1, 0)$ 与 $(1, 0)$.

步骤2　选择积分变量并确定区间．选取 x 为积分变量，则 $-1 \leqslant x \leqslant 1$；

步骤3　给出面积元素 $\mathrm{d}A = (1 - x^2)\mathrm{d}x$；

步骤4　列定积分表达式 $A = \int_{-1}^{1}(1 - x^2)\mathrm{d}x = x - \dfrac{1}{3}x^3\Big|_{-1}^{1} = \dfrac{4}{3}$.

 例2　计算抛物线 $y^2 = 2x$ 与直线 $y = x - 4$ 所围成的图形面积．

解法一　步骤1　先画所围的图形简图（图 5.10）.

解方程 $\begin{cases} y^2 = 2x \\ y = x - 4 \end{cases}$，得交点：$(2, -2)$ 和 $(8, 4)$.

步骤2　选择积分变量并确定区间．

选取 x 为积分变量，则 $0 \leqslant x \leqslant 8$；

步骤3　给出面积元素．

在 $0 \leqslant x \leqslant 2$ 上，$\mathrm{d}A = [\sqrt{2x} - (-\sqrt{2x})]\mathrm{d}x = 2\sqrt{2x}\,\mathrm{d}x$；

在 $2 \leqslant x \leqslant 8$ 上，$\mathrm{d}A = [\sqrt{2x} - (x - 4)]\mathrm{d}x = (4 + \sqrt{2x} - x)\mathrm{d}x$；

步骤4　列定积分表达式．

$A = \int_0^2 2\sqrt{2x}\,\mathrm{d}x + \int_2^8 [4 + \sqrt{2x} - x]\mathrm{d}x$

$= \dfrac{4\sqrt{2}}{3}x^{\frac{3}{2}}\Big|_0^2 + \left[4x + \dfrac{2\sqrt{2}}{3}x^{\frac{3}{2}} - \dfrac{1}{2}x^2\right]_2^8$

$= 18$.

解法二　若选取 y 为积分变量，则 $-2 \leqslant y \leqslant 4$.

$\mathrm{d}A = [(y + 4) - \dfrac{1}{2}y^2]\mathrm{d}y$

$A = \int_{-2}^4 (y + 4 - \dfrac{1}{2}y^2)\mathrm{d}y$

$= \dfrac{y^2}{2} + 4y - \dfrac{y^3}{6}\Big|_{-2}^4$

$= 18$.

显然，解法二较简洁，这表明积分变量的选取有个合理性的问题．

2. 极坐标情形

设平面图形是由曲线 $r = \varphi(\theta)$ 及射线 $\theta = \alpha$，$\theta = \beta$ 所围成的曲边扇形（图 5.11）.

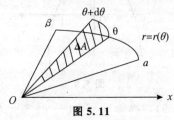

图 5.11

取极角 θ 为积分变量，则 $\alpha \leqslant \theta \leqslant \beta$. 在平面图形中任意截取一典型的面积元素 ΔA，它是极角变化区间为 $[\theta, \theta + d\theta]$ 的窄曲边扇形.

ΔA 的面积可近似地用半径为 $r = \varphi(\theta)$，中心角为 $d\theta$ 的窄圆边扇形的面积来代替，即

$$\Delta A \approx \frac{1}{2} \left[\varphi(\theta) \right]^2 d\theta$$

从而得到了曲边梯形的面积元素

$$dA = \frac{1}{2} \left[\varphi(\theta) \right]^2 d\theta$$

从而

$$A = \int_\alpha^\beta \frac{1}{2} \varphi^2(\theta) d\theta$$

例 2 计算心脏线 $r = a(1 + \cos\theta)(a > 0)$ 所围成的图形面积.

解 由于心脏线关于极轴对称，则

$$A = 2 \int_0^\pi \frac{1}{2} a^2 (1 + \cos\theta)^2 d\theta = a^2 \int_0^\pi \left(2 \cos^2 \frac{\theta}{2} \right)^2 d\theta$$

$$= 4a^2 \int_0^\pi \cos^4 \frac{\theta}{2} d\theta \xrightarrow{\diamondsuit \frac{\theta}{2} = t} 8a^2 \int_0^{\frac{\pi}{2}} \cos^4 t \, dt$$

$$= 8a^2 \frac{(4-1)!!}{4!!} \cdot \frac{\pi}{2} = \frac{3}{2} a^2 \pi$$

5.5.3 体积

1. 旋转体的体积

旋转体是由一个平面图形绕该平面内一条定直线旋转一周而生成的立体，该定直线称为旋转轴.

对于由曲线 $y = f(x)$，直线 $x = a$，$x = b$ 及 x 轴所围成的曲边梯形，绕 x 轴旋转一周而生成的立体，如何计算该旋转体的体积 V？

取 x 为积分变量，则 $x \in [a, b]$，对于区间 $[a, b]$ 上的任一区间 $[x, x + dx]$，它所对应的窄曲边梯形绕 x 轴旋转而生成的立体的体积近似等于以 $f(x)$ 为底半径，dx 为高的圆柱体体积. 即：体积元素为

$$dV = \pi \left[f(x) \right]^2 dx$$

所求的旋转体的体积为

$$V = \int_a^b \pi \left[f(x) \right]^2 dx$$

类似地，由曲线 $x = \varphi(y)$，直线 $y = c$，$y = d$ 及 y 轴所围成的曲边梯形，绕 y 轴旋转一周而生成的旋转体的体积为

$$V = \int_c^d \pi \left[\varphi(y) \right]^2 \mathrm{d}y$$

例 3 求由曲线 $y = \dfrac{r}{h} \cdot x$ 及直线 $x = 0$，$x = h(h > 0)$ 和 x 轴所围成的三角形绕 x 轴旋转而生成的立体的体积.

解 取 x 为积分变量，则 $x \in [0, h]$，

$$V = \int_0^h \pi \left(\frac{r}{h} x \right)^2 \mathrm{d}x = \frac{\pi \cdot r^2}{h^2} \int_0^h x^2 \mathrm{d}x = \frac{\pi}{3} r^2 h$$

2. 平行截面面积为已知的立体的体积（截面法）

由旋转体体积的计算过程可以发现：如果知道该立体上垂直于一定轴的各个截面的面积，那么这个立体的体积也可以用定积分来计算.

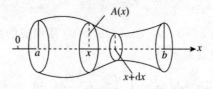

图 5.12

取定轴为 x 轴，且设该立体在过点 $x = a$，$x = b$ 且垂直于 x 轴的两个平面之内，以 $A(x)$ 表示过点 x 且垂直于 x 轴的截面面积.

取 x 为积分变量，它的变化区间为 $[a, b]$. 立体中相应于 $[a, b]$ 上任一小区间 $[x, x + \mathrm{d}x]$ 的一薄片的体积近似于底面积为 $A(x)$，高为 $\mathrm{d}x$ 的扁圆柱体的体积.

即：体积元素为 $\mathrm{d}V = A(x)\mathrm{d}x$.

于是，该立体的体积为 $V = \int_a^b A(x)\mathrm{d}x$.

例 4 计算椭圆 $\dfrac{x^2}{a^2} + \dfrac{y^2}{b^2} = 1$ 所围成的图形绕 x 轴旋转而成的立体体积.

解 这个旋转体可看作是由上半个椭圆 $y = \dfrac{b}{a}\sqrt{a^2 - x^2}$ 及 x 轴所围成的图形绕 x 轴旋转所生成的立体.

在 x 处 $(-a \leqslant x \leqslant a)$，用垂直于 x 轴的平面去截立体所得截面积为

$$A(x) = \pi \cdot \left(\frac{b}{a} \sqrt{a^2 - x^2} \right)^2$$

$$V = \int_{-a}^a A(x)\mathrm{d}x = \frac{\pi b^2}{a^2} \int_{-a}^a (a^2 - x^2)\mathrm{d}x = \frac{4}{3}\pi ab^2$$

5.5.4　平面曲线的弧长

1. 直角坐标情形

设函数 $f(x)$ 在区间 $[a, b]$ 上具有一阶连续的导数，计算曲线 $y = f(x)$ 的长度 s.

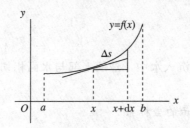

图 5. 13

取 x 为积分变量，则 $x \in [a, b]$，在 $[a, b]$ 上任取一小区间 $[x, x+\mathrm{d}x]$，那么这一小区间所对应的曲线弧段的长度 Δs 可以用它的弧微分 $\mathrm{d}s$ 来近似．于是，弧长元素为

$$\mathrm{d}s = \sqrt{1 + [f'(x)]^2}\,\mathrm{d}x$$

弧长为

$$s = \int_a^b \sqrt{1 + [f'(x)]^2}\,\mathrm{d}x$$

例 5　计算曲线 $y = \dfrac{2}{3}x^{\frac{3}{2}}(a \leqslant x \leqslant b)$ 的弧长．

解　$\mathrm{d}s = \sqrt{1 + (\sqrt{x})^2}\,\mathrm{d}x = \sqrt{1 + x}\,\mathrm{d}x$,

$$s = \int_a^b \sqrt{1 + x}\,\mathrm{d}x = \frac{2}{3}(1 + x)^{\frac{3}{2}}\Big|_a^b = \frac{2}{3}[(1 + b)^{\frac{3}{2}} - (1 + a)^{\frac{3}{2}}].$$

2. 参数方程的情形

若曲线由参数方程

$$\begin{cases} x = \varphi(t) \\ y = \varphi(t) \end{cases} (\alpha \leqslant t \leqslant \beta)$$

给出，计算它的弧长时，只需要将弧微分写成

$$\mathrm{d}s = \sqrt{(\mathrm{d}x)^2 + (\mathrm{d}y)^2} = \sqrt{[\varphi'(t)]^2 + [\varphi'(t)]^2}\,\mathrm{d}t$$

的形式，从而有

$$s = \int_\alpha^\beta \sqrt{[\varphi'(t)]^2 + [\varphi'(t)]^2}\,\mathrm{d}t$$

例 6　计算半径为 r 的圆的周长．

解　圆的参数方程为

$$\begin{cases} x = r\cos t \\ y = r\sin t \end{cases} (0 \leqslant t \leqslant 2\pi)$$

$$\mathrm{d}s = \sqrt{(-r\sin t)^2 + (r\cos t)^2}\,\mathrm{d}t = r\,\mathrm{d}t$$

$$s = \int_0^{2\pi} r\,\mathrm{d}t = 2\pi r$$

5.5.5 变力做功

例 7 半径为 r 的球沉入水中，球的上部与水面相切，球的比重为 1，现将这球从水中取出，需做多少功？

解 建立如图 5.14 所示的坐标系．

将半径为 r 的球缺取出水面，所需的力 $F(x)$ 为：$F(x) = G - F_浮$．

其中：$G = \dfrac{4\pi r^3}{3} \cdot 1 \cdot g$ 是球的重力，$F_浮$ 表示将球缺取出之后，仍浸在水中的另一部分球缺所受的浮力．

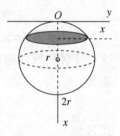

图 5.14

由球缺公式 $V = \pi \cdot x^2 \left(r - \dfrac{x}{3}\right)$ 有

$$F_浮 = \left[\frac{4}{3}\pi \cdot r^3 - \pi \cdot x^2 \left(r - \frac{x}{3}\right)\right] \cdot 1 \cdot g$$

从而 $\qquad F(x) = \pi \cdot x^2 \left(r - \dfrac{x}{3}\right) g \ (x \in [0, 2r])$．

从水中将球取出所做的功等于变力 $F(x)$ 从 0 改变至 $2r$ 时所做的功．

取 x 为积分变量，则 $x \in [0, 2r]$，对于 $[0, 2r]$ 上的任一小区间 $[x, x+dx]$，变力 $F(x)$ 从 0 到 $x + dx$ 这段距离内所做的功为

$$dW = F(x)dx = \pi \cdot x^2 \left(r - \frac{x}{3}\right) g$$

这就是功元素，并且功为

$$W = \int_0^{2r} \pi g x^2 \left(r - \frac{x}{3}\right) dx = g\left[\frac{\pi r}{3}x^3 - \frac{\pi}{12}x^4\right]_0^{2r} = \frac{4}{3}\pi \cdot r^4 g$$

§5.6　数学史料

1646 年 7 月 1 日，莱布尼茨（Gottfried Wilhelm Leibniz，1646—1716）出生于德国莱比锡．他的祖父以上三代人均曾在萨克森政府供职；他的父亲是莱比锡大学的伦理学教授．莱布尼茨的少年时代是在官宦家庭以及浓厚的学术气氛中度过的．

莱布尼茨在 6 岁时失去父亲，但他父亲对历史的钟爱已经感染了他．虽然考进莱比锡学校，但他主要还是在父亲的藏书室里阅读自学．8 岁时他开始学习拉丁文，12 岁时学习希腊文，从而广博地阅读了许多古典的历史、文学和哲学方面的书籍．

13 岁时，莱布尼茨对中学的逻辑学课程特别感兴趣，不顾老师的劝阻，他试图改进亚里士多德的哲学范畴．

1661 年，15 岁的莱布尼茨进入莱比锡大学学习法律专业．他跟上了标准的二年级人文学科的课程，其中包括哲学、修辞学、文学、历史、数学、拉丁文、希腊文和希伯来文．1663 年，17 岁的莱布尼茨因其一篇出色的哲学论文《论个体原则方面的形而上学争论 —— 关于"作为整体的有机体"的学说》，获得学士学位．

　　莱布尼茨需在更高一级的学院，如神学院、法律学院或医学院学习才能拿到博士学位．他选择了法学．但是，法律并没有占据他全部的时间，他还广泛地阅读哲学，学习数学．例如，他曾利用暑期到耶拿听韦尔的数学讲座，接触了新毕达哥拉斯主义 —— 认为数是宇宙的基本实在，以及一些别的"异端"思想．

　　1666 年，20 岁的莱布尼茨已经为取得法学博士学位做了充分的准备，但是莱比锡的教员们拒绝授予他学位．他们公开的借口是他太年轻，不够成熟，实际上是因为嫉妒而恼怒 —— 当时莱布尼茨掌握的法律知识，远比他们那些人的知识加在一起还要多！

　　于是，莱布尼茨转到纽伦堡郊外的阿尔特多夫大学，递交了他早已准备好的博士论文，并顺利通过答辩，被正式授予博士学位．阿尔特多夫大学还提供他一个教授的职位，他谢绝了．他说他另有志向 —— 他要改变过学院式生活的初衷，而决定更多地投身到外面的世界中去．

　　1666 年是牛顿创造奇迹的一年 —— 发明了微积分和发现了万有引力；这一年也是莱布尼茨做出伟大创举的一年 —— 在他自称为"中学生习作"的《论组合术》一书中，这个 20 岁的年轻人，试图创造一种普遍的方法，其间一切论证的正确性都能够归结为某种计算．同时，这也是一种世界通用的语言或文字，而除了那些事实以外的谬误，只能是计算中的错误．形成和发明这种语言或数学符号是很困难的，但不借助任何字典看懂这种语言却是很容易的事情．这是莱布尼茨在 20 岁时所做的"万能符号"之梦 —— 当时是 17 世纪 60 年代，而它的发扬光大则是两个世纪之后的事 ——19 世纪 40 年代格拉斯曼的"符号逻辑"．莱布尼茨的思想是超越时代的！

　　莱布尼茨在数学方面的成就也是巨大的，他的研究及成果渗透到高等数学的许多领域．他的一系列重要数学理论的提出，为后来的数学理论奠定了基础．特别是 1684 年10 月他在《教师学报》上发表的论文《一种求极大极小的奇妙类型的计算》，是最早的微积分文献．这篇仅有六页的论文，内容并不丰富，说理也颇含糊，但却有着划时代的意义．

　　莱布尼茨一生没有结婚，没有在大学当教授．他平时从不进教堂，因此他有一个绰号 ——Lovenix，即什么也不信的人．他去世时教士以此为借口，不予理睬，曾经雇用过他的宫廷也不过问，无人前来吊唁．弥留之际，陪伴他的只有他所信任的大夫和他的秘书艾克哈特．艾克哈特发出讣告后，法国科学院秘书封登纳尔在科学院例会时向莱布尼茨这位外国会员致了悼词．1793 年，汉诺威人为他建立了纪念碑；1883 年，在莱比锡的一座教堂附近竖起了他的一座立式雕像；1983 年，汉诺威市政府照原样重修了被毁于第二次世界大战中的"莱布尼茨故居"，供人们瞻仰．

课后习题

一、填空题

1. $\dfrac{\mathrm{d}}{\mathrm{d}x}\displaystyle\int_1^x \cos t\,\mathrm{d}t =$ _____；

2. $\displaystyle\lim_{x\to 0}\dfrac{\displaystyle\int_0^x \sin t^2\,\mathrm{d}t}{x^3} =$ _____；

3. 若 $f(x)$ 在 $[a,b]$ 上连续，则 $\displaystyle\int_a^b f(x)\,\mathrm{d}x + \int_b^a f(t)\,\mathrm{d}t =$ _____；

4. $\displaystyle\int_0^{-1} \sin(\pi x)\,\mathrm{d}x =$ _____；

5. 函数 $y = \dfrac{1}{\sqrt[3]{x}}$ 在区间 $[1,8]$ 上的平均值为 _____；

6. $\displaystyle\int_0^{\frac{\pi}{4}} \cos 2x\,\mathrm{d}x =$ _____；

7. $\displaystyle\int_{-1}^1 \dfrac{x^2\sin x}{1+x^{10}}\,\mathrm{d}x =$ _____；

8. $\displaystyle\int_{-1}^1 x\,\mathrm{e}^{-x^2}\,\mathrm{d}x =$ _____；

9. 设 $f(x)=\begin{cases} x, & x\geqslant 0 \\ 1, & x<0 \end{cases}$，则 $\displaystyle\int_{-1}^2 f(x)\,\mathrm{d}x =$ _____；

10. 广义积分 $\displaystyle\int_{-\infty}^{+\infty} \dfrac{A}{1+x^2}\,\mathrm{d}x = 1$，则 $A =$ _____．

二、选择题

1. 设函数 $f(x)$ 在 $[a,-a]$ 上连续且 $f(x)\neq 0$，则（　　）．

(A) 当 $f(x)$ 为偶函数时，$\displaystyle\int_a^a f(x)\,\mathrm{d}x$ 一定不等于 0

(B) 当 $f(x)$ 为奇函数时，$\displaystyle\int_{-a}^a f(x)\,\mathrm{d}x$ 一定不等于 $2\displaystyle\int_0^a f(x)\,\mathrm{d}x$

(C) 当 $f(x)$ 为非奇非偶函数时，$\displaystyle\int_{-a}^a f(x)\,\mathrm{d}x$ 一定不等于 0

(D) 当 $f(x)$ 为非奇非偶函数时，$\displaystyle\int_{-a}^a f(x^2)\,\mathrm{d}x$ 一定不等于 $2\displaystyle\int_{-a}^a f(x^2)\,\mathrm{d}x$

2. 设 $F(x)=\displaystyle\int_0^{-x} \mathrm{e}^{-t^2}\,\mathrm{d}t$，则（　　）．

(A) $F'(x)=\mathrm{e}^{-x^2}$ (B) $F'(x)=-\mathrm{e}^{-x^2}$

(C)$F'(x) = -2x\mathrm{e}^{-x^2}$　　　　　　　(D)$F'(x) = 2x\mathrm{e}^{-x^2}$

3. 下列各命题成立的是(　　).

(A) 若 $\displaystyle\int_a^b f(x)\mathrm{d}x \geqslant \int_a^b g(x)\mathrm{d}x$，则在区间$[a, b]$上，有 $f(x) \geqslant g(x)$

(B) 若 $\displaystyle\int_a^b f(x)\mathrm{d}x \geqslant \int_a^b g(x)\mathrm{d}x$，则在区间$[a, b]$上，有 $|f(x)| \geqslant |g(x)|$

(C) 若 $\displaystyle\int_a^b f(x)\mathrm{d}x \geqslant \int_a^b g(x)\mathrm{d}x$，则在区间$[a, b]$上，有 $\left|\displaystyle\int_a^b f(x)\mathrm{d}x\right| \geqslant \left|\displaystyle\int_a^b g(x)\mathrm{d}x\right|$

(D) 以上命题均不成立

4. 下列广义积分收敛的是(　　).

(A) $\displaystyle\int_1^{+\infty} \ln x\,\mathrm{d}x$　　(B) $\displaystyle\int_1^{+\infty} \frac{1}{x}\mathrm{d}x$　　(C) $\displaystyle\int_1^{+\infty} \frac{1}{x^2}\mathrm{d}x$　　(D) $\displaystyle\int_1^{+\infty} \mathrm{e}^x\,\mathrm{d}x$

5. 函数 $y = f(x)$ 的图形如图 5.15 所示，则曲线 $y = f(x)$ 与 x 轴所围的面积是(　　).

(A) $\displaystyle\int_a^g f(x)\mathrm{d}x$

(B) $\left|\displaystyle\int_a^g f(x)\mathrm{d}x\right|$

(C) $\displaystyle\int_a^g |f(x)|\,\mathrm{d}x$

(D) $\displaystyle\int_a^b |f(x)|\,\mathrm{d}x - \int_b^c |f(x)|\,\mathrm{d}x + \int_c^g |f(x)|\,\mathrm{d}x$

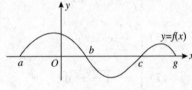

图 5.15

三、综合题

1. 利用定积分的几何意义求下列积分.

(1) $\displaystyle\int_{-\pi}^{\pi} \sin x\,\mathrm{d}x$；　　　　　　　(2) $\displaystyle\int_0^3 (x-1)\mathrm{d}x$.

2. 不计算比较下列各组定积分的大小.

(1) $\displaystyle\int_1^2 \ln x\,\mathrm{d}x$ 和 $\displaystyle\int_1^2 \ln^2 x\,\mathrm{d}x$；　　(2) $\displaystyle\int_0^1 \mathrm{e}^x\,\mathrm{d}x$ 和 $\displaystyle\int_0^1 (x+1)\mathrm{d}x$.

3. 估计下列各积分的值.

(1) $\displaystyle\int_1^4 (x^2+1)\mathrm{d}x$；　　　　　　(2) $\displaystyle\int_1^2 (2x^3 - x^4)\mathrm{d}x$；

4. 求积分上限函数的导数

(1) $f(x) = \displaystyle\int_x^2 \frac{t}{\ln t}\mathrm{d}t$；　　　　　(2) $f(x) = \displaystyle\int_0^x \sin(4t^2)\mathrm{d}x$；

(3) $f(x) = \displaystyle\int_x^{x^2} \mathrm{e}^{t^2}\mathrm{d}t$；　　　　　(4) $f(x) = \displaystyle\int_0^{1-x^2} \frac{t}{1+\cos^7 t}\mathrm{d}t$.

5. 求下列极限.

(1) $\displaystyle\lim_{x \to 0} \frac{\displaystyle\int_0^x \cos t\,\mathrm{d}t}{x}$；　　　　　(2) $\displaystyle\lim_{x \to 0} \frac{\displaystyle\int_0^x \arctan t\,\mathrm{d}t}{x^2}$；

$(3) \lim\limits_{x \to 0} \dfrac{\displaystyle\int_0^x e^{t^2} dt}{\sin x}$;

$(4) \lim\limits_{x \to 0} \dfrac{\displaystyle\int_0^x \dfrac{t}{2 + \sin t} dt}{\tan t}$.

6. 求下列定积分(基本积分公式).

$(1) \displaystyle\int_0^1 (2x - 1) dx$ ；

$(2) \displaystyle\int_1^4 \dfrac{1 + \sqrt{x}}{x} dx$ ；

$(3) \displaystyle\int_1^{27} \dfrac{2}{\sqrt[3]{x}} dx$ ；

$(4) \displaystyle\int_1^{\sqrt{3}} \dfrac{1}{1 + x^2} dx$ ；

$(5) \displaystyle\int_0^{\frac{\pi}{4}} \tan^2 x \, dx$ ；

$(6) \displaystyle\int_{-\frac{\pi}{2}}^{\frac{\pi}{2}} \sqrt{1 - \cos 2x} \, dx$.

7. 求下列定积分(换元法).

$(1) \displaystyle\int_{-1}^1 e^{-2x} dx$ ；

$(2) \displaystyle\int_0^{\pi} \cos^2 2x \, dx$ ；

$(3) \displaystyle\int_1^e \dfrac{1 + \ln x}{x} dx$ ；

$(4) \displaystyle\int_0^{\sqrt{\pi}} x \sin(x^2) dx$ ；

$(5) \displaystyle\int_1^2 \dfrac{1}{x^2} e^{\frac{1}{x}} dx$ ；

$(6) \displaystyle\int_0^1 \dfrac{x}{(1 + x^2)^3} dx$ ；

$(7) \displaystyle\int_0^1 x \sqrt{1 - x^2} \, dx$

$(8) \displaystyle\int_0^{\frac{\pi}{3}} \dfrac{dx}{\sqrt{4 - 9x^2}}$ ；

$(9) \displaystyle\int_0^1 \dfrac{\sqrt{x}}{1 + x} dx$ ；

$(10) \displaystyle\int_1^2 \dfrac{\sqrt{x^2 - 1}}{x^2} dx$ ；

$(11) \displaystyle\int_0^1 \dfrac{x}{\sqrt{1 + x^2}} dx$ ；

$(12) \displaystyle\int_{\frac{\sqrt{2}}{2}}^1 \dfrac{\sqrt{1 - x^2}}{x^2} dx$.

8. 求下列定积分(分部积分法).

$(1) \displaystyle\int_0^1 x e^{-x} dx$ ；

$(2) \displaystyle\int_0^{\pi} x \cos x \, dx$ ；

$(3) \displaystyle\int_1^{e^2} \ln^2 x \, dx$ ；

$(4) \displaystyle\int_0^{e-1} \ln(1 + x) dx$ ；

$(5) \displaystyle\int_{\frac{\pi}{4}}^{\frac{\pi}{2}} \dfrac{x}{\sin^2 x} dx$ ；

$(6) \displaystyle\int_0^{\frac{\pi}{2}} e^x \sin x \, dx$.

9. 计算下列各广义积分.

$(1) \displaystyle\int_1^{+\infty} \dfrac{1}{x^3} dx$ ；

$(2) \displaystyle\int_0^{+\infty} e^{-ax} dx$ ；

$(3) \displaystyle\int_{-\infty}^{+\infty} x e^{-x^2} dx$ ；

$(4) \displaystyle\int_0^1 \dfrac{x}{\sqrt{1 - x^2}} dx$ ；

$(5) \displaystyle\int_{-1}^1 \dfrac{1}{x^2} dx$.

10. 求下列平面图形的面积：

(1) 求曲线 $y = x(x-1)$ 与 x 轴所围平面图形的面积.

(2) 求由曲线 $y = x^3$ 与 $y = x$ 所围平面图形的面积.

(3) 求由曲线 $y = \ln x$，$y = e^x$ 及直线 $x = 1$，$x = 2$ 所围平面图形的面积.

11. 求下列旋转体的体积：

(1) 求由曲线 $y = \ln x$ 与 $x = e$，x 轴所围的平面图形绕 y 轴旋轴的旋转体的体积.

(2) 求由曲线 $y = \sqrt{x}$，与 $y = x$ 所围的平面图形绕 x 轴与绕 y 轴的旋转体的体积.

12. 长为 50m，宽为 30m，深为 10m 的水池盛满了水（水的比重为 $r = 1000 \text{ kg/m}^3$）. 现将水全部抽去，问需做多少功？

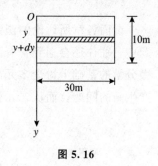

图 5.16

第6章　多元函数微分学及应用

前面各章所讨论的函数都是只含一个自变量的函数，称为一元函数，但在实际问题中，往往还会遇到含有两个或更多个自变量的函数，即多元函数．本章将在一元函数微分学的基础上讨论多元函数微分学．我们将主要讨论二元函数，因为从一元到二元会产生新的问题，而从二元到二元以上的函数则可以类推．

§6.1　多元函数及其极限

6.1.1　多元函数的定义

在实际应用中，经常需要研究一个变量与两个或多个自变量之间的依赖关系，即多元函数关系．下面介绍这种关系的几个实例．

例1 三角形的面积 S 和它的底边长 a，以及底边上的高 h 之间具有关系式：

$$S = \frac{1}{2}ah.$$

这里 S、a、h 是三个变量，当 a、h 在集合 $\{(a,h)\mid a>0, h>0\}$ 内取定一对值时，S 的对应值就随之确定．

例2 正圆锥体体积 V 和它的底半径 r、高 h 之间具有关系：

$$V = \frac{1}{3}\pi r^2 h.$$

当 r、h 在集合 $\{(r,h)\mid r>0, h>0\}$ 内取定一对值时，V 的值就随之确定．

虽然上述两个例子的具体含义各不相同，但从变量之间的依赖关系分析，它们具有共性．概括这些共同属性，得到二元函数的定义．

定义6.1.1 设有三个变量 x，y 和 z，如果当自变量 x，y 在一定范围内任意取定一对数值时，变量 z 按照某一对应法则 f 总有确定的数值与之对应，那么称 z 是 x，y 的二元函数，记为

$$z = f(x, y)$$

其中，x，y 称为自变量，z 也称为因变量．自变量 x，y 的取值范围称为函数的**定义域**，记为 D．数集 $\{z \mid z = f(x, y), (x, y) \in D\}$ 称为函数 $z = f(x, y)$ 的**值域**．当 $(x_0, y_0) \in D$ 时，相应的函数值 $z_0 = f(x_0, y_0)$ 称为函数 $z = f(x, y)$ 当 $x = x_0$，$y = y_0$ 时的函数值，也称为函数 $z = f(x, y)$ 在点 (x_0, y_0) 处的函数值．点 (x_0, y_0) 处的函数值 $z_0 = f(x_0, y_0)$ 也记作 $z\big|$ 或 $z\big|_{(x_0, y_0)}$．

类似地，可以定义三元函数 $u = f(x, y, z)$ 及 n 元函数 $u = f(x_1, x_2, \cdots, x_n)$ 等，多于一个自变量的函数统称为多元函数．

因为二元函数 $z = f(x, y)$ 的定义域 D 在几何上表示平面上的一个点集，所以二元函数 $z = f(x, y)$ 也可以写成 $z = f(P)$，其中 $P(x, y) \in D$，称为点函数．类似地，n 元函数 $u = f(x_1, x_2, \cdots, x_n)$ 可写成 $u = f(P)$，其中 $P(x_1, x_2, \cdots, x_n) \in D$．

二元函数 $z = f(x, y)$ 的定义域 D 表示平面上的一个点集，它可以是平面上的一条曲线，也可以是一个或几个平面区域．所谓区域是指整个坐标平面或由坐标平面上的一条或几条曲线所围的部分．围成平面区域的曲线称为区域的边界．包括边界的区域称为闭区域，不包括边界的区域称为开区域．如果区域延伸到无穷远处，则称为无界，否则称为有界区域．

如果不考虑函数的实际意义或没有特别的要求，那么二元函数 $z = f(x, y)$ 的定义域就是使函数解析式有意义的自变量的取值范围．

例 3 求下列函数的定义域 D，并指出 D 所代表的平面图形．

(1) $z = \arcsin \dfrac{x}{2} + \arcsin \dfrac{y}{3}$；

(2) $z = \sqrt{4 - x^2 - y^2} + \dfrac{1}{\sqrt{x^2 + y^2 - 1}}$．

解 (1) 要使函数 $z = \arcsin \dfrac{x}{2} + \arcsin \dfrac{y}{3}$ 有意义，应使

$$\begin{cases} -1 \leqslant \dfrac{x}{2} \leqslant 1 \\ -1 \leqslant \dfrac{y}{3} \leqslant 1 \end{cases}, \quad 即 \begin{cases} -2 \leqslant x \leqslant 2 \\ -3 \leqslant y \leqslant 3 \end{cases}$$

故函数的定义域 D 是以 $x = \pm 2$，$y = \pm 3$ 为边界的矩形闭区域(图 6.1)．

(2) 要使函数 $z = \sqrt{4 - x^2 - y^2} + \dfrac{1}{\sqrt{x^2 + y^2 - 1}}$ 有意义，应使

$$\begin{cases} 4 - x^2 - y^2 \geqslant 0 \\ x^2 + y^2 - 1 > 0 \end{cases}, \quad 即 \ 1 < x^2 + y^2 \leqslant 4$$

故 D 是以原点为中心的环形区域(图6.2).

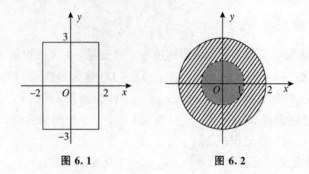

图 6.1   图 6.2

例 4 分别用形如(1)与(2)的不等式组来表示平面区域 D.

$$\begin{cases} a \leqslant x \leqslant b \\ y_1(x) \leqslant y \leqslant y_2(x) \end{cases} \tag{1}$$

$$\begin{cases} c \leqslant y \leqslant d \\ x_1(y) \leqslant x \leqslant x_2(y) \end{cases} \tag{2}$$

设 D 由 $y=1$,$x=2$,$y=x$ 围成.

解 首先作出 D 的图形:直线 $y=x$ 与 $y=1$ 的交点为 $(1,1)$,$y=x$ 与 $x=2$ 的交点为 $(2,2)$,则 D 是以点 $(1,1)$,点 $(2,1)$ 及点 $(2,2)$ 为顶点的三角形(图6.3).将 D 投影到 x 轴上,得到区间 $[1,2]$,则区域 D 内任一点横坐标满足

$$1 \leqslant x \leqslant 2$$

在 $[1,2]$ 内任取一点 x,作垂直于 x 轴的直线.由图6.3可知,对于所给的 x,D 内对应点的纵坐标满足

$$1 \leqslant y \leqslant x$$

因此区域 D 用形如(1)的不等式组表示为

$$\begin{cases} 1 \leqslant x \leqslant 2 \\ 1 \leqslant y \leqslant x \end{cases}$$

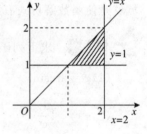

图 6.3

类似地,可得区域 D 用形如(2)的不等式组表示为

$$\begin{cases} 1 \leqslant y \leqslant 2 \\ y \leqslant x \leqslant 2 \end{cases}$$

设函数 $z=f(x,y)$ 的定义域为 D.对于任意取定的点 $P(x,y) \in D$,对应的函数值为 $z=f(x,y)$.这样,以 x 为横坐标,以 y 为纵坐标,以 $z=f(x,y)$ 为竖坐标,在空间中就能确定一点 $M(x,y,z)$,当 (x,y) 遍取 D 上的一切点时,得到一个空间点集

$$\{(x,y,z) \mid z=f(x,y),(x,y) \in D\},$$

这个点集称为二元函数的图形.通常也说二元函数的图形是一张曲面(图6.4).

例如,线性函数 $z=ax+by+c$ 的图形是一张平面;而函数 $z=\sqrt{a^2-x^2-y^2}$ (a

＞0）的图形是球心在原点，半径为 a 的上半球面(图 6.5).

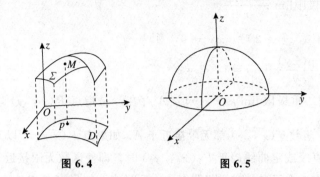

图 6.4   图 6.5

6.1.2 二元函数的极限

与一元函数的极限概念类似，对于二元函数 $z = f(x, y)$，当自变量 x、y 无限趋近于常数 x_0、y_0，即点 $P(x, y)$ 无限趋向于点 $P_0(x_0, y_0)$ 时，相应的函数值的变化趋势，就是二元函数的极限问题.

注 点 $P(x, y)$ 无限趋向于点 $P_0(x_0, y_0)$，是指点 $P(x, y)$ 与点 $P_0(x_0, y_0)$ 间的距离趋向于零，即

$$|PP_0| = \sqrt{(x - x_0)^2 + (y - y_0)^2} \to 0.$$

定义 6.1.2 设函数 $z = f(x, y)$ 在平面区域 D 内的点 $P_0(x_0, y_0)$ 的某一邻域内有定义(点 P_0 本身可以除外). 如果当点 $P(x, y)$ 无限接近于点 $P_0(x_0, y_0)$ 时，相应的函数值无限接近于常数 A，那么称函数 $z = f(x, y)$ 当 $x \to x_0$，$y \to y_0$ 时的极限为 A，记作

$$\lim_{\substack{x \to x_0 \\ y \to y_0}} f(x, y) = A,$$

或

$$\lim_{P \to P_0} f(P) = A$$

注 平面内点 P 的 δ 邻域是指以点 P 为中心，以 δ 为半径的开圆域.

为了区别于一元函数的极限，通常把二元函数的极限叫作二重极限.

关于二元函数的极限概念，可相应地推广到 n 元函数 $u = f(P)$ 上去.

关于多元函数的极限运算，有与一元函数相类似的极限运算法则.

例 5 求极限 $\lim\limits_{\substack{x \to 0 \\ y \to 0}} \dfrac{\sin(x^2 + y^2)}{x^2 + y^2}$.

解 令 $u = x^2 + y^2$.

因为当 $x \to 0$，$y \to 0$ 时，$u \to 0$，

所以

$$原式 = \lim_{u \to 0} \frac{\sin u}{u} = 1.$$

例 6 求极限 $\lim\limits_{\substack{x \to 0 \\ y \to 2}} \dfrac{\sin(xy)}{x}$.

解 当 $x \to 0$，$y \to 2$ 时，$xy \to 0$，所以

$$\text{原式} = \lim_{xy \to 0} \frac{\sin(xy)}{xy} \lim_{y \to 2} y = 1 \times 2 = 2$$

注意 所谓二重极限 $\lim\limits_{\substack{x \to x_0 \\ y \to y_0}} f(x, y) = A$ 存在，是指点 $P(x, y)$ 以任何方式趋于 $P_0(x_0, y_0)$ 时，函数 $f(x, y)$ 都无限接近于 A. 如果点 $P(x, y)$ 以某一特殊方式，例如沿着一条定直线或定曲线趋于 $P_0(x_0, y_0)$ 时，即使函数无限接近某一确定值，但还不能由此断定这个函数的二重极限存在. 反过来，如果当点 $P(x, y)$ 以不同方式趋于 $P_0(x_0, y_0)$ 时，函数 $f(x, y)$ 趋于不同的值，那么这时可以断定该函数的二重极限不存在.

例 7 考察函数

$$g(x, y) = \begin{cases} \dfrac{xy}{x^2 + y^2} & , x^2 + y^2 \neq 0, \\ 0 & , x^2 + y^2 = 0. \end{cases}$$

当 $(x, y) \to (0, 0)$ 时的极限是否存在.

解 当点 (x, y) 沿 x 轴趋向于原点，即当 $y = 0$，$x \to 0$ 时，有

$$\lim_{\substack{x \to 0 \\ y = 0}} g(x, y) = \lim_{x \to 0} g(x, 0) = \lim_{x \to 0} 0 = 0;$$

而当点 (x, y) 沿 y 轴趋向于原点，即当 $x = 0$，$y \to 0$ 时，有

$$\lim_{\substack{x = 0 \\ y \to 0}} g(x, y) = \lim_{y \to 0} g(0, y) = \lim_{y \to 0} 0 = 0.$$

但是当点 (x, y) 沿着直线 $y = kx (k \neq 0)$ 趋向于原点，即当 $y = kx$，$x \to 0$ 时有

$$\lim_{\substack{x \to 0 \\ y = kx}} g(x, y) = \lim_{x \to 0} g(x, kx) = \lim_{x \to 0} \frac{kx^2}{x^2 + k^2 x^2} = \frac{k}{1 + k^2}.$$

显然随着 k 值的不同，极限有不同的值，故极限 $\lim\limits_{\substack{x \to 0 \\ y \to 0}} g(x, y)$ 不存在.

6.1.3 二元函数的连续性

同一元函数的连续性一样，二元函数的连续性可以利用二元函数的极限来定义.

定义 6.1.3 设函数 $f(x, y)$ 在点 $P_0(x_0, y_0)$ 的某一邻域内有定义，如果 $\lim\limits_{\substack{x \to x_0 \\ y \to y_0}} f(x, y) = f(x_0, y_0)$，那么称函数 $f(x, y)$ 在点 $P_0(x_0, y_0)$ 处连续. 如果函数 $f(x, y)$ 在区域 D 内的每一点处都连续，那么称 $f(x, y)$ 在区域 D 内连续，或者称 $f(x, y)$ 是区域 D 内的连续函数.

如果 $f(x, y)$ 在点 $P_0(x_0, y_0)$ 处不连续，那么称点 $P_0(x_0, y_0)$ 为 $f(x, y)$ 的不连续点或间断点. 函数 $f(x, y)$ 的间断点可以是 xOy 平面上的某些孤立点，也可以

是一条或几条曲线. 例如函数

$$f(x, y) = \begin{cases} \dfrac{xy}{x^2 + y^2}, & x^2 + y^2 \neq 0, \\ 0, & x^2 + y^2 = 0, \end{cases}$$

当 $x \to 0$, $y \to 0$ 时的极限不存在, 所以点 $(0, 0)$ 是该函数的一个间断点, 并且还是唯一的一个间断点.

以上关于二元函数的连续性概念, 可相应地推广到 n 元函数 $f(P)$ 上去.

与一元函数的性质相类似, 二元连续函数进行有限次四则运算后仍为连续函数(对于除法, 假定分母不为零).

如果一个二元函数是可用 x、y 的一个式子来表示的函数, 而且这个式子分别由关于 x、y 的基本初等函数经过有限次的四则运算或有限次的函数复合运算所构成, 那么称此函数为二元初等函数.

例如, $\sin \dfrac{1}{x^2 + y^2 - 1}$, $\ln(1 + x^2 + y^2)$ 等都是二元初等函数.

可以证明: **二元初等函数在其定义域内是连续的**. 相应的结论可以推广到多元初等连续函数.

例 8 求极限 $\lim\limits_{\substack{x \to 1 \\ y \to 2}} \dfrac{x + y}{xy}$.

解 因为函数 $\dfrac{x + y}{xy}$ 是初等函数, 且在点 $(1, 2)$ 有定义, 所以它在点 $(1, 2)$ 连续. 于是

$$\lim_{\substack{x \to 1 \\ y \to 2}} \frac{x + y}{xy} = \frac{1 + 2}{1 \times 2} = \frac{3}{2}$$

例 9 求极限 $\lim\limits_{\substack{x \to 0 \\ y \to 0}} \dfrac{\sqrt{xy + 1} - 1}{xy}$.

解 原式 $= \lim\limits_{\substack{x \to 0 \\ y \to 0}} \dfrac{xy + 1 - 1}{xy(\sqrt{xy + 1} + 1)} = \lim\limits_{\substack{x \to 0 \\ y \to 0}} \dfrac{1}{\sqrt{xy + 1} + 1} = \dfrac{1}{2}$

与闭区间上一元连续函数的性质相类似, 在有界闭区域上连续的二元函数有如下性质:

性质 1(最大值最小值定理) 在有界闭区域上连续的二元函数在该闭区域上一定有最大值和最小值.

性质 2(介值定理) 在有界闭区域上连续的二元函数必能取得介于它的两个不同函数值之间的任何值至少一次.

§6.2 偏导数

6.2.1 偏导数

当讨论一元函数的变化率时，会引入了导数的概念，而对于多元函数，也有函数对自变量的变化率的问题。由于多元函数的自变量不止一个，因此讨论多元函数对自变量的变化率时，需要固定其中几个自变量不变，而只讨论函数对其余的某一个自变量的变化率，这就是偏导数的概念。

定义 6.2.1 设函数 $z = f(x, y)$ 在点 $P_0(x_0, y_0)$ 的某一邻域内有定义，当 y 固定在 y_0，而 x 在 x_0 处有增量 $\Delta x = x - x_0$ 时，相应地，函数 $z = f(x, y)$ 有增量，
$$\Delta_x z = f(x_0 + \Delta x, y_0) - f(x_0, y_0).$$

这里，$\Delta_x z$ 称为函数 z 在点 $P_0(x_0, y_0)$ 处对 x 的**偏增量**。如果当 $\Delta x \to 0$ 时，比值 $\dfrac{\Delta_x z}{\Delta x}$ 的极限存在，则称此极限值为函数 $z = f(x, y)$ 在点 (x_0, y_0) 处对 x 的偏导数，记为 $\dfrac{\partial z}{\partial x}\bigg|$，$\dfrac{\partial f}{\partial x}\bigg|$，$z_x'\big|_{\substack{x=x_0 \\ y=y_0}}$ 或 $f_x'(x_0, y_0)$，即

$$f_x'(x_0, y_0) = \lim_{\Delta x \to 0} \frac{\Delta_x z}{\Delta x} = \lim_{\Delta x \to 0} \frac{f(x_0 + \Delta x, y_0) - f(x_0, y_0)}{\Delta x}.$$

同样，函数 $z = f(x, y)$ 在点 (x_0, y_0) 处对 y 的偏导数定义为

$$\lim_{\Delta y \to 0} \frac{\Delta_y z}{\Delta y} = \lim_{\Delta y \to 0} \frac{f(x_0, y_0 + \Delta y) - f(x_0, y_0)}{\Delta y},$$

记为 $\dfrac{\partial z}{\partial y}\bigg|$，$\dfrac{\partial f}{\partial y}\bigg|$，$z_x'\big|_{\substack{x=x_0 \\ y=y_0}}$ 或 $f_y'(x_0, y_0)$。

如果函数 $z = f(x, y)$ 在区域 D 内每一点 (x, y) 处对 x 的偏导数都存在，那么这个偏导数就是 x, y 的函数，它被称为函数 $z = f(x, y)$ 对自变量 x 的偏导函数，记作

$$\frac{\partial z}{\partial x}, \quad \frac{\partial f}{\partial x}, \quad z_x' \text{ 或 } f_x'(x, y).$$

同样，可以定义函数 $z = f(x, y)$ 对自变量 y 的偏导函数，记作

$$\frac{\partial z}{\partial y}, \quad \frac{\partial f}{\partial y}, \quad z_y' \text{ 或 } f_y'(x, y).$$

例 1 求 $z = x^2 y - 4x \sin y + y^2$ 在点 $\left(3, \dfrac{\pi}{2}\right)$ 处的偏导数。

解 把 y 看作常数，对 x 求导，得

$$\frac{\partial z}{\partial x} = 2xy - 4\sin y,$$

所以

$$\left.\frac{\partial z}{\partial x}\right| = 3\pi - 4.$$

把 x 看作常数，对 y 求导，得

$$\frac{\partial z}{\partial y} = x^2 - 4x\cos y + 2y,$$

所以

$$\left.\frac{\partial z}{\partial y}\right| = 9 + \pi.$$

例 2 求 $z = x^2 + 3xy + y^2$ 在点 $(1, 2)$ 处的偏导数.

解 把 y 看作常量，得

$$\frac{\partial z}{\partial x} = 2x + 3y$$

把 x 看作常量，得

$$\frac{\partial z}{\partial y} = 3x + 2y$$

把数值 $(1, 2)$ 代入上面的结果得

$$\left.\frac{\partial z}{\partial x}\right| = 8, \quad \left.\frac{\partial z}{\partial y}\right| = 7$$

例 3 求 $z = x^2\sin 2y$ 的偏导数.

解 把 y 看作常量，得

$$\frac{\partial z}{\partial x} = 2x\sin 2y,$$

把 x 看作常量，得

$$\frac{\partial z}{\partial y} = 2x^2\cos 2y.$$

例 4 设 $f(x, y) = \begin{cases} \dfrac{xy}{x^2 + y^2}, & x^2 + y^2 \neq 0, \\ 0, & x^2 + y^2 = 0, \end{cases}$

求 $f_x'(0, 0)$ 和 $f_y'(0, 0)$.

解 由偏导数的定义得

$$f_x'(0, 0) = \lim_{\Delta x \to 0} \frac{\Delta_x z}{\Delta x} = \lim_{\Delta x \to 0} \frac{f(0 + \Delta x, 0) - f(0, 0)}{\Delta x}$$

$$= \lim_{\Delta x \to 0} \frac{0 - 0}{\Delta x} = 0,$$

类似可求得 $f_y'(0, 0) = 0$.

前面一节已经指出函数 $f(x, y)$ 在点 $(0, 0)$ 处不连续，但本例表明它在点 $(0, 0)$

处的两个偏导数都存在,因此,对二元函数 $z = f(x, y)$ 来说,它在点(x_0, y_0)处的各偏导数都存在不能保证它在该点一定连续.

如果一元函数在某点的导数存在,那么它在该点必定连续,但对于多元函数来说,即使它在某点的各偏导数都存在,却不一定能保证函数在该点连续.这是因为各偏导数存在只能保证点 P 沿着平行于坐标轴的方向趋于 P_0 时,函数值 $f(P)$ 趋于 $f(P_0)$,但不能保证点 P 按任何方式趋于 P_0 时,函数值 $f(P)$ 都趋于 $f(P_0)$.

一元函数 $y = f(x)$ 的导数的几何意义是曲线 $y =$ $f(x)$ 在点(x_0, y_0)处的切线的斜率,而二元函数 $z =$ $f(x, y)$ 在点(x_0, y_0)处的偏导数,实际上就是一元函数 $z = f(x, y_0)$ 及 $z = f(x_0, y)$ 分别在点 $x = x_0$ 及 $y = y_0$ 处的导数.因此二元函数的偏导数的几何意义也是曲线的切线的斜率.例如 $f_x(x_0, y_0)$ 是曲线 $\begin{cases} z = f(x, y) \\ y = y_0 \end{cases}$ 在点 $[x_0, y_0, f(x_0, y_0)]$ 处的切线的斜率,而 $f_y(x_0, y_0)$ 是曲线 $\begin{cases} z = f(x, y) \\ x = x_0 \end{cases}$ 在点 $[x_0, y_0, f(x_0, y_0)]$ 处的切线的斜率(图 6.6).

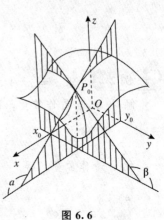

图 6.6

6.2.2 高阶偏导数

设函数 $z = f(x, y)$ 在区域 D 内具有偏导数

$$\frac{\partial z}{\partial x} = f_x{}'(x, y), \quad \frac{\partial z}{\partial y} = f_y{}'(x, y),$$

一般说来,它们仍然是自变量 x, y 的函数.如果这两个函数的偏导数也存在,则称它们是函数 $z = f(x, y)$ 的二阶偏导数.按照对变量求导次序的不同,有四个不同的二阶偏导数:

$$\frac{\partial}{\partial x}\left(\frac{\partial z}{\partial x}\right) = \frac{\partial^2 z}{\partial x^2} = f_{xx}''(x, y), \quad \frac{\partial}{\partial y}\left(\frac{\partial z}{\partial x}\right) = \frac{\partial^2 z}{\partial x \partial y} = f_{xy}''(x, y),$$

$$\frac{\partial}{\partial x}\left(\frac{\partial z}{\partial y}\right) = \frac{\partial^2 z}{\partial y \partial x} = f_{yx}''(x, y), \quad \frac{\partial}{\partial y}\left(\frac{\partial z}{\partial y}\right) = \frac{\partial^2 z}{\partial y^2} = f_{yy}''(x, y).$$

其中第二、第三两个偏导数称为**混合偏导数**.同理,可得三阶、四阶、…、n 阶偏导数.二阶及二阶以上的偏导数统称为高阶偏导数.

例 5 设 $z = x^3 y^2 - 3xy^3 - xy + 1$,求 $\dfrac{\partial^2 z}{\partial x^2}$, $\dfrac{\partial^2 z}{\partial y \partial x}$, $\dfrac{\partial^2 z}{\partial x \partial y}$, $\dfrac{\partial^2 z}{\partial y^2}$ 及 $\dfrac{\partial^3 z}{\partial x^3}$.

解 $\dfrac{\partial z}{\partial x} = 3x^2 y^2 - 3y^3 - y$, $\dfrac{\partial z}{\partial y} = 2x^3 y - 9xy^2 - x$,

$$\frac{\partial^2 z}{\partial x^2} = 6xy^2, \quad \frac{\partial^2 z}{\partial y \partial x} = 6x^2 y - 9y^2 - 1,$$

$$\frac{\partial^2 z}{\partial x \partial y} = 6x^2 y - 9y^2 - 1, \quad \frac{\partial^2 z}{\partial y^2} = 2x^3 - 18xy,$$

$$\frac{\partial^3 z}{\partial x^3} = 6y^2.$$

从这个例子，可以看到二阶混合偏导数相等，即 $\dfrac{\partial^2 z}{\partial y \partial x} = \dfrac{\partial^2 z}{\partial x \partial y}$. 一般有下面的定理.

定理 6.2.1 如果函数 $z = f(x, y)$ 的两个二阶混合偏导数 $f_{xy}(x, y)$ 及 $f_{yx}(x, y)$ 在区域 D 内连续，那这两个混合偏导数在该区域内必相等.

换句话说，二阶混合偏导数在连续的条件下与求导的次序无关. 对于二阶以上的高阶混合偏导数也有相同的结论.

§6.3 全微分

一元函数 $y = f(x)$ 在点 $x = x_0$ 处的微分是指：如果函数 $f(x)$ 在 $x = x_0$ 处的增量 Δy 可以表示成 $\Delta y = A \Delta x + \alpha$，其中 A 与 Δx 无关，α 是比 Δx 高阶的无穷小，即 $\lim\limits_{\Delta x \to 0} \dfrac{\alpha}{\Delta x} = 0$，那么称 $A \Delta x$ 为函数 $y = f(x)$ 在点 $x = x_0$ 处的微分，这时称 $y = f(x)$ 在点 x_0 处可微. 类似地，二元函数的全微分的定义为：

定义 6.3.1 如果二元函数 $z = f(x, y)$ 在点 (x_0, y_0) 处的全增量 Δz 可以表示为
$$\Delta z = A \Delta x + B \Delta y + o(\rho),$$
其中 A，B 与 Δx，Δy 无关，$o(\rho)$ 是比 $\rho = \sqrt{(\Delta x)^2 + (\Delta y)^2}$ 高阶的无穷小，则称 $A \Delta x + B \Delta y$ 为函数 $z = f(x, y)$ 在点 (x_0, y_0) 处的全微分，记为 $\mathrm{d}z$，即 $\mathrm{d}z = A \Delta x + B \Delta y$. 这时，也称函数 $z = f(x, y)$ 在点 (x_0, y_0) 处可微.

如果函数 $z = f(x, y)$ 在区域 D 内每一点处都可微，那么称函数 $f(x, y)$ 在区域 D 内可微，或称函数 $8 = f(x, y)$ 为区域 D 内的可微函数.

关于函数 $z = f(x, y)$ 在点 (x, y) 处可微性，一般有如下三个定理.

定理 6.3.1 如果函数 $z = f(x, y)$ 在点 (x, y) 处可微，那么函数 $z = f(x, y)$ 在点 (x, y) 处连续.

证明略.

定理 6.3.2（必要条件） 如果函数 $z = f(x, y)$ 在点 (x, y) 处可微，那么函数 $z = f(x, y)$ 在点 (x, y) 处的偏导数 $\dfrac{\partial z}{\partial x}$ 及 $\dfrac{\partial z}{\partial y}$ 存在，且函数在点 (x, y) 处的全微分为

$$dz = \frac{\partial z}{\partial x}\Delta x + \frac{\partial z}{\partial y}\Delta y.$$

通常把 $\frac{\partial z}{\partial x}\Delta x$ 与 $\frac{\partial z}{\partial y}\Delta y$ 分别称为函数 $z = f(x, y)$ 在点 (x, y) 处对 x 与对 y 的偏微分.

证 已知函数 $z = f(x, y)$ 在点 (x, y) 处可微.

于是,对于点 $P(x, y)$ 的某个邻域内的任意一点 $P'(x + \Delta x, y + \Delta y)$,有

$$\Delta z = A\Delta x + B\Delta y + o(\rho)$$

特别地,当 $\Delta y = 0$ 时有

$$f(x + \Delta x, y) - f(x, y) = A\Delta x + o(|\Delta x|)$$

上式两边各除以 Δx,再令 $\Delta x \to 0$ 而取极限,就得

$$\lim_{\Delta x \to 0} \frac{f(x + \Delta x, y) - f(x, y)}{\Delta x} = A,$$

从而偏导数 $\frac{\partial z}{\partial x}$ 存在,且 $\frac{\partial z}{\partial x} = A$.同理可证偏导数 $\frac{\partial z}{\partial y}$ 存在,且 $\frac{\partial z}{\partial y} = B$.所以

$$dz = \frac{\partial z}{\partial x}\Delta x + \frac{\partial z}{\partial y}\Delta y$$

定理 6.3.2 说明:如果函数 $z = f(x, y)$ 在点 (x, y) 处可微,那么它在点 (x, y) 处的全微分等于它对各自变量的偏微分之和.

习惯上,将自变量增量 Δx、Δy 分别记作 dx、dy. 这样,函数 $z = f(x, y)$ 在点 (x, y) 处的全微分可写为

$$dz = \frac{\partial z}{\partial x}dx + \frac{\partial z}{\partial y}dy$$

定理 6.3.3(充分条件) 如果函数 $z = f(x, y)$ 的偏导数 $\frac{\partial z}{\partial x}$ 及 $\frac{\partial z}{\partial y}$ 在点 (x, y) 连续,那么函数 $f(x, y)$ 在该点可微.

证明略.

例 1 求函数 $z = x^{2y}$ 的全微分.

解 因为 $\frac{\partial z}{\partial x} = 2yx^{2y-1}$,$\frac{\partial z}{\partial y} = 2x^{2y}\ln x$,

所以

$$dz = 2yx^{2y-1}dx + 2x^{2y}\ln x \, dy.$$

例 2 求函数 $z = x^2 y + y^2$ 的全微分.

解 因为

$$\frac{\partial z}{\partial x} = 2xy, \quad \frac{\partial z}{\partial y} = x^2 + 2y,$$

所以

$$dz = 2xy\,dx + (x^2 + 2y)\,dy.$$

例3 求函数 $z = e^{xy}$ 在点 $(2，1)$ 处的全微分.

解 因为

$$\frac{\partial z}{\partial x} = y e^{xy}, \quad \frac{\partial z}{\partial y} = x e^{xy},$$

$$\left.\frac{\partial z}{\partial x}\right| = e^2, \quad \left.\frac{\partial z}{\partial y}\right| = 2e^2,$$

所以，$dz = e^2 dx + 2e^2 dy.$

§6.4 多元复合函数求导法则

设函数 $z = f(u，v)$ 是变量 u、v 的函数，而 u、v 又是变量 x、y 的函数，$u = \varphi(x，y)$，$v = \Psi(x，y)$，则

$$z = f[\varphi(x，y)，\Psi(x，y)]$$

是 x、y 的复合函数.

之前，学过一元复合函数的求导法则，如果函数 $y = f(u)$ 对 u 可导，$u = \varphi(x)$ 对 x 可导，那么复合函数 $y = f[\varphi(x)]$ 对 x 可导，且

$$\frac{dy}{dx} = \frac{dy}{du} \cdot \frac{du}{dx}$$

二元函数的复合函数的求导问题较一元函数复杂，不妨从最特殊的情况开始讨论.

定理6.4.1 设函数 $u = \varphi(x)$ 与 $v = \Psi(x)$ 都在点 x 处可导，函数 $z = f(u，v)$ 在对应点 $(u，v)$ 处具有一阶连续偏导数，则复合函数 $z = f[\varphi(x)，\Psi(x)]$ 在点 x 处可导，其导数为

$$\frac{dz}{dx} = \frac{\partial z}{\partial u}\frac{du}{dx} + \frac{\partial z}{\partial v}\frac{dv}{dx}.$$

证 给 x 一增量 Δx，则 u、v 有相应的增量 Δu、Δv，从而函数 $z = f(u，v)$ 得到全增量 Δz. 因为 $z = f(u，v)$ 在点 $(u.v)$ 处具有连续偏导数，从而它在点 $(u.v)$ 处可微，所以

$$\Delta z = \frac{\partial z}{\partial u}\Delta u + \frac{\partial z}{\partial v}\Delta v + o(\rho)$$

上式两边同时除以 Δx，得

$$\frac{\Delta z}{\Delta x} = \frac{\partial z}{\partial u} \cdot \frac{\Delta u}{\Delta x} + \frac{\partial z}{\partial v} \cdot \frac{\Delta v}{\Delta x} + \frac{o(\rho)}{\Delta x}$$

因为函数 $u = \varphi(x)$ 与 $v = \Psi(x)$ 都在点 x 处可导，故当 $\Delta x \to 0$ 时，$\Delta u \to 0$，$\Delta v \to 0$，且 $\frac{\Delta u}{\Delta x} \to \frac{du}{dx}$，$\frac{\Delta v}{\Delta x} \to \frac{dv}{dx}$.

又

$$\lim_{\Delta x \to 0} \frac{o(\rho)}{\Delta x} = \lim_{\Delta x \to 0} \frac{o(\rho)}{\rho} \cdot \lim_{\Delta x \to 0} \frac{o(\rho)}{\Delta x} = \lim_{\rho \to 0} \frac{o(\rho)}{\rho} \cdot \lim_{\Delta x \to 0} \sqrt{\left(\frac{\Delta u}{\Delta x}\right)^2 + \left(\frac{\Delta v}{\Delta x}\right)^2} = 0,$$

故

$$\lim_{\Delta x \to 0} \frac{\Delta z}{\Delta x} = \frac{\partial z}{\partial u} \frac{du}{dx} + \frac{\partial z}{\partial v} \frac{dv}{dx}$$

用同样的方法，也可把定理推广到中间变量是多元函数的情形.

设二元函数 $u = \varphi(x, y)$ 及 $v = \Psi(x, y)$ 都在点 (x, y) 具有对 x 及对 y 的偏导数，函数 $z = f(u, v)$ 在对应点 (u, v) 具有连续偏导数，则复合函数 $z = f[\varphi(x, y), \Psi(x, y)]$ 在点 (x, y) 的两个偏导数都存在，且可用下式计算：

$$\frac{\partial z}{\partial x} = \frac{\partial z}{\partial u} \frac{\partial u}{\partial x} + \frac{\partial z}{\partial v} \frac{\partial v}{\partial x},$$

$$\frac{\partial z}{\partial y} = \frac{\partial z}{\partial u} \frac{\partial u}{\partial y} + \frac{\partial z}{\partial v} \frac{\partial v}{\partial x}.$$

当中间变量多于两个时，无论中间变量是一元函数还是多元函数，都可仿照上述两种情形类推.

设函数 $u = \varphi(x, y)$，$v = \Psi(x, y)$ 及 $w = \omega(x, y)$ 都在点 (x, y) 具有对 x 及对 y 的偏导数，函数 $z = f(u, v, w)$ 在对应点 (u, v, w) 具有连续偏导数，则复合函数

$$z = f[\varphi(x, y), \Psi(x, y), \omega(x, y)]$$

在点 (x, y) 的两个偏导数都存在，且可用下式计算：

$$\frac{\partial z}{\partial x} = \frac{\partial z}{\partial u} \frac{\partial u}{\partial x} + \frac{\partial z}{\partial v} \frac{\partial v}{\partial x} + \frac{\partial z}{\partial w} \frac{\partial w}{\partial x},$$

$$\frac{\partial z}{\partial y} = \frac{\partial z}{\partial u} \frac{\partial u}{\partial y} + \frac{\partial z}{\partial v} \frac{\partial v}{\partial y} + \frac{\partial z}{\partial w} \frac{\partial w}{\partial y}.$$

如果 $z = f(u, x, y)$ 具有连续偏导数，而 $u = \varphi(x, y)$ 具有偏导数，那么复合函数

$$z = f[\varphi(x, y), x, y]$$

可看作上述情形中当 $v = x$，$w = y$ 时的特殊情形，因此，此时

$$\frac{\partial z}{\partial x} = \frac{\partial f}{\partial u} \frac{\partial u}{\partial x} + \frac{\partial f}{\partial x}$$

$$\frac{\partial z}{\partial y} = \frac{\partial f}{\partial u} \frac{\partial u}{\partial y} + \frac{\partial f}{\partial y}$$

例 1 设 $z = u^v$，$u = \sin x$，$v = \sqrt{x^2 - 1}$，求 $\dfrac{\mathrm{d}z}{\mathrm{d}x}$.

解 因为

$$\frac{\partial z}{\partial u} = vu^{v-1}, \quad \frac{\partial z}{\partial v} = u^v \ln u,$$

$$\frac{\mathrm{d}u}{\mathrm{d}x} = \cos x, \quad \frac{\mathrm{d}v}{\mathrm{d}x} = \frac{x}{\sqrt{x^2 - 1}},$$

所以

$$\frac{\mathrm{d}z}{\mathrm{d}x} = \frac{\partial z}{\partial u}\frac{\mathrm{d}u}{\mathrm{d}x} + \frac{\partial z}{\partial v}\frac{\mathrm{d}v}{\mathrm{d}x} = vu^{v-1}\cos x + u^v \ln u \frac{x}{\sqrt{x^2 - 1}}$$

$$= \sqrt{x^2 - 1}(\sin x)^{\sqrt{x^2-1}-1}\cos x + (\sin x)^{\sqrt{x^2-1}}(\ln \sin x)\frac{x}{\sqrt{x^2 - 1}}$$

例 2 设 $z = \mathrm{e}^u \sin v$，$u = xy$，$v = x + y$，求 $\dfrac{\partial z}{\partial x}$ 和 $\dfrac{\partial z}{\partial y}$.

解
$$\frac{\partial z}{\partial x} = \frac{\partial z}{\partial u}\frac{\partial u}{\partial x} + \frac{\partial z}{\partial v}\frac{\partial v}{\partial x}$$
$$= (\mathrm{e}^u \sin v)y + (\mathrm{e}^u \cos v)1$$
$$= \mathrm{e}^{xy}[y\sin(x+y) + \cos(x+y)].$$

$$\frac{\partial z}{\partial y} = \frac{\partial z}{\partial u}\frac{\partial u}{\partial y} + \frac{\partial z}{\partial v}\frac{\partial v}{\partial y}$$
$$= (\mathrm{e}^u \sin v)x + (\mathrm{e}^u \cos v) \cdot 1$$
$$= \mathrm{e}^{xy}[x\sin(x+y) + \cos(x+y)].$$

例 3 设 $u = f(x, y, z) = \mathrm{e}^{x^2+y^2+z^2}$，而 $z = x^2 \sin y$，求 $\dfrac{\partial u}{\partial x}$ 和 $\dfrac{\partial u}{\partial y}$.

解 设 $v = x$，$w = y$，则中间变量是 v、w、z.

$$\frac{\partial u}{\partial x} = \frac{\partial f}{\partial v}\frac{\partial v}{\partial x} + \frac{\partial f}{\partial w}\frac{\partial w}{\partial x} + \frac{\partial f}{\partial z}\frac{\partial z}{\partial x}$$
$$= 2x\,\mathrm{e}^{x^2+y^2+z^2} + 0 + 2z\,\mathrm{e}^{x^2+y^2+z^2}\,2x\sin y$$
$$= 2x(1 + 2x^2 \sin^2 y)\mathrm{e}^{x^2+y^2+x^4\sin^2 y}.$$

$$\frac{\partial u}{\partial y} = \frac{\partial f}{\partial v}\frac{\partial v}{\partial y} + \frac{\partial f}{\partial w}\frac{\partial w}{\partial y} + \frac{\partial f}{\partial z}\frac{\partial z}{\partial y}$$
$$= 0 + 2y\,\mathrm{e}^{x^2+y^2+z^2} + 2z\,\mathrm{e}^{x^2+y^2+z^2}\,x^2\cos y$$
$$= 2(y + x^4 \sin y \cos y)\mathrm{e}^{x^2+y^2+x^4\sin^2 y}.$$

§6.5 隐函数求导法则

曾经学习过一元隐函数的求导方法，但未能给出一般的求导公式. 现在根据多元复

合函数的求导方法，给出一元隐函数的求导公式.

设方程 $F(x，y)=0$ 确定了隐函数 $y=f(x)$，又函数 $F(x，y)$ 对 x 及对 y 的偏导数 F_x 及 F_y 都连续，且 $F_y\neq0$，则隐函数 $y=f(x)$ 的导数等于

$$\frac{\mathrm{d}y}{\mathrm{d}x}=-\frac{F_x}{F_y}.$$

该公式就是隐函数求导公式.

事实上，将 $y=f(x)$ 代入 $F(x，y)=0$，得

$$F[x，f(x)]=0$$

左边可以看作关于 x 的复合函数，两边对 x 求导，得

$$F_x+F_y\frac{\mathrm{d}y}{\mathrm{d}x}=0,$$

若 $F_y\neq0$，则

$$\frac{\mathrm{d}y}{\mathrm{d}x}=-\frac{F_x}{F_y}.$$

例 1 设 $x^2+y^2=2x$，求 $\dfrac{\mathrm{d}y}{\mathrm{d}x}$.

解 令 $F(x，y)=x^2+y^2-2x$，则

$$F_x=2x-2，F_y=2y,$$

$$\frac{\mathrm{d}y}{\mathrm{d}x}=-\frac{2x-2}{2y}=\frac{1-x}{y}.$$

对于二元隐函数的偏导数也有同样的结论.

设方程 $F(x，y，z)=0$ 确定了隐函数 $z=z(x，y)$，若 $F_x，F_y，F_z$ 都连续，且 $F_z\neq0$，则隐函数 $z=z(x，y)$ 对 x 及对 y 的两个偏导数为

$$\frac{\partial z}{\partial x}=-\frac{F_x}{F_z}，\frac{\partial z}{\partial y}=-\frac{F_y}{F_z}.$$

例 2 设 $x^2+y^2+z^2-4z=0$，求 $\dfrac{\partial^2z}{\partial x^2}$.

解 设 $F(x，y，z)=x^2+y^2+z^2-4z$，则

$$F_x=2x，F_z=2z-4,$$

$$\frac{\partial z}{\partial x}=-\frac{2x}{2z-4}=\frac{x}{2-z}.$$

再一次对 x 求偏导数，得

$$\frac{\partial^2z}{\partial x^2}=\frac{(2-z)-(-\frac{\partial z}{\partial x})x}{(2-z)^2}=\frac{(2-z)+x\cdot\frac{x}{2-z}}{(2-z)^2}=\frac{(2-z)^2+x^2}{(2-z)^3}$$

§6.6 多元函数极值及其求法

大家曾经用导数求一元函数的极值，类似地，也可以用偏导数求二元函数的极值

定义 6.6.1 设函数 $z=f(x,y)$ 在点 (x_0,y_0) 的某邻域内有定义，如果对于该邻域内异于 (x_0,y_0) 的点 (x,y)，都有

$$f(x,y) < f(x_0,y_0)[\text{或 } f(x,y) > f(x_0,y_0)],$$

那么称 $f(x_0,y_0)$ 为函数的极大值（或极小值）．极大值和极小值统称为极值．使函数取得极大值（或极小值）的点 (x_0,y_0)，称为极大值点（或极小值点），极大值点和极小值点统称为极值点．

定理 6.6.1（极值存在的必要条件） 设函数 $z=f(x,y)$ 在点 (x_0,y_0) 的偏导数存在，且在点 (x_0,y_0) 处有极值，则 $z=f(x,y)$ 在该点的偏导数为零，即

$$f_x(x_0,y_0)=0, \quad f_y(x_0,y_0)=0.$$

仿照一元函数，把使 $f_x(x,y)=0$，$f_y(x,y)=0$ 同时成立的点 (x_0,y_0) 称为函数 $z=f(x,y)$ 的驻点．

定理 6.6.2（极值存在的充分条件） 设函数 $z=f(x,y)$ 在点 (x_0,y_0) 的某邻域内连续且具有一阶及二阶连续偏导数，又 $f_x(x_0,y_0)=0$，$f_y(x_0,y_0)=0$．令

$$f_{xx}(x_0,y_0)=A, \quad f_{xy}(x_0,y_0)=B, \quad f_{yy}(x_0,y_0)=C,$$

则 $f(x,y)$ 在点 (x_0,y_0) 处是否取得极值的条件如下：

(1) 当 $AC-B^2>0$ 时，具有极值，且当 $A<0$ 时有极大值，当 $A>0$ 时有极小值；

(2) 当 $AC-B^2<0$ 时，没有极值．

(3) 当 $AC-B^2=0$ 时，可能有极值，也可能没有极值，需另作讨论．

按照这个定理，如果函数 $z=f(x,y)$ 具有二阶连续偏导数，则可以按照下面的步骤求该函数的极值：

第一步，解方程组

$$f_x(x,y)=0, \quad f_y(x,y)=0,$$

求得一切实数解，即可求得一切驻点．

第二步，对每一个驻点 (x_0,y_0)，求出二阶偏导数的值 A、B 和 C．

第三步，定出 $AC-B^2$ 的符号，按照定理的结论判断极值情况．

例 1 求函数 $f(x,y)=x^3-y^3+3x^2+3y^2-9x$ 的极值．

解 先解方程组

$$\begin{cases} f_x{}'(x,y)=3x^2+6x-9=0 \\ f_y{}'(x,y)=-3y^2+6y=0 \end{cases},$$

求得驻点为(1，0)、(1，2)、(−3，0)、(−3，2).

再求出二阶偏导数

$$f''_{xx}(x，y)=6x+6,\ f''_{xy}(x，y)=0,\ f''_{yy}(x，y)=−6y+6.$$

在点(1，0)处，$AC−B^2=72>0$，又$A=12>0$，所以函数在(1，0)处具有极小值$f(1，0)=−5$；

在点(1，2)处，$AC−B^2=−72<0$，所以$f(1，2)$不是极值；

在点(−3，0)处，$AC−B^2=−72<0$，所以$f(−3，0)$不是极值；

在点(−3，2)处，$AC−B^2=72>0$，又$A<0$，所以函数在(−3，2)处具有极大值$f(−3，2)=31$.

讨论函数的极值问题时，如果函数在所讨论的区域内具有偏导数，则它的极值点只可能在驻点处取得. 然而，如果函数在个别点处的一阶偏导数至少有一个不存在时，这些点也有可能是极值点. 例如函数$z=\sqrt{x^2+y^2}$在点(0，0)处的偏导数不存在，但它却在点(0，0)具有极小值. 因此，在考虑函数的极值时，既要考虑驻点，也要考虑一阶偏导数至少有一个不存在的点.

与一元函数相类似，可以利用函数的极值来求函数的最大值和最小值. 在有界闭区域上D连续的函数一定有最大值和最小值. 如果使函数取得最大值或最小值的点在D的内部，那么这些点一定是函数的驻点或是一阶偏导数至少有一个不存在的点. 但是，函数的最大值和最小值也有可能在D的边界取得，所以求函数的最大值和最小值时，就要比较函数在D内的所有驻点、一阶偏导数至少有一个不存在的点及它在D的边界上的值，其中最大者为最大值，最小者为最小值.

由于求函数$f(x，y)$在D的边界上的最大值和最小值往往十分麻烦，所以对待实际问题时，可以根据问题的性质，如果知道函数$f(x，y)$的最大值或最小值一定在D内取得，且函数在D内只有一个驻点，那么可以断定该驻点处的函数值就是函数$f(x，y)$在D上的最大值或最小值.

例 2 某厂要用铁板做成一个体积为$2m^3$的有盖长方体水箱. 问长、宽、高各取怎样的尺寸时，才能使用料最省？

解 设水箱的长为xm，宽为ym，则其高应为$\dfrac{2}{xy}$m，此水箱所用材料的面积为

$$A=2(xy+y\frac{2}{xy}+x\frac{2}{xy}),$$

即

$$A=2(xy+\frac{2}{x}+\frac{2}{y})(x>0，y>0)$$

可见材料面积是x和y的二元函数. 下面求使这函数取得最小值的点$(x，y)$.

令

$$\begin{cases} A'_x = 2\left(y - \dfrac{2}{x^2}\right) = 0, \\ A'_y = 2\left(x - \dfrac{2}{y^2}\right) = 0 \end{cases}$$

解这方程组，得

$$x = \sqrt[3]{2}\, , \ y = \sqrt[3]{2}\, .$$

由题意可知，水箱所用材料面积的最小值一定存在，并在开区域 $D = \{(x, y) \mid x > 0, y > 0\}$ 内取得. 又函数在 D 内只有唯一的驻点 $(\sqrt[3]{2}, \sqrt[3]{2})$，因此可以断定当 $x = \sqrt[3]{2}$，$y = \sqrt[3]{2m}$ 时，A 取得最小值. 即当水箱的长为 $\sqrt[3]{2}$ m、宽为 $\sqrt[3]{2}$ m、高为 $\dfrac{2}{\sqrt[3]{2}\sqrt[3]{2}} = \sqrt[3]{2}$ m 时，水箱所用的材料最省.

§6.7　二重积分

一元函数的定积分是某种确定形式的和的极限，如果将这种极限概念中的一元函数和定义区间相应地拓展到二元函数和定义区域，就会得到重积分的概念.

引例　曲顶柱体的体积

设有一立体，它的底是 xOy 面上的有界闭区域 D，侧面是以 D 的边界曲线为准线，母线平行于 z 轴的柱面，顶是由二元非负连续函数 $z = f(x, y)$ 所表示的曲面，这个立体称为曲顶柱体(图 6.7).

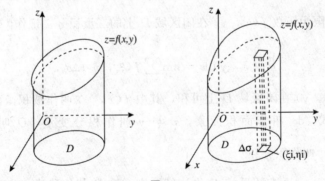

图 6-7

现在来讨论如何计算上述曲顶柱体的体积 V. 平顶柱体的体积等于其高乘以底面积. 由于曲顶柱体的高不是一个常量，因此不能像对待平顶柱体那样求曲顶柱体的体积. 回忆一下以前求曲边梯形面积的方法，不难发现相似性. 这里仿照求曲边梯形面积的方法来求曲顶柱体的面积.

(1) 将区域 D 任意分割成 n 个小闭区域：

$$\Delta\sigma_1, \Delta\sigma_2, \cdots, \Delta\sigma_n,$$

其中 $\Delta\sigma_i$ 也表示第 i 个小闭区域的面积. 对每个小区域, 以它的边界曲线为准线, 作母线平行于 z 轴的柱面, 这些柱面将原来的曲顶柱体分割成 n 个小曲顶柱体.

（2）由于每个小闭区域的直径很小, 当函数 $f(x, y)$ 连续时, 它在每个小闭区域内的变化很小. 这时可在每个 $\Delta\sigma_i$ 内, 任取一点 $(\xi_i, \eta_i)(i = 1, 2, \cdots, n)$, 用以 $f(\xi_i, \eta_i)$ 为高, 以 $\Delta\sigma_i$ 为底的平顶柱体的体积 $f(\xi_i, \eta_i)\Delta\sigma_i$ 近似代替第 i 个小曲顶柱体的体积.

（3）将这 n 个小平顶柱体的体积相加, 得到原曲顶柱体体积的近似值 $\sum\limits_{i=1}^{n} f(\xi_i, \eta_i)\Delta\sigma_i$.

（4）令 n 个小闭区域的直径中的最大值（记作 λ）趋于零, 取上述和式的极限, 便得到所求曲顶柱体的体积 V, 即

$$V = \lim_{\lambda \to 0} \sum_{i=1}^{n} f(\xi_i, \eta_i)\Delta\sigma_i.$$

6.7.1　二重积分的定义

通过求曲顶柱体的体积, 抽象出二重积分的概念.

定义 6.7.1　设二元函数 $f(x, y)$ 定义在有界闭区域 D 上. 将有界闭区域 D 任意分成 n 个小闭区域：$\Delta\sigma_1, \Delta\sigma_2, \cdots, \Delta\sigma_n$, 其中 $\Delta\sigma_i$ 也表示第 i 个小闭区域的面积. 在每个 $\Delta\sigma_i$ 内, 任取一点 $(\xi_i, \eta_i)(i = 1, 2, \cdots, n)$, 作乘积 $f(\xi_i, \eta_i)\Delta\sigma_i$, 并作和 $\sum\limits_{i=1}^{n} f(\xi_i, \eta_i)\Delta\sigma_i$. 如果不论对区域 D 怎样分法, 也不论点 $(\xi_i, \eta_i)(i = 1, 2, \cdots, n)$ 怎样取法, 只要当这 n 个小闭区域的直径中的最大值 λ 趋于零时, 这个和的极限总存在, 那么称此极限为函数 $f(x, y)$ 在闭区域 D 上的二重积分, 记作 $\iint\limits_{D} f(x, y)\mathrm{d}\sigma$, 即

$$\iint\limits_{D} f(x, y)\mathrm{d}\sigma = \lim_{\lambda \to 0} \sum_{i=1}^{n} f(\xi_i, \eta_i)\Delta\sigma_i.$$

这时称函数 $f(x, y)$ 在闭区域 D 上可积, 其中 $f(x, y)$ 叫作被积函数, $f(x, y)\mathrm{d}\sigma$ 叫作被积表达式, $\mathrm{d}\sigma$ 叫作面积元素, x 与 y 叫作积分变量, D 叫作积分区域, $\sum\limits_{i=1}^{n} f(\xi_i, \eta_i)\Delta\sigma_i$ 叫作积分和.

如果函数 $f(x, y)$ 在闭区域 D 上连续, 则无论 D 如何分法, 点 (ξ_i, η_i) 如何取法, 上述和式的极限必定都存在且是同一极限. 也就是说, 当函数 $f(x, y)$ 在闭区域 D 上连续时, 必定在 D 上可积.

6.7.2　二重积分的几何意义

由二重积分的定义可知, 曲顶柱体的体积就是柱体的高 $f(x, y) \geqslant 0$ 在底面区域

D 上的二重积分. 即

$$V = \iint\limits_{D} f(x, y) \mathrm{d}\sigma.$$

一般地，如果 $f(x, y) \geqslant 0$，被积函数 $f(x, y)$ 可理解为曲顶柱体的高，这时二重积分的几何意义就是柱体的体积. 如果 $f(x, y) < 0$，柱体就在 xOy 面的下方，二重积分表示该柱体体积的相反值，即二重积分的绝对值表示该柱体的体积. 如果 $f(x, y)$ 在 D 上的若干区域是正的，而在其他的部分区域上是负的，可以把 xOy 面上方的柱体体积取成正，把 xOy 面下方的柱体体积取成负，那么 $f(x, y)$ 在 D 上的二重积分就等于这些部分区域上的柱体体积的代数和.

6.7.3　二重积分的性质

二重积分与定积分有类似的性质，现叙述如下.

性质 1　被积函数的常数因子可以提到二重积分号的外面，即

$$\iint\limits_{D} k f(x, y) \mathrm{d}\sigma = k \iint\limits_{D} f(x, y) \mathrm{d}\sigma \, (k \text{ 为常数})$$

性质 2　两个函数的和（或差）的二重积分等于这两个函数的二重积分的和（或差），即

$$\iint\limits_{D} [f(x, y) \pm g(x, y)] \mathrm{d}\sigma = \iint\limits_{D} f(x, y) \mathrm{d}\sigma \pm \iint\limits_{D} g(x, y) \mathrm{d}\sigma$$

性质 3　如果闭区域 D 被分成两个子区域 D_1 和 D_2，则函数 $f(x, y)$ 在 D 上的二重积分等于在这两个子区域 D_1 和 D_2 上的二重积分之和，即

$$\iint\limits_{D} f(x, y) \mathrm{d}\sigma = \iint\limits_{D_1} f(x, y) \mathrm{d}\sigma + \iint\limits_{D_2} f(x, y) \mathrm{d}\sigma$$

这个性质表示二重积分对于积分区域具有可加性.

性质 4　如果在 D 上，$f(x, y) = 1$，σ 为 D 的面积，则

$$\iint\limits_{D} 1 \mathrm{d}\sigma = \iint\limits_{D} \mathrm{d}\sigma = \sigma$$

性质 5　如果在 D 上，$f(x, y) \leqslant g(x, y)$，则有不等式

$$\iint\limits_{D} f(x, y) \mathrm{d}\sigma \leqslant \iint\limits_{D} g(x, y) \mathrm{d}\sigma$$

特别地，由于

$$-|f(x, y)| \leqslant f(x, y) \leqslant |f(x, y)|,$$

故

$$\left| \iint\limits_{D} f(x, y) \mathrm{d}\sigma \right| \leqslant \iint\limits_{D} |f(x, y)| \mathrm{d}\sigma$$

性质 6　设 M 和 m 分别是函数 $f(x, y)$ 在闭区域 D 上的最大值和最小值，σ 是 D 的面积，则有

$$m\sigma \leqslant \iint\limits_{D} f(x, y)d\sigma \leqslant M\sigma$$

6.7.4　二重积分的计算

用定义来计算二重积分比较烦琐,对于少数特别简单的被积函数及积分区域,尚属可行,但是对一般的函数和区域来说,用定义计算积分并不切实可行.因此需要找到计算二重积分的一般方法.本节介绍二重积分的重要计算方法——累次积分法.这种方法把二重积分化为两次单积分来计算.

1. 直角坐标系下的累次积分法

如果 $f(x, y) \geqslant 0$,那么二重积分 $\iint\limits_{D} f(x, y)d\sigma$ 的值等于一个以区域 D 为底,以曲面 $z = f(x, y)$ 为顶的曲顶柱体的体积.下面用几何的观点来讨论二重积分的计算.

设积分区域 D 可以用不等式组

$$\begin{cases} \varphi_1(x) \leqslant y \leqslant \varphi_2(x) \\ a \leqslant x \leqslant b \end{cases}$$

来表示(图 6.8),其中函数 $\varphi_1(x)$、$\varphi_2(x)$ 在区间 $[a, b]$ 上连续.

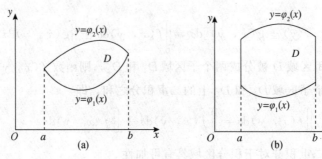

图 6-8

任取 $x \in [a, b]$,过点 x 作垂直于 x 轴的平面与曲顶柱体相交,所得的截面是一个以区间 $[\varphi_1(x), \varphi_2(x)]$ 为底,以 $z = f(x, y)$(x 固定)为曲边的曲边梯形.设该曲边梯形的面积为 $A(x)$,则根据求曲边梯形的面积的方法,有

$$\int_{\varphi_1(x)}^{\varphi_2(x)} f(x, y)dy = A(x)$$

如果函数 $A(x)$ 在区间 $[a, b]$ 上是常数,即曲顶柱体平行于 yOz 平面的截面的面积都相等,那么该曲顶柱体的体积 V 等于该常数与区间 $[a, b]$ 的长度的乘积.当函数 $A(x)$ 在区间 $[a, b]$ 上是变量时,根据一元函数定积分的定义,不难理解,体积 V 等于 $A(x)$ 在区间 $[a, b]$ 上的定积分,即 $V = \int_a^b A(x)dx$.把 $A(x)$ 的值代入该表达式,即有

$$\iint\limits_{D} f(x, y)d\sigma = \int_a^b \left[\int_{\varphi_1(x)}^{\varphi_2(x)} f(x, y)dy\right]dx$$

上式右端的积分称为先对 y 后对 x 的积分，也就是说，二重积分可化为两次定积分来计算．第一次积分时，把 x 看作常数，把 $f(x，y)$ 只看作 y 的函数，并计算它对 y 从 $\varphi_1(x)$ 到 $\varphi_2(x)$ 的积分，计算的结果通常是 x 的函数；第二次积分时，把第一次积分的结果对 x 在区间 $[a，b]$ 上积分．这个先对 y 后对 x 的积分也常记作

$$\int_a^b \mathrm{d}x \Big[\int_{\varphi_1(x)}^{\varphi_2(x)} f(x，y)\mathrm{d}y\Big]$$

在上面的讨论中，假定 $f(x，y) \geqslant 0$，但实际上，公式的成立不受此条件的限制．

类似地，如果积分区域 D 可以用不等式组

$$\begin{cases} \Psi_1(y) \leqslant x \leqslant \Psi_2(y) \\ c \leqslant y \leqslant d \end{cases}$$

来表示(图6.9)，其中函数 $\Psi_1(y)$、$\Psi_2(y)$ 在区间 $[c，d]$ 上连续，那么有

$$\iint\limits_D f(x，y)\mathrm{d}\sigma = \int_c^d \Big[\int_{\Psi_1(y)}^{\Psi_2(y)} f(x，y)\mathrm{d}x\Big]\mathrm{d}y.$$

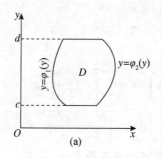 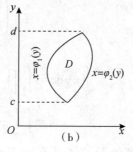

图 6-9

不难看出，把二重积分化为两次积分计算时，关键是确定两次积分的积分限．

一般可以这样确定积分限：如果是先对 y 后对 x 积分，可以把积分区域 D 投影到 x 轴上，得到投影区间 $[a，b]$，然后任取 $x \in [a，b]$，过点 x 作平行于 y 轴的直线与区域 D 相交，当交线是一条线段(或退化成一个点)时，称区域 D 是 x- 型区域(图6.8). 设交线段上下端点的纵坐标分别为 $\varphi_2(x)$ 和 $\varphi_1(x)$，则先对 y 积分时，上下限分别为 $\varphi_2(x)$ 和 $\varphi_1(x)$，再对 x 积分时，上下限分别为 b 和 a．

同理，如果是先对 x 后对 y 积分，就把积分区域 D 投影到 y 轴上，得到投影区间 $[c，d]$，然后任取 $y \in [c，d]$，过点 y 作平行于 x 轴的直线与区域 D 相交，当交线是一条线段(或退化成一个点)时，称区域 D 是 y- 型区域(图6.9). 设交线段左右端点的横坐标分别为 $\Psi_1(y)$ 和 $\Psi_2(y)$，则先对 x 积分时，上下限分别为 $\Psi_2(y)$ 和 $\Psi_1(y)$，再对 y 积分时，上下限分别为 d 和 c．

如果积分区域 D 既不是 x- 型区域也不是 y- 型区域，那么总可以把 D 分成几个部分，使每个部分为 x- 型区域或为 y- 型区域(图6.10)，然后应用二重积分对积分区域的可加性，计算二元函数在每个部分上的二重积分，再把所得的结果相加，即为该函数在区域 D 上的二重积分．

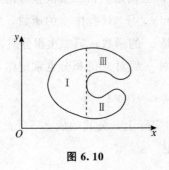

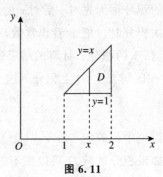

图 6.10   图 6.11

例 1 计算 $\iint\limits_{D} xy\,\mathrm{d}\sigma$，其中 D 是由直线 $y=1$，$x=2$ 及 $y=x$ 所围成的闭区域.

解 首先画出积分区域 D（图 6.11）.

解法 1 可把 D 看成是 x- 型区域，它可以用不等式组

$$\begin{cases} 1 \leqslant y \leqslant x \\ 1 \leqslant x \leqslant 2 \end{cases}$$

表示. 则

$$\iint\limits_{D} xy\,\mathrm{d}\sigma = \int_1^2 \left[\int_1^x xy\,\mathrm{d}y \right] \mathrm{d}x = \int_1^2 \left[x\,\frac{y^2}{2} \right]_1^x \mathrm{d}x$$

$$= \int_1^2 \left(\frac{x^3}{2} - \frac{x}{2} \right) \mathrm{d}x = \left[\frac{x^4}{8} - \frac{x^2}{4} \right]_1^2 = \frac{9}{8}.$$

解法 2 也可把 D 看成是 y- 型区域，它可以用不等式组

$$\begin{cases} y \leqslant x \leqslant 2 \\ 1 \leqslant y \leqslant 2 \end{cases}$$

表示. 则

$$\iint\limits_{D} xy\,\mathrm{d}\sigma = \int_1^2 \left[\int_y^2 xy\,\mathrm{d}x \right] \mathrm{d}y$$

$$= \int_1^2 \left[y \cdot \frac{x^2}{2} \right]_y^2 \mathrm{d}y = \int_1^2 \left(2y - \frac{y^3}{2} \right) \mathrm{d}y$$

$$= \left[y^2 - \frac{y^4}{8} \right]_1^2 = \frac{9}{8}.$$

例 2 计算 $\iint\limits_{D} y\sqrt{1+x^2-y^2}\,\mathrm{d}\sigma$，其中 D 是由直线 $y=x$，$x=-1$ 及 $y=1$ 所围成的闭区域.

解 画出积分区域 D（图 6.12）.

显然 D 既是 x- 型也是 y- 型的，但按 x- 型计算方便一些.

$$\iint\limits_{D} y\sqrt{1+x^2-y^2}\,\mathrm{d}\sigma = \int_{-1}^1 \left[\int_x^1 y\sqrt{1+x^2-y^2}\,\mathrm{d}y \right] \mathrm{d}x$$

$$= -\frac{1}{3}\int_{-1}^{1}\left[(1+x^2-y^2)^{\frac{3}{2}}\right]_x^1 \mathrm{d}x$$

$$= -\frac{1}{3}\int_{-1}^{1}(|x|^3-1)\mathrm{d}x$$

$$= -\frac{2}{3}\int_{0}^{1}(x^3-1)\mathrm{d}x = \frac{1}{2}$$

若按 y- 型计算积分，则计算过程比较麻烦．

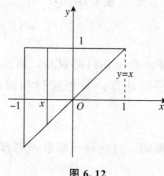

图 6.12

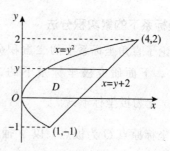

图 6.13

例3　计算 $\iint\limits_{D} xy\mathrm{d}\sigma$，其中 D 是由抛物线 $y^2=x$ 及直线 $y=x-2$ 所围成的闭区域．

解　画出积分区域 D（图 6.13）．

D 既是 x- 型也是 y- 型的，但按 y- 型计算方便一些．

$$\iint\limits_{D} xy\mathrm{d}\sigma = \int_{-1}^{2}\left[\int_{y^2}^{y+2} xy\mathrm{d}x\right]\mathrm{d}y = \int_{-1}^{2}\left[\frac{x^2}{2}y\right]_{y^2}^{y+2}\mathrm{d}y$$

$$= \frac{1}{2}\int_{-1}^{2}\left[y(y+2)^2-y^5\right]\mathrm{d}y = \frac{45}{8}$$

用二次积分计算二重积分，不仅要考虑有界闭区域 D 的边界，还要兼顾被积函数的情况，以确定是先 y 后 x，还是先 x 后 y．

例4　计算 $\iint\limits_{D} \mathrm{e}^{-y^2}\mathrm{d}\sigma$，其中 D 由直线 $y=x$，$y=1$ 及 y 轴所围成．

解　画出积分区域 D（图 6.14）．

D 既是 x- 型也是 y- 型的，但如果先对 y 后对 x 积分，则因为不容易求出函数 e^{-y^2}（对变量 y）的原函数，而出现无法积分的情况，所以先对 x 积分．

$$\iint\limits_{D} \mathrm{e}^{-y^2}\mathrm{d}\sigma = \int_{0}^{1}\mathrm{d}y\int_{0}^{y}\mathrm{e}^{-y^2}\mathrm{d}x = \int_{0}^{1}\left[\mathrm{e}^{-y^2}x\right]_0^y\mathrm{d}y$$

$$= \int_{0}^{1}y\mathrm{e}^{-y^2}\mathrm{d}y = -\frac{1}{2}\left[\mathrm{e}^{-y^2}\right]_0^1 = \frac{1}{2}(1-\mathrm{e}^{-1})$$

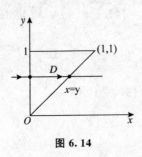

图 6.14

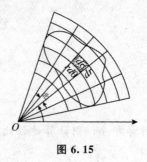

图 6.15

2. 极坐标系下的累次积分法

前面讨论了直角坐标系下的二重积分的计算，利用几何的观点，将其化为两次单积分来计算．下面研究极坐标系下的二重积分的计算，首先探讨如何把二重积分 $\iint\limits_{D} f(x，y)\mathrm{d}\sigma$ 化为极坐标形式．

以直角坐标原点 O 为极点，以 x 轴正向为极轴，建立极坐标系，则容易得出同一点的直角坐标 $(x，y)$ 与极坐标 $(r，\theta)$ 的关系：

$$\begin{cases} x = r\cos\theta \\ y = r\sin\theta \end{cases}.$$

利用这个公式，我们容易把函数 $f(x，y)$ 化为极坐标形式，即

$$f(x，y) = f(r\cos\theta，r\sin\theta).$$

下面还需要把面积元素 $\mathrm{d}\sigma$ 化为极坐标形式．

以一簇从极点出发的射线及另一簇以极点为圆心的同心圆把闭区域 D 分成许多子域，这些子域除了靠边界曲线的子域外，绝大多数都是扇形域（图 6.15），当分割更细时，这些不规则子域的面积之和趋向于零，所以不必考虑．于是，图中阴影部分所示的扇形域的面积近似等于以 $r\mathrm{d}\theta$ 为长，以 $\mathrm{d}r$ 为宽的矩形的面积，即面积元素 $\mathrm{d}\sigma = r\mathrm{d}r\mathrm{d}\theta$．

于是二重积分 $\iint\limits_{D} f(x，y)\mathrm{d}\sigma$ 可以化为极坐标形式，即

$$\iint\limits_{D} f(x，y)\mathrm{d}\sigma = \iint\limits_{D} f(r\cos\theta，r\sin\theta)r\mathrm{d}r\mathrm{d}\theta$$

极坐标系下的二重积分同样可以化为两次积分来计算．设积分区域 D，可以用不等式组

$$\begin{cases} \varphi_1(\theta) \leqslant r \leqslant \varphi_2(\theta) \\ \alpha \leqslant \theta \leqslant \beta \end{cases}$$

来表示（图 6-16），其中函数 $\varphi_1(\theta)$、$\varphi_2(\theta)$ 在区间 $[\alpha，\beta]$ 上连续．则

$$\iint\limits_{D} f(r\cos\theta，r\sin\theta)r\mathrm{d}r\mathrm{d}\theta = \int_{\alpha}^{\beta}\left[\int_{\varphi_1(\theta)}^{\varphi_2(\theta)} f(r\cos\theta，r\sin\theta)r\mathrm{d}r\right]\mathrm{d}\theta.$$

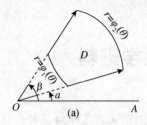 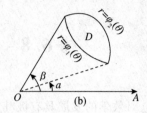

图 6-16

 例 1 计算 $\iint\limits_{D} e^{-x^2-y^2} d\sigma$，其中 D 是由中心在原点、半径为 a 的圆周所围成的闭区域.

解 在极坐标系中，闭区域 D 可表示为

$$\begin{cases} 0 \leqslant r \leqslant a \\ 0 \leqslant \theta \leqslant 2\pi \end{cases},$$

则

$$\iint\limits_{D} e^{-x^2-y^2} d\sigma = \iint\limits_{D} e^{-r^2} r \, dr \, d\theta = \int_0^{2\pi} \left[\int_0^a e^{-r^2} r \, dr \right] d\theta$$

$$= \int_0^{2\pi} \left[-\frac{1}{2} e^{-r^2} \right]_0^a d\theta = \frac{1}{2}(1 - e^{-a^2}) \int_0^{2\pi} d\theta = \pi(1 - e^{-a^2})$$

本题如果采用直角坐标计算，由于积分 $\int e^{-x^2} dx$ 不能用初等函数表示，所以积不出来. 可见一些用直角坐标不能解决的积分问题，有时可以通过化为极坐标来计算.

 例 2 计算 $\iint\limits_{D}(x^2+y^2) d\sigma$，其中 D 是由 $x^2+y^2=R_1^2$ 和 $x^2+y^2=R_2^2 (R_1<R_2)$ 所围成的环形区域在第一象限的部分（图 6.17）.

解 在极坐标系中，闭区域 D 可表示为

$$\begin{cases} R_1 \leqslant r \leqslant R_2 \\ 0 \leqslant \theta \leqslant \dfrac{\pi}{2} \end{cases},$$

则

$$\iint\limits_{D}(x^2+y^2) d\sigma = \iint\limits_{D} r^2 r \, dr \, d\theta = \int_0^{\frac{\pi}{2}} d\theta \int_{R_1}^{R_2} r^3 \, dr$$

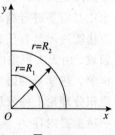

图 6.17

$$= \frac{1}{4}(R_2^4 - R_1^4) \int_0^{\frac{\pi}{2}} d\theta = \frac{\pi}{8}(R_2^4 - R_1^4)$$

§6.8　数学史料

微积分的建立对数学的发展具有极其重大的意义. 这种意义首先就在于开创了一种全新的研究变量并且发展为研究连续量的数学理论, 使数学向更深刻的抽象方向前进了一大步. 其次是促进了数学应用的大发展, 使数学成为其他科学的重要工具. 甚至可以说, 在17世纪和18世纪的数学, 更多的是为了解决当时的科学 —— 尤其是物理学和工业技术 —— 中的问题. 今天, 许多科学中仍然要应用由微积分所发展出来的分析数学的工具.

微积分之所以能在理论和应用两个方面推动数学的发展, 就在于由微积分的基本思想出发, 人们得到了一系列极其成功的、对后世数学以至于科学发展起了巨大推动作用的数学思想和方法.

首先, 微积分引进了研究函数性质的新型计算技巧, 特别是计算函数的极值、平面图形的面积和三维区域的体积等. 一方面, 使人们有可能用机械的计算得到许多过去是大数学家们绞尽脑汁才能获得的结果, 从而使人们能更有效地从事新的研究工作; 另一方面使以前是个别地解决的问题找到了一般的方法. 有了一般的好的计算方法, 就使许多问题可以应用数学来解决.

其次, 无穷级数也是一个重要的数学思想, 也就是把一个有限形式的量表示为一列无限的无穷小量的和的形式. 牛顿等人认识到, 一般的函数 $f(x)$ 可以表示成无穷幂级数: $f(x)=a_0+a_1x+a_2x^2+\cdots$, 这就有可能用从有限多项式发展出来的古老演算技巧来研究许多更一般的数学关系. 在无穷级数的研究中, 一方面, 人们找出研究不同函数, 例如各种初等函数的一般的方法, 发现许多函数的共同的性质, 从而促进了数学的理论发展; 另一方面, 又为数学的应用提供了有效的工具. 天文学、地学或航海技术中都需要进行精确的计算, 这首先要求有较高精确度的各种函数表, 采用无穷级数方法能造出具有任意精度的表来(现在有时仍用这种方法), 这自然扩大了数学的应用领域. 由天文现象的周期性, 人们也研究了周期函数, 特别是三角级数, 它对天文学、声学、热学等的研究都产生了极其深远的影响. 这就是运用无穷级数的思想方法促进了微积分理论上的发展, 同时也拓广了微积分的应用范围, 它本身则成为分析数学中的一项重要内容.

再次, 在用微积分研究物体的运动时, 人们产生了常微分方程的思想, 即研究在函数 f 它的导数 f' 和它的二阶导数 f'' 之间的, 或者一般地在 f 和它的任意有限阶导数之间的用代数等式或其他更一般的等式定义的函数. 后来, 微积分的基本思想被系统地推广到多元函数, 发展了多元微积分的方法. 这时, 人们常用的办法是: 让一个变量变化而把其余的变量固定以决定多元函数 f 的值, 然后再对这个变量取导数, 人们就得到 f 的偏导数. 含有未知函数的偏导数的方程称为偏微分方程.

微分方程的思想方法是直接由其他科学, 尤其是物理学以及工程技术的需要而产生的. 研究弹性理论、摆的理论、波动理论、二体问题(行星在太阳引力下的运动)、三体问题(太阳、地球、月亮的相互作用) 等是产生微分方程思想方法的直接动因. 微分方程理论的发展为研究自然现象和许多工程技术现象提供了理想的模型, 并且提供了成功地解决问题的工具. 直到现在, 微分方程仍然是研究确定性现象的主要工具.

微分几何思想方法是在应用中产生出来的. 例如在地图绘制、大地测量以及物体沿曲线和曲面的运动等问题中, 既依赖于微积分的思想方法, 又依赖于几何的思想方法, 从而发展了微分几何的理论.

总之, 微积分思想方法使数学与近代的生产和其他科学研究相结合, 使数学在广泛的应用中得到发展. 同时, 由于把微积分应用于数学的各个分支中, 开始从方法上把数学综合起来. 可以说, 整个 18 世纪的数学是以微积分思想为核心, 深入各个数学的分支领域, 带动了代数学、几何学等的发展. 至于前述微积分思想的逻辑上的缺陷, 当时尚无法解决, 正是由于这个缺陷, 使人们的数学研究经常走向悖论, 从而认识到, 想深入地发展分析数学就要深入研究它的理论基础. 这又给下一世纪的数学研究开辟了新的方向.

课后习题

一、填空题

1. 函数 $z = \log_2 xy$ 的定义域为_____;

2. 已知 $f(x, y) = x^2 \ln y$, 则 $f(\sin x, x - 2y) =$_____;

3. 设 $z = \dfrac{\ln x}{y^2}$, 则 $\dfrac{\partial z}{\partial x} =$_____, $\dfrac{\partial z}{\partial y} =$_____;

4. $z = x^2 y + e^{xy}$ 在点 (x, y) 处的 $dz =$_____;

5. $z = \dfrac{x}{\sqrt{x^2 + y^2}}$ 在点 $(0, 1)$ 处的 $dz =$_____;

6. $x^2 + y^2 = 1$, 则 $\dfrac{dy}{dx}\bigg|_{x=0} =$_____;

7. 设 $\sin x + e^x - xy^2 = 0$, 则 $\dfrac{dy}{dx} =$_____;

8. 设函数 $f(x, y) = 2x^2 + ax + xy^2 + 2y$ 在点 $(1, -1)$ 取得极值, 则常数 $a =$_____;

9. 改变积分次序:

(1) $\displaystyle\int_0^1 dx \int_0^{x^2} f(x, y) dy + \int_1^2 dx \int_0^{2-x} f(x, y) dy =$_____;

(2) $\displaystyle\int_0^4 dy \int_{-\sqrt{4-y}}^{\frac{1}{2}(y-4)} f(x, y) dx =$_____;

10. 设 D 是由 $y = kx(k > 0)$，$y = 0$ 和 $x = 1$ 围成的区域，且 $\iint\limits_D xy^2 \mathrm{d}x\mathrm{d}y = \dfrac{1}{15}$，则 k = _____.

二、选择题

1. 设 D 是由直线 $x = 0$，$y = 0$，$x + y = 3$，$x + y = 5$ 所围成的闭区域，记：$I_1 = \iint\limits_D \ln(x + y)\mathrm{d}\sigma$，$I_2 = \iint\limits_D \ln^2(x + y)\mathrm{d}\sigma$，则（　　）.

A. $I_1 < I_2$ 　　　　　　　　　 B. $I_1 > I_2$

C. $I_2 = 2I_1$ 　　　　　　　　　 D. 无法比较

2. 设 D 是由 x 轴和 $y = \sin x (x \in [0, \pi])$ 所围成，则积分 $\iint\limits_D y\mathrm{d}\sigma = （　　）$.

A. $\dfrac{\pi}{6}$ 　　　　 B. $\dfrac{\pi}{4}$ 　　　　 C. $\dfrac{\pi}{3}$ 　　　　 D. $\dfrac{\pi}{2}$

3. 设积分区域 D 由 $y = x^2$ 和 $y = x + 2$ 所围成，则 $\iint\limits_D f(x, y)\mathrm{d}\sigma = （　　）$.

A. $\displaystyle\int_{-1}^2 \mathrm{d}x \int_{x^2}^{x+2} f(x, y)\mathrm{d}y$ 　　　　 B. $\displaystyle\int_{-1}^2 \mathrm{d}x \int_0^2 f(x, y)\mathrm{d}y$

C. $\displaystyle\int_{-2}^1 \mathrm{d}x \int_{x^2}^{x+2} f(x, y)\mathrm{d}y$ 　　　　 D. $\displaystyle\int_0^1 \mathrm{d}x \int_{x^2}^{x+2} f(x, y)\mathrm{d}y$

4. 设 $f(x, y)$ 是连续函数，则累次积分 $\displaystyle\int_0^4 \mathrm{d}x \int_x^{2\sqrt{x}} f(x, y)\mathrm{d}y = （　　）$.

A. $\displaystyle\int_0^4 \mathrm{d}y \int_{\frac{1}{4}y^2}^y f(x, y)\mathrm{d}x$ 　　　　 B. $\displaystyle\int_0^4 \mathrm{d}y \int_{-y}^{\frac{1}{4}y^2} f(x, y)\mathrm{d}x$

C. $\displaystyle\int_0^4 \mathrm{d}y \int_{\frac{1}{4}}^y f(x, y)\mathrm{d}x$ 　　　　 D. $\displaystyle\int_0^4 \mathrm{d}y \int_{\frac{1}{2}y^2}^y f(x, y)\mathrm{d}x$

5. 累次积分 $\displaystyle\int_0^2 \mathrm{d}x \int_x^2 \mathrm{e}^{-y^2}\mathrm{d}y = （　　）$.

A. $\dfrac{1}{2}(1 - \mathrm{e}^{-2})$ 　　　　　　　 B. $\dfrac{1}{3}(1 - \mathrm{e}^{-4})$

C. $\dfrac{1}{2}(1 - \mathrm{e}^{-4})$ 　　　　　　　 D. $\dfrac{1}{3}(1 - \mathrm{e}^{-2})$

三、综合题

1. 求下列函数极限.

(1) $\displaystyle\lim_{(x, y)\to(0, 0)} \frac{3 - \sqrt{x^2 + y^2 + 9}}{x^2 + y^2}$; 　　　 (2) $\displaystyle\lim_{(x, y)\to(0, 1)} \frac{\arctan(x^2 + y^2)}{1 + \mathrm{e}^{xy}}$.

2. 求下列函数的偏导数.

(1) $z = x^3 y - xy^3$; 　　　　　　　 (2) $z = \mathrm{e}^{2x}\cos y$;

(3) $z = x\arctan\dfrac{y}{x}$; 　　　　　　 (4) $z = (x + y)\sin(x - y)$.

3. 求下列函数的二阶偏导数.

(1) $z = 6x^4 y + 5x^3 y^5$; 　　　　　　 (2) $z = x\ln(x + y)$;

(3)$z = \cos^2(x + 2y)$; 　　　　(4)$z = \arctan \dfrac{x + y}{1 - xy}$.

4. 设 $f(x, y) = e^{-\sin x}(x + 2y)$，求 $f_x{}'(0, 1)$，$f_y{}'(0, 1)$.

5. 求下列函数的全微分.

(1)$z = 2x^2 - 3xy + y^2 + 1$; 　　　　(2)$z = xy + \dfrac{x}{y}$;

(3)$z = \sin x \cos y$; 　　　　(4)$z = \ln(x^2 + y^3 + 1)$.

6. 设 $z = x^2 y$，当 $\Delta x = 0.1$，$\Delta y = 0.2$ 时，求在点(1，2)处的 Δz，dz.

7. 求函数 $z = \ln(1 + x^2 + y^2)$ 在点(1，2)处的全微分.

8. 利用全微分计算下列各式的近似值.

(1) $1.04^{2.02}$. 　　　　(2)$\sin 29° \tan 46°$.

9. 求下列复合函数的偏导数.

(1) 设 $z = u^2 v - uv^2$，$u = x\cos y$，$v = x\sin y$，求 $\dfrac{\partial z}{\partial x}$，$\dfrac{\partial z}{\partial y}$;

(2) 设 $z = (4x^2 + 3y^2)^{2x + 3y}$，求 $\dfrac{\partial z}{\partial x}$，$\dfrac{\partial z}{\partial y}$;

(3) 设 $z = u^2 v$，$u = \cos x$，$v = \sin x$，求 $\dfrac{dz}{dx}$;

(4) 设 $u = x^2 + y^2 + z^2$，$x = e^t \cos t$，$y = e^t \sin t$，$z = e^t$，求 $\dfrac{du}{dt}$.

10. 求下列隐函数的偏导数.

(1) 设方程 $xe^{2y} - ye^{2x} = 1$ 确定函数 $y = f(x)$，求 $\dfrac{dy}{dx}$;

(2) 设函数 $z = f(x, y)$ 由方程 $\cos^2 x + \cos^2 y + \cos^2 z = 1$ 所确定，求 $\dfrac{\partial z}{\partial x}$，$\dfrac{\partial z}{\partial y}$.

11. 求下列函数的极值.

(1)$z = 4(x - y) - x^2 - y^2$; 　　　　(2)$z = x^2 + y^2$ 在条件 $x + y = 1$ 下.

12. 画出积分区域，并计算下列二重积分.

(1)二重积分 $\iint\limits_{D} \dfrac{\pi x}{2y} dx dy$，其中 D 是由曲线 $y = \sqrt{x}$ 及直线 $y = x$，$y = 2$ 所围成的区域;

(2)二重积分 $\iint\limits_{D} \dfrac{\sin y}{y} dx dy$，其中 D 是由曲线 $y^2 = x$ 及直线 $y = x$ 所围成的区域;

(3)二重积分 $\iint\limits_{D} \dfrac{1}{\sqrt{(x^2 + y^2)^3}} dx dy$，其中 D 是由直线 $y = x$，$x = 2$ 及上半圆周 $y = \sqrt{2x - x^2}$ 所围成的区域;

(4)计算 $I = \iint\limits_{D} (xy + y^2 + 1) dx dy$，其中 $D = \{(x, y) \mid x^2 + y^2 \leqslant 4\}$.

第7章 行列式与矩阵

行列式与矩阵是线性代数的两个基本概念，它们是研究线性代数的重要工具．本章将介绍行列式的定义，讨论它的性质、计算方法、应用及矩阵的运算．它们在线性代数与数学的许多分支中都有具体的应用，数学、自然及工程等学科中很多问题都可以用行列式与矩阵的理论来处理．

§7.1　行列式

7.1.1　n 阶行列式

对于由两个方程组成的二元线性方程组 $\begin{cases} a_{11}x_1 + a_{12}x_2 = b_1, \\ a_{21}x_1 + a_{22}x_2 = b_2 \end{cases}$，当 $a_{11}a_{22} - a_{12}a_{21} \neq 0$ 时，方程组有解

$$x_1 = \frac{b_1 a_{22} - a_{12} b_2}{a_{11} a_{22} - a_{12} a_{21}}, \ x_2 = \frac{a_{11} b_2 - b_1 a_{21}}{a_{11} a_{22} - a_{12} a_{21}}$$

为了记忆方便引入符号：$D = \begin{vmatrix} a_{11} & a_{12} \\ a_{21} & a_{22} \end{vmatrix} = a_{11}a_{22} - a_{12}a_{21}$，称其为二阶行列式

即左上与右下角元的乘积减去右上与左下角元的乘积，并记

$$D_1 = \begin{vmatrix} b_1 & a_{12} \\ b_2 & a_{22} \end{vmatrix} = b_1 a_{22} - a_{12} b_2, \ D_2 = \begin{vmatrix} a_{11} & b_1 \\ a_{21} & b_2 \end{vmatrix} = a_{11} b_2 - b_1 a_{21}$$

方程组的解可以写成

$$x_1 = \frac{D_1}{D}, \ x_2 = \frac{D_2}{D}$$

同样，用消元法解三元线性方程组

$$\begin{cases} a_{11}x_1 + a_{12}x_2 + a_{13}x_3 = b_1 \\ a_{21}x_1 + a_{22}x_2 + a_{23}x_3 = b_2 \\ a_{31}x_1 + a_{32}x_2 + a_{33}x_3 = b_3 \end{cases}$$

定义 $D = \begin{vmatrix} a_{11} & a_{12} & a_{13} \\ a_{21} & a_{22} & a_{23} \\ a_{31} & a_{32} & a_{33} \end{vmatrix} = a_{11}\begin{vmatrix} a_{22} & a_{23} \\ a_{32} & a_{33} \end{vmatrix} - a_{21}\begin{vmatrix} a_{12} & a_{13} \\ a_{32} & a_{33} \end{vmatrix} + a_{31}\begin{vmatrix} a_{12} & a_{13} \\ a_{22} & a_{23} \end{vmatrix}$

D 称为三阶行列式，并且记

$$D_1 = \begin{vmatrix} b_1 & a_{12} & a_{13} \\ b_2 & a_{22} & a_{23} \\ b_3 & a_{32} & a_{33} \end{vmatrix}$$

则有 $Dx_1 = D_1$. 类似地，记

$$D_2 = \begin{vmatrix} a_{11} & b_1 & a_{13} \\ a_{21} & b_2 & a_{23} \\ a_{31} & b_3 & a_{33} \end{vmatrix}, \quad D_3 = \begin{vmatrix} a_{11} & a_{12} & b_1 \\ a_{21} & a_{22} & b_2 \\ a_{31} & a_{32} & b_3 \end{vmatrix}$$

则有 $Dx_2 = D_2$, $Dx_3 = D_3$. 于是，当 $D \neq 0$ 时，方程组有解

$$x_1 = \frac{D_1}{D}, \quad x_2 = \frac{D_2}{D}, \quad x_3 = \frac{D_3}{D}$$

三阶行列式的定义中，$\begin{vmatrix} a_{22} & a_{23} \\ a_{32} & a_{33} \end{vmatrix}$ 是在三阶行列式中划去 a_{11} 所在的行和列后剩余的元保持原来的次序所构成的二阶行列式，称为元 a_{11} 的**余子式**，记为 M_{11}. 类似地，a_{21}，a_{31} 的余子式分别为

$$M_{21} = \begin{vmatrix} a_{12} & a_{13} \\ a_{32} & a_{33} \end{vmatrix} \quad M_{31} = \begin{vmatrix} a_{12} & a_{13} \\ a_{22} & a_{23} \end{vmatrix}$$

定义 7.1.1 n 元线性方程组 $\begin{cases} a_{11}x_1 + a_{12}x_2 + \cdots + a_{1n}x_n = b_1 \\ a_{21}x_1 + a_{22}x_2 + \cdots + a_{2n}x_n = b_2 \\ \cdots\cdots \\ a_{n1}x_1 + a_{n2}x_2 + \cdots + a_{nn}x_n = b_n \end{cases}$ 的 $n \times n$ 个系数元素

组成的式子 $D = \begin{vmatrix} a_{11} & a_{12} & \cdots & a_{1n} \\ a_{21} & a_{22} & \cdots & a_{2n} \\ \vdots & \vdots & & \vdots \\ a_{n1} & a_{n2} & \cdots & a_{nn} \end{vmatrix}$ 称为 **n 阶行列式**.

n 阶行列式等于第一列的每个元与其代数余子式乘积的和.

即
$$\begin{vmatrix} a_{11} & a_{12} & \cdots & a_{1n} \\ a_{21} & a_{22} & \cdots & a_{2n} \\ \vdots & \vdots & & \vdots \\ a_{n1} & a_{n2} & \cdots & a_{nn} \end{vmatrix} = a_{11}A_{11} + a_{21}A_{21} + \cdots + a_{n1}A_{n1} = \sum_{i=1}^{n} a_{i1}A_{i1} \qquad (*)$$

称($*$)式为 n 阶行列式按第一列的**展开式**.

一般地，在 n 阶行列式中，划去 a_{ij} 所在的行和列，剩余的元保持原来的次序所构成的 $n-1$ 阶行列式，称为元 a_{ij} 的**余子式**，记为 M_{ij}；称 $(-1)^{i+j}M_{ij}$ 为 a_{ij} 的**代数余子式**，记为 A_{ij}.

有了代数余子式及二阶行列式的概念，三阶行列式可以表述为

$$\begin{vmatrix} a_{11} & a_{12} & a_{13} \\ a_{21} & a_{22} & a_{23} \\ a_{31} & a_{32} & a_{33} \end{vmatrix} = a_{11}A_{11} + a_{21}A_{21} + a_{31}A_{31} = \sum_{i=1}^{3} a_{i1}A_{i1}$$

即：三阶行列式等于第一列的每个元与其代数余子式乘积的和.

例 1 计算行列式 $D = \begin{vmatrix} 5 & 2 & 0 & 0 \\ 1 & 0 & 0 & 0 \\ 0 & 0 & 2 & 1 \\ 0 & 1 & 1 & 0 \end{vmatrix}$

解 按定义，有

$$D = 5A_{11} + 1A_{21} + 0A_{31} + 0A_{41} = 5 \times (-1)^{1+1}M_{11} + 1 \times (-1)^{2+1}M_{21}$$

$$= 5\begin{vmatrix} 0 & 0 & 0 \\ 0 & 2 & 1 \\ 1 & 1 & 0 \end{vmatrix} - \begin{vmatrix} 2 & 0 & 0 \\ 0 & 2 & 1 \\ 1 & 1 & 0 \end{vmatrix} = -2\begin{vmatrix} 2 & 1 \\ 1 & 0 \end{vmatrix} = 2$$

上面用按第一列展开的方式定义了 n 阶行列式，下面证明：按第一行展开有相同的结果.

n 阶行列式等于其第一行每个元与其相应的代数余子式乘积的和，即

$$D = \begin{vmatrix} a_{11} & a_{12} & \cdots & a_{1n} \\ a_{21} & a_{22} & \cdots & a_{2n} \\ \vdots & \vdots & & \vdots \\ a_{n1} & a_{n2} & \cdots & a_{nn} \end{vmatrix} = \sum_{j=1}^{n} a_{1j}A_{1j}$$

也即
$$D = \sum_{i=1}^{k} a_{i1}A_{i1} = a_{11}M_{11} + \sum_{i=2}^{k} (-1)^{i+1} a_{i1}M_{i1}$$

例 2 计算行列式

$$D = \begin{vmatrix} 2 & 1 & 2 \\ -4 & 3 & 1 \\ 2 & 3 & 5 \end{vmatrix}$$

解 按照第一行展开，得

$$D = 2\begin{vmatrix} 3 & 1 \\ 3 & 5 \end{vmatrix} - 1\begin{vmatrix} -4 & 1 \\ 2 & 5 \end{vmatrix} + 2\begin{vmatrix} -4 & 3 \\ 2 & 3 \end{vmatrix}$$

$$= 2 \times (15 - 3) - 1 \times (-20 - 2) + 2 \times (-12 - 6) = 10$$

与按照第一列展开计算的结果完全一致.

7.1.2 行列式的性质及计算

直接用定义计算行列式是很麻烦的，因此，需要讨论行列式的性质，以便简化计算.

将行列式 D 的行列互换，得到的新行列式称为行列式 D 的**转置行列式**，记为 D^T 或者 D'，即若

$$D = \begin{vmatrix} a_{11} & a_{12} & \cdots & a_{1n} \\ a_{21} & a_{22} & \cdots & a_{2n} \\ \vdots & \vdots & & \vdots \\ a_{n1} & a_{n2} & \cdots & a_{nn} \end{vmatrix}, \quad 则\ D^T = \begin{vmatrix} a_{11} & a_{21} & \cdots & a_{n1} \\ a_{12} & a_{22} & \cdots & a_{n2} \\ \vdots & \vdots & & \vdots \\ a_{1n} & a_{2n} & \cdots & a_{nn} \end{vmatrix}$$

性质 1 行列式转置后，其值不变，即 $D^T = D$.

由性质1可知，行列式的行所具有的性质，对列也一定成立，对列所具有的性质，对行也一定成立. 因此，下面只对行证明其性质.

性质 2 互换行列式的两行(列)，行列式改变符号.

推论 1 行列式有两行(列)的对应元完全相同，则这个行列式为零.

性质 3 行列式中某一行(列)所有元的公因子，可以提到行列式符号外(即此因子乘以行列式). 即

$$D = \begin{vmatrix} a_{11} & a_{12} & \cdots & a_{1n} \\ a_{21} & a_{22} & \cdots & a_{2n} \\ \vdots & \vdots & \vdots & \vdots \\ \lambda a_{i1} & \lambda a_{i2} & \cdots & \lambda a_{in} \\ \vdots & \vdots & \vdots & \vdots \\ a_{n1} & a_{n2} & \cdots & a_{nn} \end{vmatrix} = \lambda \begin{vmatrix} a_{11} & a_{12} & \cdots & a_{1n} \\ a_{21} & a_{22} & \cdots & a_{2n} \\ \vdots & \vdots & \vdots & \vdots \\ a_{i1} & a_{i2} & \cdots & a_{in} \\ \vdots & \vdots & \vdots & \vdots \\ a_{n1} & a_{n2} & \cdots & a_{nn} \end{vmatrix} = \lambda \Delta$$

上式中，将第二个行列式记为 Δ.

推论 2 如果行列式有一行(列)的元全为零，则行列式为零.

推论 3 如果行列式有两行(列)的元对应成比例，则行列式为零.

性质 4 如果行列式的某一行(列)的元都是两项的和，则可以把这个行列式化为两个行列式的和，这两个行列式的这一行(列)的元分别是原行列式中相应位置的两项的第一项和第二项，而其他位置的元不变，即

$$D = \begin{vmatrix} a_{11} & a_{12} & \cdots & a_{1n} \\ a_{21} & a_{22} & \cdots & a_{2n} \\ \vdots & \vdots & \vdots & \vdots \\ b_{i1}+c_{i1} & b_{i2}+c_{i2} & \cdots & b_{in}+c_{in} \\ \vdots & \vdots & \vdots & \vdots \\ a_{n1} & a_{n2} & \cdots & a_{nn} \end{vmatrix}$$

$$= \begin{vmatrix} a_{11} & a_{12} & \cdots & a_{1n} \\ a_{21} & a_{22} & \cdots & a_{2n} \\ \vdots & \vdots & \vdots & \vdots \\ b_{i1} & b_{i2} & \cdots & b_{in} \\ \vdots & \vdots & \vdots & \vdots \\ a_{n1} & a_{n2} & \cdots & a_{nn} \end{vmatrix} + \begin{vmatrix} a_{11} & a_{12} & \cdots & a_{1n} \\ a_{21} & a_{22} & \cdots & a_{2n} \\ \vdots & \vdots & \vdots & \vdots \\ c_{i1} & c_{i2} & \cdots & c_{in} \\ \vdots & \vdots & \vdots & \vdots \\ a_{n1} & a_{n2} & \cdots & a_{nn} \end{vmatrix} = D_1 + D_2$$

性质 5　如果行列式的某一行(列)的元加上另一行(列)相应元的 λ 倍，则行列式不变．例如以数 λ 乘以第 i 行加到第 j 行上(记作 $r_j + \lambda r_i$)，有

$$D = \begin{vmatrix} a_{11} & a_{12} & \cdots & a_{1n} \\ a_{21} & a_{22} & \cdots & a_{2n} \\ \vdots & \vdots & \vdots \\ a_{i1} & a_{i2} & \cdots & a_{in} \\ \vdots & \vdots & \vdots \\ a_{j1} & a_{j2} & \cdots & a_{jn} \\ \vdots & \vdots & \vdots \\ a_{n1} & a_{n2} & \cdots & a_{nn} \end{vmatrix} = \begin{vmatrix} a_{11} & a_{12} & \cdots & a_{1n} \\ a_{21} & a_{22} & \cdots & a_{2n} \\ \vdots & \vdots & \vdots \\ a_{i1} & a_{i2} & \cdots & a_{in} \\ \vdots & \vdots & \vdots \\ a_{j1}+\lambda a_{i1} & a_{j2}+\lambda a_{i2} & \cdots & a_{jn}+\lambda a_{in} \\ \vdots & \vdots & \vdots \\ a_{n1} & a_{n2} & \cdots & a_{nn} \end{vmatrix}$$

性质 6　行列式 D 等于它的任意一行(列)的元与它的代数余子式的乘积之和，即

$$D = \sum_{j=1}^{n} a_{ij}A_{ij}(i=1,\ 2,\ \cdots,\ n)$$

$$D = \sum_{i=1}^{n} a_{ij}A_{ij}(j=1,\ 2,\ \cdots,\ n)$$

性质 7　行列式某一行(列)的元与另一行(列)对应元的代数余子式的乘积之和为零．即

$$\sum_{k=1}^{n} a_{ik}A_{jk} = a_{i1}A_{j1} + a_{i2}A_{j2} + \cdots + a_{in}A_{jn} = 0 (i \neq j)$$

$$\sum_{k=1}^{n} a_{ki}A_{kj} = a_{1i}A_{1j} + a_{2i}A_{2j} + \cdots + a_{ni}A_{nj} = 0 (i \neq j)$$

对于阶数较高的行列式，直接利用行列式的定义计算并不是一个可行的方法．为解决行列式的计算问题，应当利用行列式性质进行有效的化简，化简的方法也不是唯一的，要善于发现具体问题的特点．

例 3 已知行列式下三角形行列式 D_1 和上三角形行列式 D_2：

$$D_1 = \begin{vmatrix} a_{11} & 0 & \cdots & 0 \\ a_{21} & a_{22} & \cdots & 0 \\ \vdots & \vdots & & \vdots \\ a_{n1} & a_{n2} & \cdots & a_{nn} \end{vmatrix}, \quad D_2 = \begin{vmatrix} a_{11} & a_{12} & \cdots & a_{1n} \\ 0 & a_{22} & \cdots & a_{2n} \\ \vdots & \vdots & & \vdots \\ 0 & 0 & \cdots & a_{nn} \end{vmatrix},$$

试计算 D_1 和 D_2.

解 将 D_1 按照第一行展开，再将余子式也按照第一行展开．继续下去，即

$$D_1 = \begin{vmatrix} a_{11} & 0 & \cdots & 0 \\ a_{21} & a_{22} & \cdots & 0 \\ \vdots & \vdots & & \vdots \\ a_{n1} & a_{n2} & \cdots & a_{nn} \end{vmatrix} = a_{11} \begin{vmatrix} a_{22} & 0 & \cdots & 0 \\ a_{32} & a_{33} & \cdots & 0 \\ \vdots & \vdots & & \vdots \\ a_{n2} & a_{n2} & \cdots & a_{nn} \end{vmatrix}$$

$$= a_{11} a_{22} \begin{vmatrix} a_{33} & 0 & \cdots & 0 \\ \vdots & \vdots & & \vdots \\ a_{n3} & a_{n4} & \cdots & a_{nn} \end{vmatrix} = \cdots = a_{11} a_{22} \cdots a_{nn}$$

同理，将 D_2 按照第一列展开，再将余子式也按照第一列展开．继续下去，得到

$$D_2 = a_{11} a_{22} \cdots a_{nn}$$

在行列式的计算中，常利用行列式的性质将行列式化成上三角形或下三角形行列式进行计算．

例 4 计算行列式

$$D = \begin{vmatrix} 3 & 2 & 1 & 1 \\ 2 & 3 & 5 & 9 \\ -1 & 2 & 5 & -2 \\ 1 & 0 & -1 & 3 \end{vmatrix}$$

解 将 D 中第一行与第四互换：

$$D = - \begin{vmatrix} 1 & 0 & -1 & 3 \\ 2 & 3 & 5 & 9 \\ -1 & 2 & 5 & -2 \\ 3 & 2 & 1 & 1 \end{vmatrix}$$

再把第一行乘以 (-2) 加到第二行上去，第一行乘以 $(+1)$ 加到第三行上去，第一行乘以 (-3) 加到第四行上去，得

$$D = - \begin{vmatrix} 1 & 0 & -1 & 3 \\ 0 & 3 & 7 & 3 \\ 0 & 2 & 4 & 1 \\ 0 & 2 & 4 & -8 \end{vmatrix}$$

第三行乘以(−1)加到第二行上去，第三行乘以(−1)加到第四行上去，得

$$D = - \begin{vmatrix} 1 & 0 & -1 & 3 \\ 0 & 1 & 2 & 3 \\ 0 & 2 & 4 & 1 \\ 0 & 0 & 0 & -9 \end{vmatrix}$$

第二行乘以(−2)加到第三行上去，得到一个上三角形行列式，由此可得

$$D = - \begin{vmatrix} 1 & 0 & -1 & 3 \\ 0 & 1 & 2 & 3 \\ 0 & 0 & 0 & -5 \\ 0 & 0 & 0 & -9 \end{vmatrix} = -1 \times 1 \times (-2) \times (-9) = -18$$

例 5 计算

$$D = \begin{vmatrix} 3 & 1 & 1 & 1 \\ 1 & 3 & 1 & 1 \\ 1 & 1 & 3 & 1 \\ 1 & 1 & 1 & 3 \end{vmatrix}$$

解 可以看出这个行列式的特点是各列元之和相等，因此，把各行都加到第一行上去，得

$$D = \begin{vmatrix} 6 & 6 & 6 & 6 \\ 1 & 3 & 1 & 1 \\ 1 & 1 & 3 & 1 \\ 1 & 1 & 1 & 3 \end{vmatrix}$$

提出第一行的公因子6，然后各行减去第一行，得

$$D = 6 \begin{vmatrix} 1 & 1 & 1 & 1 \\ 1 & 3 & 1 & 1 \\ 1 & 1 & 3 & 1 \\ 1 & 1 & 1 & 3 \end{vmatrix} = 6 \begin{vmatrix} 1 & 1 & 1 & 1 \\ 0 & 2 & 0 & 0 \\ 0 & 0 & 2 & 0 \\ 0 & 0 & 0 & 2 \end{vmatrix} = 48$$

此例的方法可以推广至同样结构的 n 阶行列式($n > 1$)

$$D_n = \begin{vmatrix} x & a & \cdots & a \\ a & x & \cdots & a \\ \vdots & \vdots & & \vdots \\ a & a & \cdots & x \end{vmatrix}$$

例 6 计算 n 阶行列式

$$D = \begin{vmatrix} a & b & b & \cdots & b \\ b & a & b & \cdots & b \\ b & b & a & \cdots & b \\ \vdots & \vdots & \vdots & & \vdots \\ b & b & b & \cdots & a \end{vmatrix}$$

解　将第二，三，$\cdots$，n 列都加到第一列得

$$D = \begin{vmatrix} a+(n-1)b & b & b & \cdots & b \\ a+(n-1)b & a & b & \cdots & b \\ a+(n-1)b & b & a & \cdots & b \\ \vdots & \vdots & \vdots & & \vdots \\ a+(n-1)b & b & b & \cdots & a \end{vmatrix}$$

第一列提取公因子 $[a+(n-1)b]$ 得

$$D = [a+(n-1)b] \begin{vmatrix} 1 & b & b & \cdots & b \\ 1 & a & b & \cdots & b \\ 1 & b & a & \cdots & b \\ \vdots & \vdots & \vdots & & \vdots \\ 1 & b & b & \cdots & a \end{vmatrix}$$

第一行乘以 -1 加到以下各行得

$$D = [a+(n-1)b] \begin{vmatrix} 1 & b & b & \cdots & b \\ 0 & a-b & 0 & \cdots & 0 \\ 0 & 0 & a-b & \cdots & 0 \\ \vdots & \vdots & \vdots & & \vdots \\ 0 & 0 & 0 & \cdots & a-b \end{vmatrix}$$

上三角形行列式出现，则 $D = [a+(n-1)b](a-b)^{n-1}$.

例 7　证明范德蒙德(Vandermonde) 行列式

$$D = \begin{vmatrix} 1 & 1 & 1 & \cdots & 1 \\ a_1 & a_2 & a_3 & \cdots & a_n \\ a_1^2 & a_2^2 & a_3^2 & \cdots & a_n^2 \\ \vdots & \vdots & \vdots & & \vdots \\ a_1^{n-1} & a_2^{n-1} & a_3^{n-1} & \cdots & a_n^{n-1} \end{vmatrix} = \prod_{1 \leqslant j < i \leqslant n} (a_i - a_j)$$

证明　用数学归纳法.

当 $n=2$ 时，$\begin{vmatrix} 1 & 1 \\ a_1 & a_2 \end{vmatrix} = a_2 - a_1$，结论成立.

假设对于 $n=k-1$ 时结论成立.

当 $n=k$ 时，从第 k 行开始，逐行减去上面相邻行的 a_1 倍，得

$$D = \begin{vmatrix} 1 & 1 & 1 & \cdots & 1 \\ 0 & a_2 - a_1 & a_3 - a_1 & \cdots & a_k - a_1 \\ 0 & a_2(a_2 - a_1) & a_3(a_3 - a_1) & \cdots & a_k(a_k - a_1) \\ \vdots & \vdots & \vdots & & \vdots \\ 0 & a_2^{k-2}(a_2 - a_1) & a_3^{k-2}(a_3 - a_1) & \cdots & a_k^{k-2}(a_k - a_1) \end{vmatrix}$$

按第一列展开，再将各列的公因子提出来

$$D = \begin{vmatrix} a_2 - a_1 & a_3 - a_1 & \cdots & a_k - a_1 \\ a_2(a_2 - a_1) & a_3(a_3 - a_1) & \cdots & a_k(a_k - a_1) \\ \vdots & \vdots & & \vdots \\ a_2^{k-2}(a_2 - a_1) & a_3^{k-2}(a_3 - a_1) & \cdots & a_k^{k-2}(a_k - a_1) \end{vmatrix}$$

$$= (a_2 - a_1)(a_3 - a_1)\cdots(a_k - a_1) \begin{vmatrix} 1 & 1 & \cdots & 1 \\ a_2 & a_3 & \cdots & a_k \\ \vdots & \vdots & & \vdots \\ a_2^{k-2} & a_3^{k-2} & \cdots & a_k^{k-2} \end{vmatrix}$$

得到的 $k-1$ 阶范德蒙德行列式，由归纳假设知其值为

$$\prod_{2 \leqslant j < i \leqslant k} (a_i - a_j)$$

于是 $D = (a_2 - a_1)(a_3 - a_1)\cdots(a_k - a_1) \prod_{2 \leqslant j < i \leqslant k} (a_i - a_j) = \prod_{1 \leqslant j < i \leqslant k} (a_i - a_j)$

因此，对于任意正整数 $n \geqslant 2$，范德蒙德行列式的展开式都成立．证毕．

例如：$\begin{vmatrix} 1 & 1 & 1 & 1 \\ 2 & 3 & 4 & 5 \\ 2^2 & 3^2 & 4^2 & 5^2 \\ 2^3 & 3^3 & 4^3 & 5^3 \end{vmatrix} = (5-4)(5-3)(5-2)(4-3)(4-2)(3-2) = 12$

7.1.3 克拉默法则

本小节以行列式为工具，研究解线性方程组的问题．设 n 个未知量 n 个方程的线性方程组为

$$\begin{cases} a_{11}x_1 + a_{12}x_2 + \cdots + a_{1n}x_n = b_1 \\ a_{21}x_1 + a_{22}x_2 + \cdots + a_{2n}x_n = b_2 \\ \cdots\cdots \\ a_{n1}x_1 + a_{n2}x_2 + \cdots + a_{nn}x_n = b_n \end{cases} \qquad (*)$$

简记为 $\sum_{j=1}^{n} a_{kj}x_j = b_k (k = 1, 2, \cdots, n)$

它的系数构成的行列式

$$D = \begin{vmatrix} a_{11} & a_{12} & \cdots & a_{1n} \\ a_{21} & a_{22} & \cdots & a_{2n} \\ \vdots & \vdots & & \vdots \\ a_{n1} & a_{n2} & \cdots & a_{nn} \end{vmatrix}$$

称为方程组（＊）的**系数行列式**．

定理 7.1.1 如果方程组（＊）的系数行列式不为零，则该方程组有唯一解：

$$x_1 = \frac{D_1}{D}, \; x_2 = \frac{D_2}{D}, \; \cdots, \; x_n = \frac{D_n}{D}$$

这里 $D_j (j = 1, 2, \cdots, n)$ 是把方程组的常数项 $b_1, b_2, \cdots, b_n$ 依次替换系数行列式中的第 j 列元所得到的 n 阶行列式．

通常称这个定理为**克拉默（Cramer）法则**．

例 8 解线性方程组 $\begin{cases} x_1 - 3x_2 + 7x_3 = 2 \\ 2x_1 + 4x_2 - 3x_3 = -1. \\ -3x_1 + 7x_2 + 2x_3 = 3 \end{cases}$

解 系数行列式

$$D = \begin{vmatrix} 1 & -3 & 7 \\ 2 & 4 & -3 \\ -3 & 7 & 2 \end{vmatrix} = 196$$

由于系数行列式不为零，所以可以使用克拉默法则，方程组有唯一解．此时

$$D_1 = \begin{vmatrix} 2 & -3 & 7 \\ -1 & 4 & -3 \\ 3 & 7 & 2 \end{vmatrix} = -54, \quad D_2 = \begin{vmatrix} 1 & 2 & 7 \\ 2 & -1 & -3 \\ -3 & 3 & 2 \end{vmatrix} = 38,$$

$$D_3 = \begin{vmatrix} 1 & -3 & 2 \\ 2 & 4 & -1 \\ -3 & 7 & 3 \end{vmatrix} = 80.$$

则有

$$x_1 = \frac{D_1}{D} = -\frac{54}{196} = -\frac{27}{98}, \; x_2 = \frac{D_2}{D} = \frac{38}{196} = \frac{19}{98}, \; x_3 = \frac{D_3}{D} = \frac{80}{196} = \frac{20}{49}$$

用克拉默法则解一个有 n 个未知量、n 个方程的线性方程组，需要计算 $n+1$ 个 n 阶行列式，这样的计算量通常是相当大的，但克拉默法则在理论上具有重要意义．

定理 7.1.2 如果线性方程组（＊）的系数行列式 $D \neq 0$，则（＊）一定有解，且解是唯一的．

易知定理 2 的逆否命题是：

定理 7.1.3 如果线性方程组（＊）无解或有两个不同的解，则它的系数行列式必为零．

定义 7.1.2　线性方程组 $\begin{cases} a_{11}x_1 + a_{12}x_2 + \cdots + a_{1n}x_n = b_1 \\ a_{21}x_1 + a_{22}x_2 + \cdots + a_{2n}x_n = b_2 \\ \cdots\cdots \\ a_{n1}x_1 + a_{n2}x_2 + \cdots + a_{nn}x_n = b_n \end{cases}$ 中，若常数项 b_1，b_2，

$\cdots$，b_n 不全为零，则称此方程组为**非齐次线性方程组**；若 b_1，b_2，$\cdots$，b_n 全为零，则称此方程组为**齐次线性方程组**.

定理 7.1.4　齐次线性方程组 $\begin{cases} a_{11}x_1 + a_{12}x_2 + \cdots + a_{1n}x_n = 0 \\ a_{21}x_1 + a_{22}x_2 + \cdots + a_{2n}x_n = 0 \\ \cdots\cdots \\ a_{n1}x_1 + a_{n2}x_2 + \cdots + a_{nn}x_n = 0 \end{cases}$ 的系数行列式 $D \neq$

0，此齐次线性方程组只有零解.

推论　如果齐次线性方程组有非零解，则它的系数行列式 $D = 0$.

例 9　问 λ 取何值时，齐次线性方程组 $\begin{cases} (1-\lambda)x_1 - 2x_2 + 4x_3 = 0 \\ 2x_1 + (3-\lambda)x_2 + x_3 = 0 \\ x_1 + x_2 + (1-\lambda)x_3 = 0 \end{cases}$ 有非零解？

解　$D = \begin{vmatrix} 1-\lambda & -2 & 4 \\ 2 & 3-\lambda & 1 \\ 1 & 1 & 1-\lambda \end{vmatrix} = \begin{vmatrix} 1-\lambda & -3+\lambda & 3+2\lambda-\lambda^2 \\ 2 & 1-\lambda & -1+2\lambda \\ 1 & 0 & 0 \end{vmatrix}$

$= (\lambda-3)(2\lambda-1) - (1-\lambda)(3+2\lambda-\lambda^3)$

$= -\lambda(\lambda-2)(\lambda-3)$

因齐次方程组有非零解，则 $D = 0$，故 $\lambda = 0$，2，3 时齐次方程组可能有非零解.

§7.2　矩阵的概念

当线性方程组的系数行列式为零或方程的个数与未知量的个数不相等时，克拉默法则无能为力，矩阵是解决它的有力工具. 本章主要介绍矩阵的定义、矩阵的运算、逆矩阵与矩阵的初等变换等. 矩阵是数学中一个重要概念，是处理线性数学模型的重要工具.

7.2.1　矩阵定义

定义 7.2.1　由 $m \times n$ 个数 $a_{ij}(i = 1, 2, \cdots, m; j = 1, 2, \cdots, n)$ 排成 m 行 n 列的矩形数表.

$$\begin{bmatrix} a_{11} & a_{12} & \cdots & a_{1n} \\ a_{21} & a_{22} & \cdots & a_{2n} \\ \vdots & \vdots & & \vdots \\ a_{m1} & a_{m2} & \cdots & a_{mn} \end{bmatrix}_{m \times n}$$

称为一个 m **行** n **列矩阵**，或 $m \times n$ 矩阵．其中，横排叫行，纵排叫列，a_{ij} 称为矩阵第 i 行第 j 列的**元素**．

矩阵通常用大写字母 A、B、C 等表示，矩阵中元素用相应小写字母表示．

一个 $m \times n$ 矩阵也可记作：$A_{m \times n}$ 或 $(a_{ij})_{m \times n}$，即

$$A_{m \times n} = (a_{ij})_{m \times n} = \begin{pmatrix} a_{11} & a_{12} & \cdots & a_{1n} \\ a_{21} & a_{22} & \cdots & a_{2n} \\ \vdots & \vdots & & \vdots \\ a_{m1} & a_{m2} & \cdots & a_{mn} \end{pmatrix}_{m \times n}$$

由定义 7.2.1 知，矩阵的实质是**矩形数表**，且矩阵的行数与列数可以不同．

7.2.2 特殊矩阵

1. 行阵

行数 $m = 1$ 的矩阵．如 1 号学员期中考试成绩矩阵

$$B = (90 \quad 89 \quad 69 \quad 72)_{1 \times 4}.$$

2. 列阵

列数 $n = 1$ 的矩阵．如全班微积分期中考试成绩矩阵

$$C = \begin{pmatrix} 90 \\ 70 \\ 78 \\ 95 \\ 70 \\ 66 \\ 60 \\ 50 \\ 70 \\ 70 \end{pmatrix}_{10 \times 1}$$

3. n 阶方阵

当 $m = n$ 时，称矩阵为 n 阶方阵，记作：A_n．

n 阶方阵 $A_n = (a_{ij})_{n \times n}$ 中称元素 a_{11}，a_{22}，$\cdots$，a_{nn} 为**主对角线元素**．

4. 单位矩阵

主对角线元素为 1，其余元素均为 0 的 n 阶方阵，称为 n 阶单位阵，记作：E_n 或

I_n. 如

$$E_2 = \begin{pmatrix} 1 & 0 \\ 0 & 1 \end{pmatrix}, \ E_3 = \begin{pmatrix} 1 & 0 & 0 \\ 0 & 1 & 0 \\ 0 & 0 & 1 \end{pmatrix}$$

5. 零矩阵

元素均为零的矩阵，记作：$O_{m \times n}$. 如

$$O_{2 \times 3} = \begin{pmatrix} 0 & 0 & 0 \\ 0 & 0 & 0 \end{pmatrix}$$

7.2.3　两矩阵间的关系

1. 同型

定义 7.2.2　已知矩阵 $A_{m \times n}$ 和 $B_{s \times t}$，若 $m = s$ 且 $n = t$，则称矩阵 A 与 B 同型.

2. 相等

定义 7.2.3　设 $A = (a_{ij})_{m \times n}$，$B = (b_{ij})_{m \times n}$，若

$$a_{ij} = b_{ij}(i = 1,\ 2,\ \cdots,\ m;\ j = 1,\ 2,\ \cdots,\ n),$$

则称矩阵 A 与矩阵 B 相等，记作：$A = B$.

由定义 7.2.3 知，两矩阵相等应满足两个条件：$\begin{cases} (1) \text{同型} \\ (2) \text{对应元素相等} \end{cases}$.

7.2.4　线性方程组中常用矩阵

含有 m 个方程 n 个未知量的线性方程组的一般形式为

$$\begin{cases} a_{11}x_1 + a_{12}x_2 + \cdots + a_{1n}x_n = b_1 \\ a_{21}x_1 + a_{22}x_2 + \cdots + a_{2n}x_n = b_2 \\ \cdots\cdots \\ a_{m1}x_1 + a_{m2}x_2 + \cdots + a_{mn}x_n = b_m \end{cases}$$

例如，$\begin{cases} x_1 - 2x_2 + x_3 - x_4 = 3 \\ 2x_1 - 4x_2 + x_4 = 2 \\ 2x_2 + 7x_4 = 0 \end{cases}$　是含有 3 个方程 4 个未知量的线性方程组.

线性方程组中常用矩阵包括以下四个矩阵

1. 线性方程组的系数矩阵为

线性方程组中所有系数，按照在方程组中的位置排列组成的矩阵，称为线性方程组的系数矩阵. 记作：A. 即线性方程组的系数矩阵为

$$A = \begin{pmatrix} a_{11} & a_{12} & \cdots & a_{1n} \\ a_{21} & a_{22} & \cdots & a_{2n} \\ \vdots & \vdots & & \vdots \\ a_{m1} & a_{m2} & \cdots & a_{mn} \end{pmatrix}_{m \times n}$$

其系数矩阵为

$$A = \begin{pmatrix} 1 & -2 & 1 & -1 \\ 2 & -4 & 0 & 1 \\ 0 & 2 & 0 & 7 \end{pmatrix}_{3 \times 4}$$

系数矩阵只能反映线性方程组各方程中未知量的系数，即只能反映出线性方程组一般形式等号左侧信息，不能反映整个线性方程组．

2. 线性方程组的增广矩阵为

线性方程组中所有系数和常数，按照在方程组中的位置排列组成的矩阵，称为线性方程组的增广矩阵．记作：$\overline{A}$. 即线性方程组的增广矩阵为

$$\overline{A} = \begin{pmatrix} a_{11} & \cdots & a_{1n} & b_1 \\ a_{21} & \cdots & a_{2n} & b_2 \\ \vdots & \vdots & \vdots & \vdots \\ a_{m1} & \cdots & a_{mn} & b_m \end{pmatrix}_{m \times (n+1)} .$$

其增广矩阵为

$$\overline{A} = \begin{pmatrix} 1 & -2 & 1 & -1 & 3 \\ 2 & -4 & 0 & 1 & 2 \\ 0 & 2 & 0 & 7 & 0 \end{pmatrix}_{3 \times 5}$$

增广矩阵的一行代表一个方程，前 n 列中第 j 列代表各方程中 x_j 的系数（$j=1, 2,$ $\cdots, n$），最后一列为各方程中的常数．

线性方程组的增广矩阵与线性方程组一一对应．例如，已知某线性方程组的增广矩阵为

$$\overline{A} = \begin{pmatrix} 1 & -4 & 0 & 1 \\ -1 & 2 & 2 & 0 \\ 0 & 1 & -2 & 3 \end{pmatrix}_{3 \times 4} ,$$

其唯一对应着一个线性方程组 $\begin{cases} x_1 - 4x_2 = 1 \\ -x_1 + 2x_2 + 2x_3 = 0. \\ x_2 - 2x_3 = 3 \end{cases}$

又如，已知某线性方程组的增广矩阵为 $\overline{A} = \begin{pmatrix} 1 & 0 & 0 & 1 \\ 0 & 1 & 0 & -4 \\ 0 & 0 & 1 & 3 \end{pmatrix}_{3 \times 4}$ ，其对应着唯一的

一个线性方程组为 $\begin{cases} x_1 = 1 \\ x_2 = -4 \\ x_3 = 3 \end{cases}$，其恰为线性方程组的解．

3. 未知量列阵

方程组中 n 个未知量排成 n 行 1 列组成的矩阵，称为线性方程组的未知量列阵，记作 X．即线性方程组的未知量列阵为

$$X = \begin{pmatrix} x_1 \\ x_2 \\ \vdots \\ x_n \end{pmatrix}_{n \times 1}$$

其未知量列阵 X 为 $= \begin{pmatrix} x_1 \\ x_2 \\ x_3 \\ x_4 \end{pmatrix}_{4 \times 1}$．

至于未知量为何写成列阵，而不写成行阵，待学习到矩阵乘法便可理解．

4. 常数项列阵

方程组中各方程的常数，按照方程组中位置排列组成的矩阵，称为线性方程组的常数项列阵，记作 B．即线性方程组的常数项列阵为

$$B = \begin{pmatrix} b_1 \\ b_2 \\ \vdots \\ b_m \end{pmatrix}_{m \times 1}$$

其常数项列阵为 $B = \begin{pmatrix} 3 \\ 2 \\ 0 \end{pmatrix}_{3 \times 1}$．

§7.3 矩阵的运算

矩阵的意义不仅在于将一些数据排成阵列形式，而是在于对其定义一些有理论意义和实际意义的运算，从而使其成为进行理论研究或解决实际问题的有力工具．

7.3.1 矩阵的加、减法

1. 定义 7.3.1

设矩阵 $A = (a_{ij})_{m \times n}$，$B = (b_{ij})_{m \times n}$，则矩阵 A 与 B 的和记作 $A + B$，并规定：

$$A + B = (a_{ij} + b_{ij})_{m \times n} = \begin{pmatrix} a_{11} + b_{11} & \cdots & a_{1n} + b_{1n} \\ \vdots & & \vdots \\ a_{m1} + b_{m1} & \cdots & a_{mn} + b_{mn} \end{pmatrix}_{m \times n},$$

称此运算为矩阵的加法运算．

矩阵减法定义为：

$$A - B = (a_{ij} - b_{ij})_{m \times n} = \begin{pmatrix} a_{11} - b_{11} & \cdots & a_{1n} - b_{1n} \\ \vdots & & \vdots \\ a_{m1} - b_{m1} & \cdots & a_{mn} - b_{mn} \end{pmatrix}_{m \times n}$$

矩阵加、减法可推广到有限个矩阵上去．

2. 要点

(1) 条件：同型；

(2) 法则：对应元素相加、减；

(3) 和及差阵与原阵同型．

3. 运算律

假设下列矩阵均可加，则：

(1) 交换律：$A + B = B + A$；

(2) $A + O = A$；

(3) $A - A = O$；

(4) 结合律：$(A + B) + C = A + (B + C)$．

证明交换律：$A + B = B + A$．

证 设 $A = (a_{ij})_{m \times n}$，$B = (b_{ij})_{m \times n}$，则

$$A + B = (a_{ij})_{m \times n} + (b_{ij})_{m \times n} = (a_{ij} + b_{ij})_{m \times n} = (b_{ij} + a_{ij})_{m \times n} = (b_{ij})_{m \times n} + (a_{ij})_{m \times n} = B$$

$+ A$．其他运算律的证明留给读者．

7.3.2 数乘矩阵

1. 定义 7.3.2 设矩阵 $A = (a_{ij})_{m \times n}$，数 k 与矩阵 A 的乘积记作 kA，并规定：

$$kA = k(a_{ij})_{m \times n} = (ka_{ij})_{m \times n} = \begin{pmatrix} ka_{11} & ka_{12} & \cdots & ka_{1n} \\ ka_{21} & ka_{22} & \cdots & ka_{2n} \\ \vdots & \vdots & & \vdots \\ ka_{m1} & ka_{m2} & \cdots & ka_{mn} \end{pmatrix}_{m \times n},$$

称此运算为数乘矩阵运算.

2. 运算律

设 A、B 为同型矩阵，k、l 是常数，则：

(1) $k(A+B) = kA + kB$；

(2) $(k+l)A = kA + lA$；

(3) $k(lA) = (kl)A$；

(4) $1A = A$，$0A = O$.

证明 $k(A+B) = kA + kB$.

证 设 $A = (a_{ij})_{m \times n}$，$B = (b_{ij})_{m \times n}$，则

$$k(A+B) = k[(a_{ij})_{m \times n} + (b_{ij})_{m \times n}] = k(a_{ij} + b_{ij})_{m \times n} = [k(a_{ij} + b_{ij})]_{m \times n}$$

$$= (ka_{ij} + kb_{ij})_{m \times n} = (ka_{ij})_{m \times n} + (kb_{ij})_{m \times n} = kA + kB$$

 **例1** 已知 $A = \begin{pmatrix} 2 & 3 & -7 & 1 \\ -1 & 2 & 6 & 0 \end{pmatrix}$，$B = \begin{pmatrix} -3 & 4 & 1 & 5 \\ 8 & 0 & 3 & 2 \end{pmatrix}$，求 $3A - 2B$.

解 $3A - 2B = 3\begin{pmatrix} 2 & 3 & -7 & 1 \\ -1 & 2 & 6 & 0 \end{pmatrix} - 2\begin{pmatrix} -3 & 4 & 1 & 5 \\ 8 & 0 & 3 & 2 \end{pmatrix}$

$$= \begin{pmatrix} 3 \times 2 & 3 \times 3 & 3 \times (-7) & 3 \times 1 \\ 3 \times (-1) & 3 \times 2 & 3 \times 6 & 3 \times 0 \end{pmatrix} -$$

$$\begin{pmatrix} 2 \times (-3) & 2 \times 4 & 2 \times 1 & 2 \times 5 \\ 2 \times 8 & 2 \times 0 & 2 \times 3 & 2 \times 2 \end{pmatrix}$$

$$= \begin{pmatrix} 6 & 9 & -21 & 3 \\ -3 & 6 & 18 & 0 \end{pmatrix} - \begin{pmatrix} -6 & 8 & 2 & 10 \\ 16 & 0 & 6 & 4 \end{pmatrix}$$

$$= \begin{pmatrix} 6 - (-6) & 9 - 8 & -21 - 2 & 3 - 10 \\ -3 - 16 & 6 - 0 & 18 - 6 & 0 - 4 \end{pmatrix}$$

$$= \begin{pmatrix} 12 & 1 & -23 & -7 \\ -19 & 6 & 12 & -4 \end{pmatrix}$$

7.3.3 矩阵乘法

1. 定义 7.3.3

设矩阵 $A_{m \times s} = \begin{pmatrix} a_{11} & a_{12} & \cdots & a_{1s} \\ a_{21} & a_{22} & \cdots & a_{2s} \\ \vdots & \vdots & & \vdots \\ a_{m1} & a_{m2} & \cdots & a_{ms} \end{pmatrix}$，$B_{s \times n} = \begin{pmatrix} b_{11} & b_{12} & \cdots & b_{1n} \\ b_{21} & b_{22} & \cdots & b_{2n} \\ \vdots & \vdots & & \vdots \\ b_{s1} & b_{s2} & \cdots & b_{sn} \end{pmatrix}$，则矩阵 A 与 B

的乘积记为 AB，并规定 $AB = (c_{ij})_{m \times n}$，其中：

$$c_{ij} = a_{i1}b_{1j} + a_{i2}b_{2j} + \cdots + a_{is}b_{sj} \ (i = 1, 2, \cdots, m; \ j = 1, 2, \cdots, n)$$

即
$$c_{ij} = \sum_{k=1}^{s} a_{ik}b_{kj}\ (i = 1,\ 2,\ \cdots,\ m;\ j = 1,\ 2,\ \cdots,\ n)$$

2. 矩阵乘法要点

(1) 矩阵可乘条件：左阵的列数＝右阵的行数；

(2) 乘积矩阵的规模：

$$乘积矩阵的行数＝左阵的行数，$$
$$乘积矩阵的列数＝右阵的列数；$$

(3) 乘积矩阵中元素 c_{ij} 的计算($i = 1,\ 2,\ \cdots,\ m;\ j = 1,\ 2,\ \cdots,\ n$)：

乘积阵中第 i 行第 j 列元素 c_{ij} ＝左阵第 i 行与右阵第 j 列对应元素乘积之和．

例 2 已知矩阵 $A = \begin{pmatrix} 2 & 1 & 4 \\ 5 & 3 & 6 \end{pmatrix}$，$B = \begin{pmatrix} 1 & 0 & 2 & 4 \\ 3 & -1 & 0 & 1 \\ 0 & 2 & 1 & 3 \end{pmatrix}$，求 AB 及 BA．

分析 左阵 A 为 2 行 3 列矩阵，右阵 B 为 3 行 4 列矩阵，由于左阵的列数＝右阵的行数，满足可乘条件，所以 AB 可乘，且乘积矩阵为 2 行 4 列．

在 BA 中，由于左阵 B 的列数 $\neq$ 右阵 A 的行数，因而 BA 不可乘．

解 $AB = \begin{pmatrix} 2 & 1 & 4 \\ 5 & 3 & 6 \end{pmatrix}_{2\times 3} \begin{pmatrix} 1 & 0 & 2 & 4 \\ 3 & -1 & 0 & 1 \\ 0 & 2 & 1 & 3 \end{pmatrix}_{3\times 4}$

$= \begin{pmatrix} 2\times 1 + 1\times 3 + 4\times 0 & 2\times 0 + 1\times(-1) + 4\times 2 & 2\times 2 + 1\times 0 + 4\times 1 & 2\times 4 + 1\times 1 + 4\times 3 \\ 5\times 1 + 3\times 3 + 6\times 0 & 5\times 0 + 3\times(-1) + 6\times 2 & 5\times 2 + 3\times 0 + 6\times 1 & 5\times 4 + 3\times 1 + 6\times 3 \end{pmatrix}$

$= \begin{pmatrix} 5 & 7 & 8 & 21 \\ 14 & 9 & 16 & 41 \end{pmatrix}_{2\times 4}$

BA 不可乘．

可见，矩阵乘法不满足交换律，因而做矩阵相乘时应注意顺序．

例 3 已知矩阵 $A = \begin{pmatrix} -2 & 4 & -8 \\ 1 & -2 & 4 \end{pmatrix}$，$B = \begin{pmatrix} 2 & 4 \\ -3 & -6 \\ 1 & 2 \end{pmatrix}$，求 AB 及 BA．

解 $AB = \begin{pmatrix} -2 & 4 & -8 \\ 1 & -2 & 4 \end{pmatrix} \begin{pmatrix} 2 & 4 \\ -3 & -6 \\ 1 & 2 \end{pmatrix} = \begin{pmatrix} -24 & -48 \\ 12 & 24 \end{pmatrix}$，

$BA = \begin{pmatrix} 2 & 4 \\ -3 & -6 \\ 1 & 2 \end{pmatrix} \begin{pmatrix} -2 & 4 & -8 \\ 1 & -2 & 4 \end{pmatrix} = \begin{pmatrix} 0 & 0 & 0 \\ 0 & 0 & 0 \\ 0 & 0 & 0 \end{pmatrix} = O_{3\times 3}.$

通过此题可以看出：(1) 即使 AB、BA 均可乘，也未必相等；(2) 两个非零阵的乘积可能为零阵．

例 4 已知矩阵 $A = \begin{pmatrix} 1 & 3 & 5 \\ 2 & 4 & 6 \end{pmatrix}$，求 AE 及 EA.

解 为满足可乘条件，AE 中的 E 为 E_3，EA 中的 E 为 E_2. 于是

$$AE = \begin{pmatrix} 1 & 3 & 5 \\ 2 & 4 & 6 \end{pmatrix} \begin{pmatrix} 1 & 0 & 0 \\ 0 & 1 & 0 \\ 0 & 0 & 1 \end{pmatrix} = \begin{pmatrix} 1 & 3 & 5 \\ 2 & 4 & 6 \end{pmatrix}$$

$$EA = \begin{pmatrix} 1 & 0 \\ 0 & 1 \end{pmatrix} \begin{pmatrix} 1 & 3 & 5 \\ 2 & 4 & 6 \end{pmatrix} = \begin{pmatrix} 1 & 3 & 5 \\ 2 & 4 & 6 \end{pmatrix}$$

注 对于任意矩阵 $A_{m \times n}$ 有：

$$A_{m \times n} E_n = E_m A_{m \times n} = A_{m \times n}.$$

例 5 已知 $A = \begin{pmatrix} 2 & 3 & 0 \\ 1 & 2 & 0 \end{pmatrix}$，$B = \begin{pmatrix} 1 & 0 \\ 0 & 2 \\ 3 & 0 \end{pmatrix}$，$C = \begin{pmatrix} 1 & 0 \\ 0 & 2 \\ 4 & 5 \end{pmatrix}$，求 AB 及 AC.

解 $AB = \begin{pmatrix} 2 & 3 & 0 \\ 1 & 2 & 0 \end{pmatrix} \begin{pmatrix} 1 & 0 \\ 0 & 2 \\ 3 & 0 \end{pmatrix} = \begin{pmatrix} 2 & 6 \\ 1 & 4 \end{pmatrix}$

$AC = \begin{pmatrix} 2 & 3 & 0 \\ 1 & 2 & 0 \end{pmatrix} \begin{pmatrix} 1 & 0 \\ 0 & 2 \\ 4 & 5 \end{pmatrix} = \begin{pmatrix} 2 & 6 \\ 1 & 4 \end{pmatrix}$

由此可见，矩阵乘法不满足消去律，即若 $AB = AC$，当 $A \neq O$ 时 $B = C$.

3. 线性方程组的矩阵表示形式

含有 m 个方程 n 个未知量的线性方程组 $\begin{cases} a_{11}x_1 + a_{12}x_2 + \cdots + a_{1n}x_n = b_1 \\ a_{21}x_1 + a_{22}x_2 + \cdots + a_{2n}x_n = b_2 \\ \cdots\cdots \\ a_{m1}x_1 + a_{m2}x_2 + \cdots + a_{mn}x_n = b_m \end{cases}$，系数

矩阵为 $A = \begin{pmatrix} a_{11} & a_{12} & \cdots & a_{1n} \\ a_{21} & a_{22} & \cdots & a_{2n} \\ \vdots & \vdots & & \vdots \\ a_{m1} & a_{m2} & \cdots & a_{mn} \end{pmatrix}_{m \times n}$，未知量列阵 $X = \begin{pmatrix} x_1 \\ x_2 \\ \vdots \\ x_n \end{pmatrix}_{n \times 1}$，常数项列阵 $B =$

$\begin{pmatrix} b_1 \\ b_2 \\ \vdots \\ b_m \end{pmatrix}_{m \times 1}$，则 $AX = \begin{pmatrix} a_{11} & a_{12} & \cdots & a_{1n} \\ a_{21} & a_{22} & \cdots & a_{2n} \\ \vdots & \vdots & & \vdots \\ a_{m1} & a_{m2} & \cdots & a_{mn} \end{pmatrix}_{m \times n} \begin{pmatrix} x_1 \\ x_2 \\ \vdots \\ x_n \end{pmatrix}_{n \times 1} = \begin{pmatrix} a_{11}x_1 + a_{12}x_2 + \cdots + a_{1n}x_n \\ a_{21}x_1 + a_{22}x_2 + \cdots + a_{2n}x_n \\ \cdots \\ a_{m1}x_1 + a_{m2}x_2 + \cdots + a_{mn}x_n \end{pmatrix}_{m \times 1}$

$$= \begin{pmatrix} b_1 \\ b_2 \\ \vdots \\ b_m \end{pmatrix}_{m \times 1} = B \text{ 所以，线性方程组的矩阵表示形式为：} AX = B.$$

4. 运算律

设以下各式均有意义，k 为任意实数，则：

(1) 乘法结合律：$(AB)C = A(BC)$；

(2) 左乘分配律：$A(B+C) = AB + AC$；

右乘分配律：$(B+C)A = BA + CA$；

(3) 数乘结合律：$k(AB) = (kA)B = A(kB)$；

(4) $A_{m \times n} E_n = E_m A_{m \times n} = A_{m \times n}$.

7.3.4 矩阵的转置

1. 定义

设矩阵

$$A = \begin{pmatrix} a_{11} & a_{12} & \cdots & a_{1n} \\ a_{21} & a_{22} & \cdots & a_{2n} \\ \vdots & \vdots & & \vdots \\ a_{m1} & a_{m2} & \cdots & a_{mn} \end{pmatrix}_{m \times n},$$

将矩阵 A 的行元素换为同标号的列元素得到的矩阵称为矩阵 A 的转置矩阵，记作 A^{T}，即

$$A^{\mathrm{T}} = \begin{pmatrix} a_{11} & a_{21} & \cdots & a_{m1} \\ a_{12} & a_{22} & \cdots & a_{m2} \\ \vdots & \vdots & & \vdots \\ a_{1n} & a_{2n} & \cdots & a_{mn} \end{pmatrix}_{n \times m}.$$

显然，$m \times n$ 矩阵的转置为 $n \times m$ 矩阵.

线性方程组中未知量列阵 $X = \begin{pmatrix} x_1 \\ x_2 \\ \vdots \\ x_n \end{pmatrix}_{n \times 1}$ 可以写为 $(x_1 \quad x_2 \quad \cdots \quad x_n)^{\mathrm{T}}$ 的形式.

例 6 已知 $A = \begin{pmatrix} 1 & 3 & 5 \\ 2 & 0 & 1 \end{pmatrix}$，$B = \begin{pmatrix} 1 \\ 0 \\ -2 \end{pmatrix}$，求 $(AB)^{\mathrm{T}}$ 及 $B^{\mathrm{T}} A^{\mathrm{T}}$.

解 $(AB)^{\mathrm{T}} = \left\{ \begin{pmatrix} 1 & 3 & 5 \\ 2 & 0 & 1 \end{pmatrix} \begin{pmatrix} 1 \\ 0 \\ -2 \end{pmatrix} \right\}^{\mathrm{T}} = \begin{pmatrix} -9 \\ 0 \end{pmatrix}^{\mathrm{T}} = (-9 \quad 0)$

$$B^{\mathrm{T}}A^{\mathrm{T}} = \begin{pmatrix} 1 \\ 0 \\ -2 \end{pmatrix}^{\mathrm{T}} \cdot \begin{pmatrix} 1 & 3 & 5 \\ 2 & 0 & 1 \end{pmatrix}^{\mathrm{T}} = (1 \quad 0 \quad -2)\begin{pmatrix} 1 & 2 \\ 3 & 0 \\ 5 & 1 \end{pmatrix} = (-9 \quad 0)$$

2. 矩阵转置的性质

(1) $(A^{\mathrm{T}})^{\mathrm{T}} = A$.

(2) $(A+B)^{\mathrm{T}} = A^{\mathrm{T}} + B^{\mathrm{T}}$.

(3) $(kA)^{\mathrm{T}} = kA^{\mathrm{T}}$ （k 为常数）.

(4) $(AB)^{\mathrm{T}} = B^{\mathrm{T}}A^{\mathrm{T}}$.

§7.4 矩阵的初等变换与矩阵的秩

7.4.1 矩阵初等变换的概念

定义 7.4.1 对矩阵实施的下列三种变换称为矩阵的初等行变换：

(1) 交换矩阵的两行；

(2) 用非零数 k 乘以矩阵某行所有元素；

(3) 将矩阵某行所有元素的 k 倍加到另一行对应元素上.

将定义 7.4.1 中的行换为列，称为矩阵的初等列变换. 矩阵的初等行变换和初等列变换称为矩阵的初等变换. 根据后面课程需要，本书仅作行变，不作列变.

交换矩阵的第 i 行和第 j 行记作 $r_i \leftrightarrow r_j$；用非零数 k 乘以矩阵的第 i 行记作 kr_i；将第 i 行的 k 倍加到第 j 行记作 $kr_i + r_j$.

对矩阵进行初等行变换后所得到的新矩阵与原矩阵等价，用"→"连接. 如

$$\begin{pmatrix} 2 & 1 \\ 1 & 1 \\ 4 & 6 \end{pmatrix} \xrightarrow{r_1 \leftrightarrow r_2} \begin{pmatrix} 1 & 1 \\ 2 & 1 \\ 4 & 6 \end{pmatrix} \xrightarrow{-2r_1+r_2} \begin{pmatrix} 1 & 1 \\ 0 & -1 \\ 4 & 6 \end{pmatrix} \xrightarrow{-4r_1+r_3} \begin{pmatrix} 1 & 1 \\ 0 & -1 \\ 0 & 2 \end{pmatrix} \xrightarrow{2r_2+r_3} \begin{pmatrix} 1 & 1 \\ 0 & -1 \\ 0 & 0 \end{pmatrix}$$

显然，对矩阵进行一系列初等行变换，可化简矩阵.

7.4.2　用初等行变换化简矩阵

1. 化阶梯阵

引例　已知 $A = \begin{pmatrix} 2 & 1 & 3 & 0 & -1 & 5 \\ 1 & 3 & 2 & -1 & -3 & 3 \\ 0 & 5 & 1 & -2 & -5 & 1 \\ 3 & -1 & 4 & 4 & 7 & 6 \end{pmatrix}$，可对其进行如下初等行变换

$$A = \begin{pmatrix} 2 & 1 & 3 & 0 & -1 & 5 \\ 1 & 3 & 2 & -1 & -3 & 3 \\ 0 & 5 & 1 & -2 & -5 & 1 \\ 3 & -1 & 4 & 4 & 7 & 6 \end{pmatrix} \xrightarrow{r_1 \leftrightarrow r_2} \begin{pmatrix} 1 & 3 & 2 & -1 & -3 & 3 \\ 2 & 1 & 3 & 0 & -1 & 5 \\ 0 & 5 & 1 & -2 & -5 & 1 \\ 3 & -1 & 4 & 4 & 7 & 6 \end{pmatrix}$$

$$\xrightarrow[-3r_1+r_4]{-2r_1+r_2} \begin{pmatrix} 1 & 3 & 2 & -1 & -3 & 3 \\ 0 & -5 & -1 & 2 & 5 & -1 \\ 0 & 5 & 1 & -2 & -5 & 1 \\ 0 & -10 & -2 & 7 & 16 & -3 \end{pmatrix}$$

$$\xrightarrow[-2r_2+r_4]{r_2+r_3} \begin{pmatrix} 1 & 3 & 2 & -1 & -3 & 3 \\ 0 & -5 & -1 & 2 & 5 & -1 \\ 0 & 0 & 0 & 0 & 0 & 0 \\ 0 & 0 & 0 & 3 & 6 & -1 \end{pmatrix}$$

$$\begin{pmatrix} 1 & 3 & 2 & -1 & -3 & 3 \\ 0 & -5 & -1 & 2 & 5 & -1 \\ 0 & 0 & 0 & 3 & 6 & -1 \\ 0 & 0 & 0 & 0 & 0 & 0 \end{pmatrix} = B$$

观察矩阵 B 的特点如下：

（1）矩阵 B 是矩阵 A 经过若干次初等行变换得到的，与矩阵 A 等价；

（2）矩阵 B 中有一行的元素都为 0，称该行为**零行**. 变换时若出现零行一般放在矩阵的下方；

（3）元素不全为 0 的行称为**非零行**. 如矩阵 B 中的第 1、2、3 行. 非零行中左起第 1 个非零元素称为**首非 0 元**. 如矩阵 B 中的 $a_{11}=1$，$a_{22}=-5$，$a_{34}=3$.

（4）若首非 0 元的列标随行标的增大而严格增大，称矩阵为阶梯形矩阵，简称为阶梯阵. 矩阵 B 即为阶梯阵.

（5）任何一个非零矩阵经过一系列初等行变换均可化为阶梯阵.

例 2　用矩阵初等行变换将矩阵 $A = \begin{pmatrix} 0 & 2 & 0 & -2 & 2 & 4 \\ 1 & -2 & 2 & -1 & -2 & 6 \\ 0 & 3 & 0 & -3 & 1 & 12 \\ 1 & -2 & 2 & -1 & 2 & -6 \end{pmatrix}$ 化为阶梯阵.

分析　由于阶梯阵由首非 0 元的位置定义，故变换时以首非 0 元位置为标准

解
$$A = \begin{pmatrix} 0 & \underline{2} & 0 & -2 & 2 & 4 \\ \underline{1} & -2 & 2 & -1 & -2 & 6 \\ 0 & \underline{3} & 0 & -3 & 1 & 12 \\ 1 & -2 & 2 & -1 & 2 & -6 \end{pmatrix}$$

一般先将元素 a_{11} 化为非 0 元素(最好为 1 或 -1)，于是

$$\xrightarrow{r_1 \leftrightarrow r_2} \begin{pmatrix} \underline{1} & -2 & 2 & -1 & -2 & 6 \\ 0 & \underline{2} & 0 & -2 & 2 & 4 \\ 0 & \underline{3} & 0 & -3 & 1 & 12 \\ 1 & -2 & 2 & -1 & 2 & -6 \end{pmatrix}$$

由于首非 0 元 a_{41} 与 a_{11} 在不同行，但却在同一列，不符合阶梯阵要求，应将 a_{41} 化为 0：

$$\xrightarrow{-r_1 + r_4} \begin{pmatrix} \underline{1} & -2 & 2 & -1 & -2 & 6 \\ 0 & \underline{2} & 0 & -2 & 2 & 4 \\ 0 & \underline{3} & 0 & -3 & 1 & 12 \\ 0 & 0 & 0 & 0 & \underline{4} & -12 \end{pmatrix}$$

首非 0 元 a_{11}、a_{22} 已符合要求，而 a_{32} 不符合要求，将其化为 0. 但应特别注意，只能用第 2 行的若干倍加到第 3 行上，而不能用第 1 行(请思考为什么).

可先将 a_{22} 化为 1

$$\xrightarrow{\frac{1}{2}r_2} \begin{pmatrix} \underline{1} & -2 & 2 & -1 & -2 & 6 \\ 0 & \underline{1} & 0 & -1 & 1 & 2 \\ 0 & \underline{3} & 0 & -3 & 1 & 12 \\ 0 & 0 & 0 & 0 & \underline{4} & -12 \end{pmatrix}$$

$$\xrightarrow{-3r_2 + r_3} \begin{pmatrix} \underline{1} & -2 & 2 & -1 & -2 & 6 \\ 0 & \underline{1} & 0 & -1 & 1 & 2 \\ 0 & 0 & 0 & 0 & \underline{-2} & 6 \\ 0 & 0 & 0 & 0 & \underline{4} & -12 \end{pmatrix}$$

首非 0 元 a_{11}、a_{22}、a_{35} 已符合要求，而 a_{45} 不符合要求，将其化为 0：

$$\xrightarrow{2r_3 + r_4} \begin{pmatrix} \underline{1} & -2 & 2 & -1 & -2 & 6 \\ 0 & \underline{1} & 0 & -1 & 1 & 2 \\ 0 & 0 & 0 & 0 & \underline{-2} & 6 \\ 0 & 0 & 0 & 0 & 0 & 0 \end{pmatrix}$$

显然该矩阵中的三个非零行的首非 0 元都已符合阶梯阵要求，该阵为阶梯阵.

2. 化行简化阶梯阵

（1）化行简化阶梯阵的概念

首非 0 元为 1，首非 0 元所在列其他元素均为 0 的阶梯阵，称为**化行简化阶梯阵**.

任何一个非零矩阵均可通过一系列初等行变换化为行简化阶梯阵，且行简化阶梯阵唯一.

（2）化行简化阶梯阵的规律：$\begin{cases} 右 \to 左 \\ 下 \to 上 \end{cases}$

 例 3 将例 3 进一步化为行简化阶梯阵.

解 先从最右一个首非 0 元 a_{35} 出发，且下面行的倍数向上加：

$$\begin{pmatrix} \underline{1} & -2 & 2 & -1 & -2 & 6 \\ 0 & \underline{1} & 0 & -1 & 1 & 2 \\ 0 & 0 & 0 & 0 & \underline{-2} & 6 \\ 0 & 0 & 0 & 0 & 0 & 0 \end{pmatrix} \xrightarrow{-\frac{1}{2}r_3} \begin{pmatrix} \underline{1} & -2 & 2 & -1 & -2 & 6 \\ 0 & \underline{1} & 0 & -1 & 1 & 2 \\ 0 & 0 & 0 & 0 & \underline{1} & -3 \\ 0 & 0 & 0 & 0 & 0 & 0 \end{pmatrix}$$

$$\xrightarrow[2r_3+r_1]{-r_3+r_2} \begin{pmatrix} \underline{1} & -2 & 2 & -1 & 0 & 0 \\ 0 & \underline{1} & 0 & -1 & 0 & 5 \\ 0 & 0 & 0 & 0 & \underline{1} & -3 \\ 0 & 0 & 0 & 0 & 0 & 0 \end{pmatrix} \xrightarrow{2r_2+r_1} \begin{pmatrix} \underline{1} & 0 & 2 & -3 & 0 & 10 \\ 0 & \underline{1} & 0 & -1 & 0 & 5 \\ 0 & 0 & 0 & 0 & \underline{1} & -3 \\ 0 & 0 & 0 & 0 & 0 & 0 \end{pmatrix}.$$

此矩阵为行简化阶梯阵.

例 4 将矩阵 $A = \begin{pmatrix} 0 & -5 & 2 & 7 & 1 \\ 2 & -1 & 0 & 1 & 1 \\ 1 & 2 & -1 & 3 & 0 \\ 3 & 1 & -1 & 2 & 1 \end{pmatrix}$ 化为阶梯阵和行简化阶梯阵.

解 $A = \begin{pmatrix} 0 & \underline{-5} & 2 & 7 & 1 \\ \underline{2} & -1 & 0 & 1 & 1 \\ \underline{1} & 2 & -1 & 3 & 0 \\ \underline{3} & 1 & -1 & 2 & 1 \end{pmatrix} \xrightarrow{r_1 \leftrightarrow r_3} \begin{pmatrix} \underline{1} & 2 & -1 & 3 & 0 \\ \underline{2} & -1 & 0 & 1 & 1 \\ 0 & \underline{-5} & 2 & 7 & 1 \\ \underline{3} & 1 & -1 & 2 & 1 \end{pmatrix}$

$$\xrightarrow[-3r_1+r_4]{-2r_1+r_3} \begin{pmatrix} \underline{1} & 2 & -1 & 3 & 0 \\ 0 & \underline{-5} & 2 & -5 & 1 \\ 0 & \underline{-5} & 2 & 7 & 1 \\ 0 & \underline{-5} & 2 & -7 & 1 \end{pmatrix} \xrightarrow[-r_2+r_4]{-r_2+r_3} \begin{pmatrix} \underline{1} & 2 & -1 & 3 & 0 \\ 0 & \underline{-5} & 2 & -5 & 1 \\ 0 & 0 & 0 & \underline{12} & 0 \\ 0 & 0 & 0 & \underline{-2} & 0 \end{pmatrix}$$

$$\xrightarrow{\frac{1}{12}r_3} \begin{pmatrix} \underline{1} & 2 & -1 & 3 & 0 \\ 0 & \underline{-5} & 2 & -5 & 1 \\ 0 & 0 & 0 & \underline{1} & 0 \\ 0 & 0 & 0 & \underline{-2} & 0 \end{pmatrix} \xrightarrow{2r_3+r_4} \begin{pmatrix} \underline{1} & 2 & -1 & 3 & 0 \\ 0 & \underline{-5} & 2 & -5 & 1 \\ 0 & 0 & 0 & \underline{1} & 0 \\ 0 & 0 & 0 & 0 & 0 \end{pmatrix}.$$

此时已为阶梯阵，再进一步化为行简化阶梯阵：

$$\xrightarrow[\substack{5r_3+r_2 \\ -3r_3+r_1}]{} \begin{pmatrix} 1 & 2 & -1 & 0 & 0 \\ 0 & -5 & 2 & 0 & 1 \\ 0 & 0 & 0 & 1 & 0 \\ 0 & 0 & 0 & 0 & 0 \end{pmatrix} \xrightarrow{-\frac{1}{5}r_2} \begin{pmatrix} 1 & 2 & -1 & 0 & 0 \\ 0 & 1 & -\frac{2}{5} & 0 & -\frac{1}{5} \\ 0 & 0 & 0 & 1 & 0 \\ 0 & 0 & 0 & 0 & 0 \end{pmatrix}$$

$$\xrightarrow{-2r_2+r_1} \begin{pmatrix} 1 & 0 & -\frac{1}{5} & 0 & \frac{2}{5} \\ 0 & 1 & -\frac{2}{5} & 0 & -\frac{1}{5} \\ 0 & 0 & 0 & 1 & 0 \\ 0 & 0 & 0 & 0 & 0 \end{pmatrix}$$

此阵即为所求的行简化阶梯阵．

7.4.3 矩阵的秩

用初等行变换可将任何一个非零阵化为阶梯阵，而每个矩阵在化得的阶梯阵中非零行的行数，是由矩阵中元素及其之间的关系客观决定的，反映矩阵元素间内在关系，是解线性方程组的重要概念，于是将其定义为矩阵的秩．

1. 矩阵秩的概念及求法

定义 7.4.2 通过矩阵初等行变换，将已知矩阵 A 化为阶梯阵，阶梯阵中非零行的行数称为矩阵 A 的秩数，记作 $r(A)$．

定义 7.4.2 给出了求秩的方法，将已知矩阵化为阶梯阵，观察阶梯阵中非零行的行数即为所求矩阵的秩数．

例5 求矩阵 $A = \begin{pmatrix} 1 & 1 & -1 \\ 2 & 1 & 0 \\ 1 & -1 & 0 \end{pmatrix}$ 的秩．

解 将矩阵化为阶梯阵：

$$A = \begin{pmatrix} 1 & 1 & -1 \\ 2 & 1 & 0 \\ 1 & -1 & 0 \end{pmatrix} \longrightarrow \begin{pmatrix} 1 & 1 & -1 \\ 0 & -1 & 2 \\ 0 & -2 & 1 \end{pmatrix} \xrightarrow{-2r_2+r_3} \begin{pmatrix} 1 & 1 & -1 \\ 0 & -1 & 2 \\ 0 & 0 & -3 \end{pmatrix} = B$$

因为阶梯阵 B 中非零行的行数为 3，所以 $r(A)=3$．

2. 矩阵秩的有关说明

（1）初等变换不改变矩阵的秩．在化阶梯阵过程中的一系列矩阵的秩相等，它们在秩相等意义上等价．

（2）规定：$r(O)=0$．

$(3) r(A) = r(A^T)$.

$(4) 0 \leqslant r(A_{m \times n}) \leqslant \min\{m, n\}$.

(5) 若 $r(A_{m \times n}) = m$，称矩阵 $A_{m \times n}$ 为行满秩矩阵.

$(6) r(E_n) = n$.

§7.5　逆矩阵

7.5.1　逆矩阵的概念

1. 定义 7.5.1　设 A 是一个 n 阶方阵，如果存在 n 阶方阵 B，使得

$$AB = BA = E$$

则称 A 为可逆阵，B 是 A 的逆矩阵，简称逆阵.

性质 1　若 A 是可逆矩阵，则 A 的逆矩阵是唯一的

证　设 B、C 都是 A 的逆矩阵，则

$$AB = BA = E, \ AC = CA = E$$

从而　　　　　$$B = EB = (CA)B = C(AB) = CE = C$$

性质 2　如果 n 阶方阵 A，B 都可逆，则 AB 也可逆，并且

$$(AB)^{-1} = B^{-1} A^{-1}$$

性质 3　如果方阵 A 可逆，则 A^{-1} 可逆，而且 $(A^{-1})^{-1} = A$.

性质 4　如果方阵 A 可逆，则 A^T，$kA(k$ 为任一非零常数$)$ 都可逆，且

$$(A^T)^{-1} = (A^{-1})^T \ 及 (kA)^{-1} = \frac{1}{k} A^{-1}$$

2. 方阵的行列式概念

由 n 阶方阵 A 的元素所构成的行列式，叫作方阵 A 的行列式，记作 $|A|$ 或 $\det A$.

若 $A = \begin{pmatrix} 1 & 2 & 3 \\ 1 & 0 & -1 \\ 0 & 1 & 1 \end{pmatrix}$，则 $|A| = \begin{vmatrix} 1 & 2 & 3 \\ 1 & 0 & -1 \\ 0 & 1 & 1 \end{vmatrix} = 2$. 若 $|A| = 0$，则称 A 为**奇异矩阵**；

若 $|A| \neq 0$，则称 A 为**非奇异矩阵**.

3. 运算规律

$(1) |A^T| = |A|$；

$(2) |\lambda A| = \lambda^n |A|$；

$(3) |AB| = |A| |B|$.

定理 7.5.1　可逆矩阵 A 可以分解成若干初等矩阵的乘积. 设

$$A = P_1 P_2 \cdots P_t$$

则有 $\qquad P_t^{-1} \cdots P_2^{-1} P_1^{-1} A = E$ 且 $P_t^{-1} \cdots P_2^{-1} P_1^{-1} \quad E = A^{-1}$

上面两个式子表明，对矩阵 A 与 E 施行同样的行变换，在把 A 化成单位阵时，E 同时就化成 A^{-1}. 因此，通常将 A 与 E 按照行的方向组合成一个大矩阵，对大矩阵施行同样的行变换，即得

$$P_t^{-1} \cdots P_2^{-1} P_1^{-1} (A \vdots E) = (E \vdots A^{-1})$$

 例1 设 $A = \begin{pmatrix} 1 & -5 & -2 \\ -1 & 3 & 1 \\ 3 & -4 & 1 \end{pmatrix}$，求 A^{-1}.

解 $\begin{bmatrix} 1 & -5 & -2 & 1 & 0 & 0 \\ -1 & 3 & 1 & 0 & 1 & 0 \\ 3 & -4 & -1 & 0 & 0 & 1 \end{bmatrix} \xrightarrow[r_3 - 3r_1]{r_2 + r_1} \begin{bmatrix} 1 & -5 & -2 & 1 & 0 & 0 \\ 0 & -2 & -1 & 1 & 1 & 0 \\ 0 & 11 & 5 & -3 & 0 & 1 \end{bmatrix}$

$\xrightarrow{r_3 + 5r_2} \begin{bmatrix} 1 & -5 & -2 & 1 & 0 & 0 \\ 0 & -2 & -1 & 1 & 1 & 0 \\ 0 & 1 & 0 & 2 & 5 & 1 \end{bmatrix} \xrightarrow{r_2 \leftrightarrow r_3} \begin{bmatrix} 1 & -5 & -2 & 1 & 0 & 0 \\ 0 & 1 & 0 & 2 & 5 & 1 \\ 0 & -2 & -1 & 1 & 1 & 0 \end{bmatrix}$

$\xrightarrow{r_3 + 2r_2} \begin{bmatrix} 1 & -5 & -2 & 1 & 0 & 0 \\ 0 & 1 & 0 & 2 & 5 & 1 \\ 0 & 0 & -1 & 5 & 11 & 2 \end{bmatrix} \xrightarrow{r_3 \times (-1)} \begin{bmatrix} 1 & -5 & -2 & 1 & 0 & 0 \\ 0 & 1 & 0 & 2 & 5 & 1 \\ 0 & 0 & 1 & -5 & -11 & -2 \end{bmatrix}$

$\xrightarrow[r_1 + 5r_2]{r_1 + 2r_3} \begin{bmatrix} 1 & 0 & 0 & 1 & 3 & 1 \\ 0 & 1 & 0 & 2 & 5 & 1 \\ 0 & 0 & 1 & -5 & -11 & -2 \end{bmatrix}$

所以 $\qquad A^{-1} = \begin{pmatrix} 1 & 3 & 1 \\ 2 & 5 & 1 \\ -5 & -11 & -2 \end{pmatrix}$

同理，可以用初等列变换来求逆矩阵. 在这样做时，应是对形为

$$\begin{bmatrix} A \\ \cdots \\ E \end{bmatrix}$$

的矩阵作初等列变换，在将 A 化为 E 的同时，E 就变成了所要求的逆矩阵 A^{-1}.

注意 在这两种求逆矩阵的过程中，初等行变换与初等列变换不能混用.

§7.6 线性方程组的解

为了解一般的 n 个未知量 n 个方程的线性方程组，引进了行列式的概念. 如果方程

组的系数行列式不等于零，那么由克拉默法则可以表示出它的唯一解．同时，这一类方程组可以表示为矩阵方程，用求逆矩阵的方法也能够表示出它的唯一解．但是，当方程组的系数行列式等于零，或者方程的个数少于未知量个数的时候，克拉默法则和求逆矩阵这两种方法都失效了．此时的方程组是否有解？如果有，有几个？如果不止一个解，这些解与解之间是否有联系？本章将逐一回答以上问题．为了方便，我们引进向量进行讨论．

7.6.1　向量的定义及运算

线性方程组完全是由它的未知量的系数及常数项决定的．方程组中的每一个方程都对应着一行数．例如，从方程

$$a_1 x_1 + a_2 x_2 + \cdots + a_n x_n = b$$

中抽去未知量及运算符号后得到一组有序的数组

$$(a_1,\ a_2,\ \cdots,\ a_n,\ b)$$

也就是说，给定一个方程，总有唯一的一个数组与之对应；反之，如果给定一个数组，在规定的条件下，也有唯一的一个方程与之对应．而找出方程组中多余的方程就是对方程组进行同解变形，方程组的同解变形主要包括以下两个步骤：

（1）用一个非零数乘某个方程的两端．

（2）两个方程相加．

为此，引进向量的概念以及向量的加法和数乘两种运算．

定义 7.6.1　由 n 个数 $a_1,\ a_2,\ \cdots,\ a_n$ 组成的有序数组 $(a_1,\ a_2,\ \cdots,\ a_n)$ 称为一个 n **维行向量**，简称**向量**，用 α 表示．即

$$\alpha = (a_1,\ a_2,\ \cdots,\ a_n),$$

其中 $a_i(i=1,\ 2,\ \cdots,\ n)$ 称为向量 α 的**分量**（或**坐标**）．

本章只讨论分量是实数的向量．

一切 n 维行向量所构成的集合用 $\mathbf{R}^n$ 表示，称为 n **维向量空间**，即

$$\mathbf{R}^n = \{(a_1,\ a_2,\ \cdots,\ a_n)\ \ a_i \in \mathbf{R},\ i=1,\ 2,\ \cdots n\}$$

规定：两个向量**相等**当且仅当它们对应的分量分别相等，即如果 $\alpha = \beta$.

$\alpha = (a_1,\ a_2,\ \cdots,\ a_n)$，$\beta = (b_1,\ b_2,\ \cdots,\ b_n)$，当且仅当 $a_i = b_i(i=1,\ 2,\ \cdots,\ n)$ 时

分量都是零的向量称为**零向量**，记作 **0**，即

$$\mathbf{0} = (0,\ 0,\ \cdots,\ 0)$$

向量 $(-a_1,\ -a_2,\ \cdots,\ -a_n)$ 称为向量 $\alpha = (a_1,\ a_2,\ \cdots,\ a_n)$ 的**负向量**，记作 $-\alpha$，即

$$-\alpha = (-a_1,\ -a_2,\ \cdots,\ -a_n)$$

定义 7.6.2　设 $\alpha = (a_1,\ a_2,\ \cdots,\ a_n)$，$\beta = (b_1,\ b_2,\ \cdots,\ b_n)$，称向量

$$(a_1 + b_1,\ a_2 + b_2,\ \cdots,\ a_n + b_n)$$

为向量 α 与向量 β 的**和**，记作 $\alpha + \beta$，即

$$\alpha + \beta = (a_1 + b_1, \ a_2 + b_2, \ \cdots, \ a_n + b_n)$$

由负向量即可定义向量的**减法**：

$$\alpha - \beta = \alpha + (-\beta) = (a_1 - b_1, \ a_2 - b_2, \ \cdots, \ a_n - b_n)$$

定义 7.6.3 $\alpha = (a_1, \ a_2, \ \cdots, \ a_n)$，$\lambda \in \mathbf{R}$，称向量

$$(\lambda a_1, \ \lambda a_2, \ \cdots, \ \lambda a_n)$$

为数 λ 与向量 α 的**乘积**，记作 $\lambda \alpha$，即

$$\lambda \alpha = (\lambda a_1, \ \lambda a_2, \ \cdots, \ \lambda a_n)$$

向量的加法及数乘两种运算统称为向量的**线性运算**. 设 $\boldsymbol{\alpha}, \boldsymbol{\beta}, \boldsymbol{\gamma} \in \mathbf{R}^n$，$\lambda, \mu \in \mathbf{R}$，则它满足下列运算规律：

(1) $\boldsymbol{\alpha} + \boldsymbol{\beta} = \boldsymbol{\beta} + \boldsymbol{\alpha}$；

(2) $(\boldsymbol{\alpha} + \boldsymbol{\beta}) + \boldsymbol{\gamma} = \boldsymbol{\alpha} + (\boldsymbol{\beta} + \boldsymbol{\gamma})$；

(3) $\boldsymbol{\alpha} + \mathbf{0} = \boldsymbol{\alpha}$；

(4) $\boldsymbol{\alpha} + (-\boldsymbol{\alpha}) = \mathbf{0}$；

(5) $1\boldsymbol{\alpha} = \boldsymbol{\alpha}$；

(6) $\lambda(\mu\boldsymbol{\alpha}) = (\lambda\mu)\boldsymbol{\alpha}$；

(7) $\lambda(\boldsymbol{\alpha} + \boldsymbol{\beta}) = \lambda\boldsymbol{\alpha} + \lambda\boldsymbol{\beta}$；

(8) $(\lambda + \mu)\boldsymbol{\alpha} = \lambda\boldsymbol{\alpha} + \mu\boldsymbol{\alpha}$.

7.6.2 向量的线性关系

向量间的线性运算关系可以反映方程组中有多余方程的情况. 因此，向量间的这种关系对于讨论方程组的解的情况十分重要. 为此，引入以下定义.

定义 7.6.4 设 $\alpha_i \in \mathbf{R}^n (i = 1, 2, \cdots, n)$，如果存在一组数 $k_1, k_2, \cdots, k_n$ 使得

$$\alpha = k_1 \alpha_1 + k_2 \alpha_2 + \cdots + k_n \alpha_n$$

则称向量 α 可以由向量组 $\alpha_1, \boldsymbol{\alpha_2}, \cdots, \boldsymbol{\alpha_n}$ **线性表示**. 或称向量 α 是向量组 $\alpha_1, \alpha_2, \cdots, \alpha_n$ 的**线性组合**.

定义 7.6.5 设 $\alpha_i \in \mathbf{R}^n (i = 1, 2, \cdots, r)$，如果存在一组不全为零的数 $k_1, k_2, \cdots, k_r$，使得

$$k_1 \alpha_1 + k_2 \alpha_2 + \cdots + k_r \alpha_r = 0$$

则称向量组 $\alpha_1, \alpha_2, \cdots, \alpha_r$ **线性相关**，否则称它们**线性无关**.

例 1 讨论 n 维向量组

$$\varepsilon_1 = (1, \ 0, \ 0, \ \cdots, \ 0)$$
$$\varepsilon_2 = (0, \ 1, \ 0, \ \cdots, \ 0)$$
$$\cdots\cdots$$
$$\varepsilon_n = (0, \ 0, \ 0, \ \cdots, \ 1)$$

的线性相关性.

解 设有一组数 $x_1, x_2, \cdots, x_n$，使得

$$x_1\varepsilon_1 + x_2\varepsilon_2 + \cdots + x_n\varepsilon_n = 0 \qquad (*)$$

写成分量形式为

$$(x_1, 0, 0, \cdots, 0) + (0, x_2, 0, \cdots 0) + \cdots + (0, 0, 0, \cdots, x_n) = (0, 0, 0, \cdots, 0)$$

即

$$(x_1, x_2, \cdots, x_n) = (0, 0, \cdots, 0), \quad x_1 = x_2 = \cdots = x_n = 0$$

由此可知向量方程 $(*)$ 只有唯一的零解. 因此，向量组 $\varepsilon_1, \varepsilon_2, \cdots, \varepsilon_n$ 线性无关.

通常称向量组 $\varepsilon_1, \varepsilon_2, \cdots, \varepsilon_n$ 为 **n 维单位坐标向量组**. 实际上，任何一个 n 维向量都可以表示成 $\varepsilon_1, \varepsilon_2, \cdots, \varepsilon_n$ 的线性组合，即

$$(a_1, a_2, \cdots, a_n) = a_1(1, 0, \cdots, 0) + a_2(0, 1, \cdots, 0) + \cdots + a_n(0, 0, \cdots, 1)$$

 例 2 讨论下列向量组的线性相关性：

$$\alpha_1 = (1, 1, 1), \quad \alpha_2 = (1, -1, 2), \quad \alpha_3 = (1, 2, 3)$$

解 设有一组数 x_1, x_2, x_3 使得

$$x_1\alpha_1 + x_2\alpha_2 + x_3\alpha_3 = 0$$

写成分量形式相当于

$$\begin{cases} x_1 + x_2 + x_3 = 0 \\ x_1 - x_2 + 2x_3 = 0 \\ x_1 + 2x_2 + 3x_3 = 0 \end{cases} \qquad (*)$$

齐次线性方程组 $(*)$ 的系数行列式

$$\begin{vmatrix} 1 & 1 & 1 \\ 1 & -1 & 2 \\ 1 & 2 & 3 \end{vmatrix} = \begin{vmatrix} 1 & 1 & 1 \\ 0 & -2 & 1 \\ 0 & 1 & 2 \end{vmatrix} = -5 \neq 0$$

由克拉默法则知该方程组只有唯一的零解，即 $x_1 = x_2 = x_3 = 0$，这相当于向量方程 $(*)$ 只有唯一的零解. 因此，向量组 $\alpha_1, \alpha_2, \alpha_3$ 线性无关.

 例 3 设向量组 $\alpha_1, \alpha_2, \alpha_3$ 线性无关，试证向量组

$$\alpha_1 + \alpha_2, \quad \alpha_2 + \alpha_3, \quad \alpha_3 + \alpha_1$$

也线性无关.

分析 要证明向量组 $\alpha_1 + \alpha_2, \alpha_2 + \alpha_3, \alpha_3 + \alpha_1$ 线性无关，只要证明向量方程

$$x_1(\alpha_1 + \alpha_2) + x_2(\alpha_2 + \alpha_3) + x_3(\alpha_3 + \alpha_1) = 0$$

只有唯一的零解即可.

证明 对向量方程

$$x_1(\alpha_1 + \alpha_2) + x_2(\alpha_2 + \alpha_3) + x_3(\alpha_3 + \alpha_1) = 0$$

变形可得

$$(x_1+x_3)\alpha_1+(x_1+x_2)\alpha_2+(x_2+x_3)\alpha_3=0$$

由于 α_1，α_2，α_3 线性无关，所以

$$\begin{cases} x_1+x_3=0 \\ x_1+x_2=0 \\ x_2+x_3=0 \end{cases}$$

而该线性方程组的系数行列式

$$\begin{vmatrix} 1 & 0 & 1 \\ 1 & 1 & 0 \\ 0 & 1 & 1 \end{vmatrix} = \begin{vmatrix} 1 & 0 & 1 \\ 0 & 1 & -1 \\ 0 & 1 & 1 \end{vmatrix} = 2 \neq 0$$

即上述线性方程组只有唯一的零解，故结论得证.

定理 7.6.1 若向量组 α_1，α_2，$\cdots$，α_m 线性无关，而向量组 α_1，α_2，$\cdots$，α_m，β 线性相关，则向量 β 可以由向量组 α_1，α_2，$\cdots$，α_m 线性表示.

证 因为 α_1，α_2，$\cdots$，α_m，β 线性相关，所以存在一组不全为零的数 k_1，k_2，$\cdots$，k_m，k 使得

$$k_1\alpha_1+k_2\alpha_2+\cdots+k_m\alpha_m+k\beta=0$$

假设 $k=0$，则 k_1，k_2，$\cdots$，k_m 不全为零，并且

$$k_1\alpha_1+k_2\alpha_2+\cdots+k_m\alpha_m=0$$

与 α_1，α_2，$\cdots$，α_m 线性无关矛盾. 因此 $k \neq 0$，故

$$\beta=\frac{k_1}{k}\alpha_1+\frac{k_2}{k}\alpha_2+\cdots+\frac{k_m}{k}\alpha_m$$

即 β 可以表示成向量组 α_1，α_2，$\cdots$，α_m 的线性组合. 证毕.

定理 7.6.2 向量组 α_1，α_2，$\cdots$，$\alpha_m(m \geqslant 2)$ 线性相关的充要条件是该向量组中至少有一个向量是其余向量的线性组合.

证明 （必要性）设向量组 α_1，α_2，$\cdots$，α_m 线性相关，则存在不全为零的一组数 k_1，k_2，$\cdots$，k_m 使得

$$k_1\alpha_1+k_2\alpha_2+\cdots+k_m\alpha_m=0$$

不妨设 $k_i \neq 0(1 \leqslant i \leqslant m)$，则有

$$\alpha_i=-\frac{k_1}{k_i}\alpha_1-\frac{k_2}{k_i}\alpha_2-\cdots-\frac{k_{i-1}}{k_i}\alpha_{i-1}-\frac{k_{i+1}}{k_i}\alpha_{i+1}-\cdots-\frac{k_m}{k_i}\alpha_m$$

即 α_i 是其余向量的线性组合.

（充分性）设向量组 α_1，α_2，$\cdots$，α_m 中有一个向量 $\alpha_j(1 \leqslant j \leqslant m)$ 是其余向量的线性组合，则存在一组数 k_1，k_2，$\cdots$，k_{j-1}，k_{j+1}，$\cdots$，k_m 使得

$$\alpha_j=k_1\alpha_1+k_2\alpha_2+\cdots+k_{j-1}\alpha_{j-1}+k_{j+1}\alpha_{j+1}+\cdots+k_m\alpha_m$$

从而

$$k_1\alpha_1+k_2\alpha_2+\cdots+k_{j-1}\alpha_{j-1}+(-1)\alpha_j+k_{j+1}\alpha_{j+1}+\cdots+k_m\alpha_m=0$$ 由于常数 k_1，k_2，$\cdots$，k_{j-1}，(-1)，k_{j+1}，$\cdots$，k_m 不全为零，故向量组 α_1，α_2，$\cdots$，α_m 线性相关.

证毕.

由定理 7.6.2 可以看出，一个线性方程组中有没有多余的方程，就是看对应的向量组是否线性相关. 若向量组线性相关，则该方程组就一定有多余的方程. 那么怎样判断一个向量组是否线性相关呢？除了在例 1 和例 2 中所介绍的方法（即用定义来判断）外，还可以用矩阵来进行判断.

7.6.3 向量组与矩阵的秩

设 $A=(a_{ij})$ 是一个 m 行 n 列的矩阵，在 A 中任取 k 行、k 列，由这些行、列相交处的元素按原来的相对位置构成的 **k 阶行列式**，称为 A 的 **k 阶子式**. 若 A 是一个 n 阶方阵，则 A 只有一个 n 阶子式，称为**矩阵行列式**，记为

$$|A|=\begin{vmatrix} a_{11} & a_{12} & \cdots & a_{1n} \\ a_{21} & a_{22} & \cdots & a_{2n} \\ \vdots & \vdots & & \vdots \\ a_{n1} & a_{n2} & \cdots & a_{nn} \end{vmatrix}$$

定义 7.6.6 矩阵 A 中不为零的子式的最高阶数称为矩阵 A 的**秩（rank）**，记为 $R(A)$.

对 n 阶方阵 A，如果 $|A|\neq 0$，则称 A 为**满秩矩阵**，否则称 A 为**降秩矩阵**. 另外，规定零矩阵的秩为零.

例 4 齐次线性方程组

$$\begin{cases} x_1 - 2x_2 + x_3 + 2x_4 + x_5 = 0 \\ x_1 - x_2 + x_3 - x_4 + 2x_5 = 0 \\ 2x_1 - 3x_2 + 2x_3 + x_4 + 3x_5 = 0 \\ x_1 - 3x_2 + x_3 + 5x_4 = 0 \end{cases}$$

所对应的 4 个向量分别为

$$\alpha_1 = (1 \quad -2 \quad 1 \quad 2 \quad 1)$$
$$\alpha_2 = (1 \quad -1 \quad 1 \quad -1 \quad 2)$$
$$\alpha_3 = (2 \quad -3 \quad 2 \quad 1 \quad 3)$$
$$\alpha_4 = (1 \quad -3 \quad 1 \quad 5 \quad 0)$$

它们构成矩阵 $A=\begin{pmatrix} 1 & -2 & 1 & 2 & 1 \\ 1 & -1 & 1 & -1 & 2 \\ 2 & -3 & 2 & 1 & 3 \\ 1 & -3 & 1 & 5 & 0 \end{pmatrix}$，化成阶梯矩阵 $J=\begin{pmatrix} 1 & -2 & 1 & 2 & 1 \\ 1 & -1 & 1 & -1 & 2 \\ 0 & 0 & 0 & 0 & 0 \\ 0 & 0 & 0 & 0 & 0 \end{pmatrix}$，

这样便可以得到齐次线性方程组的同解方程组为

$$\begin{cases} x_1 - 2x_2 + x_3 + 2x_4 + x_5 = 0 \\ x_1 - x_2 + x_3 - x_4 + 2x_5 = 0 \end{cases}$$

变形为

$$\begin{cases} x_1 - 2x_2 = -x_3 - 2x_2 - x_5 \\ x_1 - x_2 = -x_3 + x_4 - 2x_5 \end{cases}$$

由于系数行列式不等于零，由克拉默法则可以得到方程组的解为

$$\begin{cases} x_1 = -x_3 + 4x_4 - 3x_5 \\ x_2 = 3x_4 - x_5 \end{cases}, \quad \text{其中 } x_3, x_4, x_5 \text{ 可取任意数}.$$

由此可得方程组的解为

$$\begin{cases} x_1 = -x_3 + 4x_4 - 3x_5 \\ x_2 = 3x_4 - x_5 \\ x_3 = x_3 \\ x_4 = x_4 \\ x_5 = x_5 \end{cases}, \quad \text{其中 } x_3, x_4, x_5 \text{ 可取任意数}.$$

通常引入了矩阵的初等行变换来解线性方程组. 实际上, 将矩阵的初等行变换对比行列式的性质, 不难证明: 矩阵的初等行变换并不改变矩阵的秩. 因此, 可以将矩阵先化成**行阶梯形矩阵**, 就能很快求出矩阵的秩了.

例5 计算例 4 中系数矩阵 A 的秩.

解 对系数矩阵 A 进行初等行变换

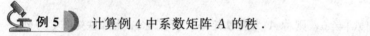

$$\xrightarrow[r_4 + r_2]{r_3 - r_2} \begin{pmatrix} 1 & -2 & 1 & 2 & 1 \\ 0 & 1 & 0 & -3 & 1 \\ 0 & 0 & 0 & 0 & 0 \\ 0 & 0 & 0 & 0 & 0 \end{pmatrix}$$

上述最后一个矩阵称为行阶梯形矩阵, 其特点是: 可画出一条阶梯线, 线的下方全为零; 每个阶梯只有一行.

容易看出上述行阶梯形矩阵的秩等于 2, 因此 $R(A) = 2$.

例 4 中齐次线性方程组的解有无穷多个. 那么这些解与解之间有没有内在的联系呢? 为了回答这个问题, 需要引进如下概念.

定义 7.6.7 设有向量组 T, 如果:

(1) 在 T 中有 r 个向量 $\alpha_1, \alpha_2, \cdots, \alpha_r$ 线性无关;

(2) T 中任意 $r+1$ 个向量(如果有的话)都线性相关;

则称 $\alpha_1, \alpha_2, \cdots, \alpha_r$ 是向量组 T 的一个**最大线性无关向量组**, 简称**最大无关组**, 数 r 称为向量组 T 的**秩**.

定理 7.6.3 设有向量组 T，如果：

(1) 在 T 中有 r 个向量 $\alpha_1，\alpha_2，\cdots，\alpha_r$ 线性无关；

(2) T 中任意一个向量 α 都可以由向量组 $\alpha_1，\alpha_2，\cdots，\alpha_r$ 线性表示，

则 $\alpha_1，\alpha_2，\cdots，\alpha_r$ 是向量组 T 的一个最大无关组.

7.6.4 线性方程组的解的结构

齐次线性方程组

$$\begin{cases} a_{11}x_1 + a_{12}x_2 + \cdots + a_{1n}x_n = 0 \\ a_{21}x_1 + a_{22}x_2 + \cdots + a_{2n}x_n = 0 \\ \cdots\cdots \\ a_{m1}x_1 + a_{m2}x_2 + \cdots + a_{mn}x_n = 0 \end{cases} \quad (*)$$

的系数矩阵为

$$A = \begin{pmatrix} a_{11} & a_{12} & \cdots & a_{1n} \\ a_{21} & a_{22} & \cdots & a_{2n} \\ \vdots & \vdots & & \vdots \\ a_{m1} & a_{m2} & \cdots & a_{mn} \end{pmatrix}$$

定理 7.6.4 齐次线性方程组 $(*)$，当其系数矩阵的秩 $R(A) = n$ 时，只有唯一的零解；当 $R(A) < n$ 时，有无穷多个解.

例 6 设有齐次线性方程组

$$\begin{cases} x_1 + (\lambda - 1)x_2 + x_3 = 0 \\ (\lambda - 1)x_1 + x_2 + x_3 = 0 \\ x_1 + x_2 + (\lambda - 1)x_3 = 0 \end{cases}$$

问当 λ 取何值时，上述方程组：(1) 有唯一的零解；(2) 有无穷多个解，并求出这些解.

解 方程组的系数行列式为

$$|A| = \begin{vmatrix} 1 & \lambda - 1 & 1 \\ \lambda - 1 & 1 & 1 \\ 1 & 1 & \lambda - 1 \end{vmatrix} = \begin{vmatrix} \lambda + 1 & \lambda + 1 & \lambda + 1 \\ \lambda - 1 & 1 & 1 \\ 1 & 1 & \lambda - 1 \end{vmatrix}$$

$$= (\lambda + 1)\begin{vmatrix} 1 & 1 & 1 \\ \lambda - 1 & 1 & 1 \\ 1 & 1 & \lambda - 1 \end{vmatrix} = (\lambda + 1)\begin{vmatrix} 1 & 1 & 1 \\ \lambda - 2 & 0 & 0 \\ 0 & 0 & \lambda - 2 \end{vmatrix}$$

$$= -(\lambda + 1)(\lambda - 2)^2$$

(1) 当 $\lambda \neq -1，2$ 时，方程组有唯一的零解；

(2) 当 $\lambda = -1$ 时，方程组的系数矩阵为

$$A = \begin{pmatrix} 1 & -2 & 1 \\ -2 & 1 & 1 \\ 1 & 1 & -2 \end{pmatrix}$$

由于 $|A|=0$，而 A 中有一个二阶子式 $D=\begin{vmatrix} 1 & -2 \\ -2 & 1 \end{vmatrix}=-3\neq 0$

因此 $R(A)=2<n$（这里 $n=3$），故方程组有无穷多个解．对 A 施行初等行变换：

$$A=\begin{pmatrix} 1 & -2 & 1 \\ -2 & 1 & 1 \\ 1 & 1 & -2 \end{pmatrix} \xrightarrow[r_3-r_1]{r_2+2r_1} \begin{pmatrix} 1 & -2 & 1 \\ 0 & -3 & 3 \\ 0 & 3 & -3 \end{pmatrix} \xrightarrow[-\frac{1}{3}r_2]{r_3+r_2} \begin{pmatrix} 1 & -2 & 1 \\ 0 & 1 & -1 \\ 0 & 0 & 0 \end{pmatrix}$$

$$\xrightarrow{r_1+2r_2} \begin{pmatrix} 1 & 0 & -1 \\ 0 & 1 & -1 \\ 0 & 0 & 0 \end{pmatrix}$$

上述最后一个矩阵称为**行最简形矩阵**．它的特点是：非零行的第一个非零元为 1，且这些非零元所在的列的其他元素都为零的行阶梯形矩阵．由行最简形矩阵很容易得到方程组的解为

$$\begin{cases} x_1=x_3 \\ x_2=x_3 \\ x_3=x_3 \end{cases} \text{，其中 } x_3 \text{ 可取任意数．}$$

当 $\lambda=2$ 时，方程组的系数矩阵为

$$A=\begin{pmatrix} 1 & 1 & 1 \\ 1 & 1 & 1 \\ 1 & 1 & 1 \end{pmatrix}$$

显然 $R(A)=1<n$（这里 $n=3$）．

此时方程组也有无穷多个解．对 A 施行初等行变换：

$$A=\begin{pmatrix} 1 & 1 & 1 \\ 1 & 1 & 1 \\ 1 & 1 & 1 \end{pmatrix} \longrightarrow \begin{pmatrix} 1 & 1 & 1 \\ 0 & 0 & 0 \\ 0 & 0 & 0 \end{pmatrix}$$

由上述最后一个矩阵可得方程组的解为

$$\begin{cases} x_1=-x_2-x_3 \\ x_2=x_2 \\ x_3=x_3 \end{cases} \text{，其中 } x_2, x_3 \text{ 可取任意数．}$$

对于齐次线性方程组

$$\begin{cases} a_{11}x_1+a_{12}x_2+\cdots+a_{1n}x_n=0 \\ a_{21}x_1+a_{22}x_2+\cdots+a_{2n}x_n=0 \\ \cdots\cdots \\ a_{m1}x_1+a_{m2}x_2+\cdots+a_{mn}x_n=0 \end{cases} \tag{$*$}$$

的一个解构成的一列数称为一个 n **维列向量**，也称为**解向量**．完全类似于 §7.2 中关于行向量的讨论，我们可以定义列向量的数乘和加法运算，并具有和行向量完全一样的

性质；还可以定义并讨论和 §7.3 中完全相同的向量的线性关系，并且在 §7.3 中关于行向量的有关定理换成列向量也同样成立.

$$记 \quad \begin{pmatrix} x_1 \\ x_2 \\ \vdots \\ x_n \end{pmatrix} = (x_1, \ x_2, \ \cdots, \ x_n)^{\mathrm{T}}$$

关于解向量还具有以下性质.

性质 1 若 $\alpha = (x_1 \quad x_2 \quad \cdots \quad x_n)^{\mathrm{T}}$，$\beta = (y_1 \quad y_2 \quad \cdots \quad y_n)^{\mathrm{T}}$ 都是齐次线性方程组（ * ）的解向量，k 为常数. 则 $\alpha + \beta$，$k\alpha$ 也都是（ * ）的解向量.

定义 7.6.8 齐次线性方程组（ * ）的一组解 η_1，η_2，$\cdots$，η_r，若满足：

(1) η_1，η_2，$\cdots$，η_r 线性无关；

(2)（ * ）的任一解向量可由 η_1，η_2，$\cdots$，η_r 线性表出，

则称 η_1，η_2，$\cdots$，η_r 为（ * ）的一个**基础解系**.

例 7 求齐次线性方程组

$$\begin{cases} x_1 + x_2 - x_3 - x_4 = 0 \\ 2x_1 - 5x_2 + 3x_3 + 2x_4 = 0 \\ 7x_1 - 7x_2 + 3x_3 + x_4 = 0 \end{cases}$$

的基础解系.

解 $A \rightarrow \cdots\cdots \rightarrow \begin{pmatrix} 1 & 1 & -1 & -1 \\ 0 & -7 & 5 & 4 \\ 0 & 0 & 0 & 0 \end{pmatrix} \rightarrow \begin{pmatrix} 1 & 0 & -\dfrac{2}{7} & -\dfrac{3}{7} \\ 0 & 1 & -\dfrac{5}{7} & -\dfrac{4}{7} \\ 0 & 0 & 0 & 0 \end{pmatrix}$

原方程组的解为 $\begin{cases} x_1 = \dfrac{2}{7}x_3 + \dfrac{3}{7}x_4 \\ x_2 = \dfrac{5}{7}x_3 + \dfrac{4}{7}x_4 \end{cases}$.

令 $x_3 = 1$，$x_4 = 0$，得 $\eta_1 = (2/7, 3/7, 1, 0)$；

令 $x_3 = 0$，$x_4 = 1$，得 $\eta_2 = (5/7, 4/7, 0, 1)$.

原方程的基础解系为 η_1，η_2.

原方程组的一般解为 $k_1\eta_1 + k_2\eta_2$，k_1，$k_2 \in \mathbf{R}$.

例 8 求下列齐次线性方程组的通解：

$$\begin{cases} 3x_1 + 5x_3 = 0 \\ 2x_1 - x_2 + 3x_3 + x_4 = 0 \\ x_1 + x_2 + 2x_3 - x_4 = 0 \end{cases}$$

解　系数矩阵 $A = \begin{pmatrix} 3 & 0 & 5 & 0 \\ 2 & -1 & 3 & 1 \\ 1 & 1 & 2 & -1 \end{pmatrix}$，对 A 施行初等行变换：

$$\begin{pmatrix} 3 & 0 & 5 & 0 \\ 2 & -1 & 3 & 1 \\ 1 & 1 & 2 & -1 \end{pmatrix} \xrightarrow{r_1 \leftrightarrow r_3} \begin{pmatrix} 1 & 1 & 2 & -1 \\ 2 & -1 & 3 & 1 \\ 3 & 0 & 5 & 0 \end{pmatrix}$$

$$\xrightarrow[r_3 - 3r_1]{r_2 - 2r_1} \begin{pmatrix} 1 & 1 & 2 & -1 \\ 0 & -3 & -1 & 3 \\ 0 & -3 & -1 & 3 \end{pmatrix} \xrightarrow{r_3 + r_3} \begin{pmatrix} 1 & 1 & 2 & -1 \\ 0 & -3 & -1 & 3 \\ 0 & 0 & 0 & 0 \end{pmatrix}$$

由上述最后一个行阶梯形矩阵可知，方程组的系数矩阵的秩等于 2，因此其基础解系应含有 $4 - 2 = 2$ 个解向量．

继续对上述行阶梯形矩阵施行初等行变换：

$$\begin{pmatrix} 1 & 1 & 2 & -1 \\ 0 & -3 & -1 & 3 \\ 0 & 0 & 0 & 0 \end{pmatrix} \xrightarrow{-\frac{1}{3}r_2} \begin{pmatrix} 1 & 1 & 2 & -1 \\ 0 & 1 & \dfrac{1}{3} & -1 \\ 0 & 0 & 0 & 0 \end{pmatrix}$$

$$\xrightarrow{r_1 - r_2} \begin{pmatrix} 1 & 0 & \dfrac{5}{3} & 0 \\ 0 & 1 & \dfrac{1}{3} & -1 \\ 0 & 0 & 0 & 0 \end{pmatrix}$$

由上述最后一个行最简形矩阵可得方程组的一般解为

$$\begin{cases} x_1 = -\dfrac{5}{3}x_3 \\ x_2 = -\dfrac{1}{3}x_3 + x_4 \\ x_3 = x_3 \\ x_4 = x_4 \end{cases}$$，其中 x_3, x_4 可取任意数．

令 $\begin{pmatrix} x_3 \\ x_4 \end{pmatrix}$ 分别取 $\begin{pmatrix} 3 \\ 0 \end{pmatrix}$ 和 $\begin{pmatrix} 0 \\ 1 \end{pmatrix}$，得到方程组（2.15）的两个线性无关的解向量为

$$\alpha_1 = (-5, -1, 3, 0)^T, \ \alpha_2 = (0, 1, 0, 1)^T$$

因此，方程组的通解为：

$$\begin{pmatrix} x_1 \\ x_2 \\ x_3 \\ x_4 \end{pmatrix} = x_3 \begin{pmatrix} -5 \\ -1 \\ 3 \\ 0 \end{pmatrix} + x_4 \begin{pmatrix} 0 \\ 1 \\ 0 \\ 1 \end{pmatrix}$$，其中 x_3, x_4 可取任意数．

7.6.5 非齐次线性方程组解的结构

本节讨论非齐次线性方程组

$$\begin{cases} a_{11}x_1 + a_{12}x_2 + \cdots + a_{1n}x_n = b_1 \\ a_{21}x_1 + a_{22}x_2 + \cdots + a_{2n}x_n = b_2 \\ \cdots\cdots \\ a_{m1}x_1 + a_{m2}x_2 + \cdots + a_{mn}x_n = b_m \end{cases} \qquad (*)$$

解的结构.

设

$$A = \begin{pmatrix} a_{11} & a_{12} & \cdots & a_{1n} \\ a_{21} & a_{22} & \cdots & a_{2n} \\ \vdots & \vdots & & \vdots \\ a_{m1} & a_{m2} & \cdots & a_{mn} \end{pmatrix}, \quad B = \begin{pmatrix} a_{11} & a_{12} & \cdots & a_{1n} & b_1 \\ a_{21} & a_{22} & \cdots & a_{2n} & b_2 \\ \vdots & \vdots & & \vdots & \vdots \\ a_{m1} & a_{m2} & \cdots & a_{mn} & b_m \end{pmatrix}$$

分别称它们为方程组的**系数矩阵**和**增广矩阵**. 非齐次线性方程组是否和齐次线性方程组一样总是有解呢? 这就不一定了. 下面先讨论非齐次线性方程组有解的条件.

定理 7.6.5 非齐次线性方程组有解的充要条件是: 它的系数矩阵的秩与增广矩阵的秩相等.

例 9 解下列线性方程组:

$$(1)\begin{cases} x_1 + 2x_2 - x_3 + x_4 = 2 \\ 2x_1 - x_2 + x_3 - 3x_4 = -1; \\ 4x_1 + 3x_2 - x_3 - x_4 = 3 \end{cases} \qquad (2)\begin{cases} 2x_1 + 3x_2 - x_3 = 2 \\ 3x_1 - 2x_2 + x_3 = 2. \\ x_1 - 5x_2 + 2x_3 = 1 \end{cases}$$

解 (1) 对增广矩阵 $B = \begin{pmatrix} 1 & 2 & -1 & 1 & 2 \\ 2 & -1 & 1 & -3 & -1 \\ 4 & 3 & -1 & -1 & 3 \end{pmatrix}$ 施行初等行变换:

$$B = \begin{pmatrix} 1 & 2 & -1 & 1 & 2 \\ 2 & -1 & 1 & -3 & -1 \\ 4 & 3 & -1 & -1 & 3 \end{pmatrix} \xrightarrow[r_3 - 4r_1]{r_2 - 2r_1} \begin{pmatrix} 1 & 2 & -1 & 1 & 2 \\ 0 & -5 & 3 & -5 & -5 \\ 0 & -5 & 3 & -5 & -5 \end{pmatrix}$$

$$\xrightarrow{r_3 - r_2} \begin{pmatrix} 1 & 2 & -1 & 1 & 2 \\ 0 & -5 & 3 & -5 & -5 \\ 0 & 0 & 0 & 0 & 0 \end{pmatrix}$$

由上式最后一个行阶梯形矩阵可知该方程组的系数矩阵与增广矩阵的秩都等于 2, 也就是说该方程组有解, 继续对上述行阶梯形矩阵施行初等行变换:

$$\begin{pmatrix} 1 & 2 & -1 & 1 & 2 \\ 0 & -5 & 3 & -5 & -5 \\ 0 & 0 & 0 & 0 & 0 \end{pmatrix} \xrightarrow{-\frac{1}{5}r_2} \begin{pmatrix} 1 & 2 & -1 & 1 & 2 \\ 0 & 1 & -\dfrac{3}{5} & 1 & 1 \\ 0 & 0 & 0 & 0 & 0 \end{pmatrix}$$

$$\xrightarrow{r_1-2r_2}\begin{pmatrix}1&0&\dfrac{1}{5}&-1&0\\[2mm]0&1&-\dfrac{3}{5}&1&1\\[2mm]0&0&0&0&0\end{pmatrix}$$

由上面最后一个行最简形矩阵可得该方程组的一般解为

$$\begin{cases}x_1=-\dfrac{1}{5}x_3+x_4\\[2mm]x_2=\dfrac{3}{5}x_3-x_4+1,\ 其中\ x_3,x_4\ 可取任意数.\\[2mm]x_3=x_3\\x_4=x_4\end{cases}$$

（2）对增广矩阵 B 施行初等行变换：

$$B=\begin{pmatrix}2&3&-1&2\\3&-2&1&2\\1&-5&2&1\end{pmatrix}\xrightarrow{r_1\leftrightarrow r_3}\begin{pmatrix}1&-5&2&1\\3&-2&1&2\\2&3&-1&2\end{pmatrix}$$

$$\xrightarrow[r_3-2r_1]{r_2-3r_1}\begin{pmatrix}1&-5&2&1\\0&13&-5&-1\\0&13&-5&0\end{pmatrix}\xrightarrow{r_4-r_3}\begin{pmatrix}1&-5&2&1\\0&13&-5&-1\\0&0&0&1\end{pmatrix}$$

由上式的最后一个行阶梯形矩阵可知该方程组的系数矩阵的秩等于 2，而增广矩阵的秩等于 3，因此该方程组无解.

对于非齐次线性方程组（∗）和它所对应的齐次线性方程组，由于其系数矩阵相同，它们的解之间有以下密切的联系.

性质 2 设 x 和 y 是非齐次线性方程组（∗）的两个解向量，则 $x-y$ 是（∗）所对应的齐次线性方程组的解向量.

性质 3 设 x 是非齐次线性方程组（∗）的一个解向量，y 是（∗）所对应的齐次线性方程组的解向量，则 $x+y$ 是（∗）的解向量.

定理 7.6.6 把非齐次线性方程组（∗）的某个特解加到对应的齐次线性方程组的每一个解向量上，就得到（∗）的全部解向量.

例 10 求解方程组

$$\begin{cases}x_1-x_2-x_2+x_4=0\\x_1-x_2+x_2-3x_4=1\\x_1-x_2-2x_2+3x_4=-1/2\end{cases}$$

解 $\overline{A}=\begin{pmatrix}1&-1&-1&1&0\\1&-1&1&-3&1\\1&-1&-2&3&-1/2\end{pmatrix}\xrightarrow[r_3-r_1]{r_2-r_1}\begin{pmatrix}1&-1&-1&1&0\\0&0&2&-4&1\\0&0&-1&2&-1/2\end{pmatrix}$

$$\xrightarrow[\substack{r_1+r_2}]{\substack{r_2\times0.5\\r_3+r_2}} \begin{pmatrix} 1 & -1 & 0 & -1 & 1/2 \\ 0 & 0 & 1 & -2 & 1/2 \\ 0 & 0 & 0 & 0 & 0 \end{pmatrix}$$

可见 $R(A)=R(\overline{A})$，方程组有解，并有

$$\begin{cases} x_1=x_2+x_4+1/2 \\ x_3=2x_4+1/2 \end{cases}$$

取 $x_2=x_4=0$，则 $x_1=x_3=1/2$，即得原方程组的一个特解 $\gamma_0=(1/2,\ 0,\ 1/2,\ 0)$.

下面求导出组的基础解系：

导出组与 $\begin{cases} x_1=x_2+x_4 \\ x_3=2x_4 \end{cases}$ 同解.

取 $x_2=1$，$x_4=0$，得 $\eta_1=(1,\ 1,\ 0,\ 0)$；

取 $x_2=0$，$x_4=1$，得 $\eta_2=(1,\ 0,\ 2,\ 1)$.

于是原方程组的通解为 $\gamma=\gamma_0+k_1\eta_1+k_2\eta_2$，$(k_1,\ k_2\in\mathbf{R})$.

例11 设 $\begin{cases} x_1+x_2+2x_3=1 \\ 2x_1+x_2+3x_3=3 \\ 3x_1+2x_2+(u+3)x_3=v+1 \end{cases}$，问 u，v 为何值时，方程组：(1)有唯一解；(2)无解；(3)有无穷多解.

解
$$\begin{vmatrix} 1 & 1 & 2 \\ 2 & 1 & 3 \\ 3 & 2 & u+3 \end{vmatrix} = \begin{vmatrix} 1 & 1 & 2 \\ 0 & -1 & -1 \\ 0 & -1 & u-3 \end{vmatrix} = \begin{vmatrix} 1 & 1 & 2 \\ 0 & -1 & -1 \\ 0 & 0 & u-2 \end{vmatrix} = -u+2$$

当 $u\neq2$ 时有唯一解；

当 $u=2$，$v\neq3$ 时，无解；

$$(A\mid b)=\begin{pmatrix} 1 & 1 & 2 & 1 \\ 2 & 1 & 3 & 3 \\ 3 & 2 & 5 & v+1 \end{pmatrix} \rightarrow \begin{pmatrix} 1 & 1 & 2 & 1 \\ 0 & -1 & -1 & 1 \\ 0 & 0 & 0 & v-3 \end{pmatrix}$$

当 $u=2$，$v=3$ 时，有无穷多解；

$$(A\mid b)\rightarrow\begin{pmatrix} 1 & 1 & 2 & 1 \\ 0 & -1 & -1 & 1 \\ 0 & 0 & 0 & 0 \end{pmatrix}\rightarrow\begin{pmatrix} 1 & 0 & 1 & 2 \\ 0 & 1 & 1 & -1 \\ 0 & 0 & 0 & 0 \end{pmatrix}$$

$\therefore\begin{cases} x_1+x_3=2 \\ x_2+x_3=-1 \end{cases}$ 的通解为 $\begin{pmatrix} x_1 \\ x_2 \\ x_3 \end{pmatrix}=c\begin{pmatrix} -1 \\ -1 \\ 1 \end{pmatrix}+\begin{pmatrix} 2 \\ -1 \\ 0 \end{pmatrix}$.

§7.7　数学史料

　　行列式出现于线性方程组的求解，它最早是一种速记的表达式，现在已经是数学中一种非常有用的工具．行列式是由莱布尼茨和日本数学家关孝和发明的．1693 年 4 月，莱布尼茨在写给洛必达的一封信中使用并给出了行列式的概念，并给出方程组的系数行列式为零的条件．同时代的日本数学家关孝和在其著作《解伏题元法》中也提出了行列式的概念与算法．

　　1750 年，瑞士数学家克莱姆(G. Cramer，1704 — 1752) 在其著作《线性代数分析导引》中，对行列式的定义和展开法则给出了比较完整、明确的阐述，并给出了现在我们所称的解线性方程组的克莱姆法则．稍后，数学家贝祖(E. Bezout，1730 — 1783) 将确定行列式每一项符号的方法进行了系统化，利用系数行列式概念指出了如何判断一个齐次线性方程组有非零解．

　　总之，在很长一段时间内，行列式只是作为解线性方程组的一种工具使用，并没有人意识到它可以独立于线性方程组之外，单独形成一门理论加以研究．

　　在行列式的发展史上，第一个对行列式理论做出连贯的逻辑的阐述，即把行列式理论与线性方程组求解相分离的人，是法国数学家范德蒙(A. T. Vandermonde，1735 — 1796)．范德蒙自幼在父亲的指导下学习音乐，但对数学有浓厚的兴趣，后来终于成为法兰西科学院院士．特别地，他给出了用二阶子式和它们的余子式来展开行列式的法则．就对行列式本身这一点来说，他是这门理论的奠基人．1772 年，拉普拉斯在一篇论文中证明了范德蒙提出的一些规则，推广了他的展开行列式的方法．

　　继范德蒙之后，在行列式的理论方面，又一位做出突出贡献的就是另一位法国大数学家柯西．1815 年，柯西在一篇论文中给出了行列式的第一个系统的，几乎是近代的处理，其中主要结果之一是行列式的乘法定理．另外，他第一个把行列式的元素排成方阵，采用双足标记法；引进了行列式特征方程的术语；给出了相似行列式概念；改进了拉普拉斯的行列式展开定理并给出了一个证明等．

　　19 世纪的半个多世纪中，对行列式理论研究始终不渝的学者之一是詹姆士·西尔维斯特(J. Sylvester，1814 — 1894)．他是一个活泼、敏感、兴奋、热情，甚至容易激动的人，然而由于是犹太人的缘故，他受到剑桥大学的不平等对待．西尔维斯特用火一般的热情介绍他的学术思想，他的重要成就之一是改进了从一个 n 次和一个 m 次的多项式中消去 x 的方法，他称之为配析法，并给出形成的行列式为零时这两个多项式方程有公共根的充分必要条件这一成果，但没有给出证明．

　　继柯西之后，在行列式理论方面最多产的人就是德国数学家雅可比(J. Jacobi，1804 — 1851)，他引进了函数行列式，即"雅可比行列式"，指出函数行列式在多重积分的变量替换中的作用，给出了函数行列式的导数公式．雅可比的著名论文《论行列式的形成和性质》标志着行列式系统理论的建成．由于行列式在数学分析、几何学、线性方程组理论、二次型理论等多方面的应用，促使行列式理论自身在 19 世纪也得到了很大发展．整个 19 世纪都有行列式的新成果．除了一般行列式的大量定理之外，还有许多有关特殊行列式的其他定理都相继得到．

课后习题

一、填空题

1. 设 A 为 n 阶方阵，且 $n > 1$，$|A| = 5$，则 $|A^T| = $ _____；

2. 若 $\begin{vmatrix} 4 & x \\ x & x \end{vmatrix} = 3$，则 $x = $ _____；

3. n 阶行列式中元素 a_{ij} 的代数余子式 A_{ij} 与余子式 M_{ij} 之间的关系是 _____；

4. 方程组 $\begin{cases} \lambda x_1 + x_2 = 0 \\ x_1 + \lambda x_2 = 0 \end{cases}$ 有非零解，$\lambda = $ _____；

5. 设 $A = \begin{pmatrix} 0 & 1 \\ 0 & 0 \end{pmatrix}$，$B = \begin{pmatrix} 0 & 0 \\ 0 & 1 \end{pmatrix}$，则 $AB = $ _____，$BA = $ _____；

6. 设 $A = \begin{pmatrix} 0 & 1 & 0 \\ 2 & 0 & 0 \\ 0 & 0 & 3 \end{pmatrix}$，则 $A^{-1} = $ _____；

7. 设 $A^2 = A + 4E$，则 $(A - 2E)^{-1} = $ _____；

8. 设 $A = \begin{pmatrix} 0 & 1 & -1 \\ 1 & 0 & 1 \\ 0 & 0 & 1 \end{pmatrix}$，记 A^{-1} 表示 A 的逆矩阵，A^* 表示 A 的伴随矩阵，则 $(A^*)^{-1} = $ _____；

9. 矩阵 $\begin{pmatrix} 1 & 0 & 2 \\ 0 & t & t \\ 1 & 2t & t^2 + 2 \end{pmatrix}$，且 A 的秩为 2，则常数 $t = $ _____；

10. 已知 $A = \begin{pmatrix} 2 & 0 & 1 \\ 0 & 2 & 0 \\ 2 & 0 & 2 \end{pmatrix}$，$B = \begin{pmatrix} 1 & 0 & 0 \\ 0 & -1 & 0 \\ 0 & 0 & 1 \end{pmatrix}$，若 X 满足 $AX - BA = B + X$．则 $X = $ _____．

二、选择题

1. 若 $D = \begin{vmatrix} a & b & c \\ d & e & f \\ g & h & i \end{vmatrix} = M \neq 0$，则 $\Delta = \begin{vmatrix} 2a & 2b & 2c \\ d & e & f \\ 2g & 2h & 2i \end{vmatrix} = ($ ___).

A. $2M$ B. $-2M$ C. $4M$ D. $-4M$

2. 行列式 $\begin{vmatrix} \lambda & 2 & 1 \\ 2 & \lambda & 0 \\ 1 & -1 & 1 \end{vmatrix} = 0$ 的充要条件是(   ).

A. $\lambda = 2$ B. $\lambda = -2$ C. $\lambda = 0$ D. $\lambda = 3$, $\lambda = -2$

3. 行列式 $\begin{vmatrix} 8 & 27 & 64 & 125 \\ 4 & 9 & 16 & 25 \\ 2 & 3 & 4 & 5 \\ 1 & 1 & 1 & 1 \end{vmatrix} = ($).

A. 12   B. -12 C. 16   D. -16

4. 设 A，B 为 n 阶方阵，满足 $AB = A$，且 A 可逆，则有(   ).

A. $A = B = E$ B. $A = E$ C. $B = E$ D. A，B 互为逆矩阵

5. 设 A，B，C，X 均为 n 阶矩阵，A，B 可逆，且有 $AXB = C$ 成立，则 $X = ($).

A. $A^{-1}CB^{-1}$ B. $B^{-1}CA^{-1}$

C. $A^{-1}B^{-1}C$ D. $CA^{-1}B^{-1}$

三、综合题

1. 计算下列行列式.

(1) $D = \begin{vmatrix} -3 & -5 & 3 \\ 0 & -1 & 0 \\ 7 & 7 & 2 \end{vmatrix}$;

(2) $D = \begin{vmatrix} 3 & 1 & -1 & 2 \\ -5 & 1 & 3 & -4 \\ 2 & 0 & 1 & -1 \\ 1 & -5 & 3 & -3 \end{vmatrix}$.

2. 用克拉默法则解方程组 $\begin{cases} 3x_1 + 5x_2 + 2x_3 + x_4 = 3, \\ 3x_2 + 4x_4 = 4, \\ x_1 + x_2 + x_3 + x_4 = 11/6, \\ x_1 - x_2 - 3x_3 + 2x_4 = 5/6. \end{cases}$

3. 设 $\boldsymbol{A} = \begin{bmatrix} 1 & 1 & 1 \\ 1 & 1 & -1 \\ 1 & -1 & 1 \end{bmatrix}$, $\boldsymbol{B} = \begin{bmatrix} 1 & 2 & 3 \\ -1 & -2 & 4 \\ 0 & 5 & 1 \end{bmatrix}$.

求 $3\boldsymbol{B} - 2\boldsymbol{A}$ 及 $\boldsymbol{A}^{\mathrm{T}}\boldsymbol{B}$.

4. 计算下列矩阵的乘积.

(1) $[1 \quad 2 \quad 3] \begin{bmatrix} 3 \\ 2 \\ 1 \end{bmatrix}$

(2) $\begin{bmatrix} 2 & 1 & 4 & 0 \\ 1 & -1 & 3 & 4 \end{bmatrix} \begin{bmatrix} 1 & 3 & 1 \\ 0 & -1 & 2 \\ 1 & -3 & 1 \\ 4 & 0 & -2 \end{bmatrix}$;

5. 求下列矩阵.

(1) $\begin{pmatrix} 2 & -1 \\ 3 & -2 \end{pmatrix}^n$.

(2) $A = \begin{pmatrix} 1 & 0 & 1 \\ 0 & 1 & 0 \\ 0 & 0 & 1 \end{pmatrix}^n$.

6. 求下列矩阵的逆矩阵.

(1) $A = \begin{pmatrix} 1 & 1 & 0 & 0 & 0 \\ -1 & 3 & 0 & 0 & 0 \\ 0 & 0 & -2 & 0 & 0 \\ 0 & 0 & 0 & 1 & 2 \\ 0 & 0 & 0 & 0 & 1 \end{pmatrix}$; (2) $B = \begin{pmatrix} 1 & 3 & 0 & 0 & 0 \\ 2 & 8 & 0 & 0 & 0 \\ 1 & 0 & 1 & 0 & 1 \\ 0 & 1 & 2 & 3 & 2 \\ 2 & 3 & 3 & 1 & 1 \end{pmatrix}$.

7. 讨论下列向量组的线性相关性.

(1) $\alpha_1 = (2, -1, 0)$, $\alpha_2 = (-1, 1, 3)$, $\alpha_3 = (1, 0, 3)$;

(2) $\alpha_1 = (-1, 3, 4)$, $\alpha_2 = (2, 0, 1)$;

(3) $\alpha_1 = (2, 1, 0)$, $\alpha_2 = (-1, 3, 2)$, $\alpha_3 = (0, 3, 4)$, $\alpha_4 = (-1, 5, 6)$.

8. 求解下列线性方程组.

(1) $\begin{cases} 3x_1 + x_2 - 6x_3 - 4x_4 + 2x_5 = 0 \\ 2x_1 + 2x_2 - 3x_3 - 5x_4 + 3x_5 = 0 \\ x_1 - 5x_2 - 6x_3 + 8x_4 - 6x_5 = 0 \end{cases}$;

(2) $\begin{cases} x_1 + 3x_2 + 3x_3 - 2x_4 + x_5 = 3 \\ 2x_1 + 6x_2 + x_3 - 3x_4 = 2 \\ x_1 + 3x_2 - 2x_3 - x_4 - x_5 = -1 \\ 3x_1 + 9x_2 + 4x_3 - 5x_4 + x_5 = 5 \end{cases}$.

9. a, b 为何值时，线性方程组 $\begin{cases} x_1 + ax_2 + x_3 = 3 \\ x_1 + 2ax_2 + x_3 = 4 \\ x_1 + x_2 + bx_3 = 4 \end{cases}$ 有唯一解、无解或有无穷多解？在有无穷多解时，求其通解.

10. 设线性方程组 $\begin{cases} (1+\lambda)x_1 + x_2 + x_3 = 0 \\ x_1 + (1+\lambda)x_2 + x_3 = \lambda \\ x_1 + x_2 + (1+\lambda)x_3 = -\lambda^2 \end{cases}$.

当 λ 等于何值时：(1) 方程组有唯一解；(2) 无解；(3) 有无穷多解，并求出此时方程组的通解.

第8章　概率初步

概率论是一门研究随机现象统计规律性数量关系的数学学科. 20 世纪以来，它已经广泛应用于工业、国防、国民经济及工程技术等各个领域. 本章将介绍随机事件及其概率，以及一维随机变量及其数字特征.

§8.1　随机事件

8.1.1　随机事件的概念

1. 随机现象

自然界与人类社会存在和发生的各种现象，大致可归纳为两类：一类称为确定性现象，即条件完全决定结果的现象，如在标准大气压下，水被加热到 100℃ 时沸腾；另一类称为随机现象，即条件不能完全决定结果的现象. 如掷一枚均匀硬币，可能出现正面，也可能出现反面；从一批产品中任取 1 件产品，可能是次品，也可能是正品.

对于随机现象，在少数几次试验或观察中其结果无规律性，但通过长期观察或大量地重复试验可以看出，试验的结果呈现出一种规律性，这种规律性称为统计规律性，它是随机现象自身所具有的特征.

2. 随机试验

为了深入研究随机现象，就必须在一定的条件下对它进行多次观察. 若把一次观察视为一次试验，观测到的结果就是试验结果. 概率论中把满足下列条件的试验称为随机试验：

（1）可重复性：试验可以在相同的条件下重复进行；

（2）可观察性：有多个可能的结果，且试验前明确可知所有可能的结果；

（3）不确定性：每次试验的结果事先不能准确预知.

例如：

试验 1：在一定的条件下进行射击练习，击中靶的环数.

试验 2：掷一枚硬币，观察所出现的面.

试验 3：记录电话交换台在单位时间内收到的呼叫次数.

试验 4：抛掷一颗质地均匀的骰子，观察骰子出现的点数.

以上这些试验都满足随机试验的 3 个条件，它们均为随机试验.

3. 随机事件

在随机试验中，人们通常不仅关心某个样本点的出现，更关心试验时可能出现的某种结果. 例如，在掷骰子的试验中，可能关心是否出现点数 1，抑或可能关注是否出现奇数点（即点数 1，3，5）等结果. 它们都是样本空间的子集（随机试验可能出现的结果），称之为随机事件，简称事件. 随机事件通常用大写英文字母 A，B，C⋯ 或其带下标的形式 $A_i(i=1$，2，3⋯) 等表示. 此外，称不能再分解的最简单的随机事件为基本事件；由多个基本事件构成的集合称为复合事件. 包含所有基本事件的随机事件，我们称其为必然事件，记为 Ω；而不包含任何基本事件的随机事件，我们称其为不可能事件，记为 $\varnothing$. 很明显，必然事件与不可能事件并不具有随机性，但为了讨论问题方便，也把它们看成特殊的随机事件.

4. 样本空间

把随机事件的所有可能结果组成的集合称为随机试验的样本空间，用 Ω 来表示. Ω 中的元素，即随机试验的每一个可能结果，称为样本点，一般用 ω 表示.

例如，试验 2 和试验 4 的样本空间分别为 $\Omega_2=\{正面，反面\}$ 和 $\Omega_6=\{1，2，3，4，5，6\}$.

8.1.2 事件的关系与运算

在概率论中，人们往往不仅要研究随机试验的一个事件，还要研究多个事件，而这些事件之间又有一定的联系. 为了表述事件间的联系，下面定义事件间的关系和运算.

1. 包含关系

若事件 A 发生必然导致事件 B 发生，则称事件 B 包含事件 A，记作 $A \subset B$. 如图 8.1 所示.

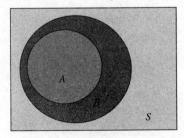

图 8.1

若事件 A 所包含的基本事件与事件 B 所包含的基本事件完全相同，则称事件 A 与事件 B 相等，记作 $A=B$.

2. 和(并) 事件

事件 A 与事件 B 中至少有一个发生，即事件 A 发生或事件 B 发生，这个事件称为事件 A 与事件 B 的和(并)事件，记作 $A+B$(或 $A\bigcup B$). 如图 8.2 所示.

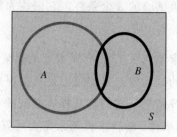

图 8.2

$A+B$ 是由所有属于事件 A 或事件 B 的基本事件组成，即事件 A 和事件 B 的并集.

3. 积(交) 事件

事件 A 与事件 B 同时发生，即事件 A 发生且事件 B 发生，这个事件称为事件 A 与事件 B 的积(交)事件，记作 AB(或 $A\bigcap B$). 如图 8.3 所示.

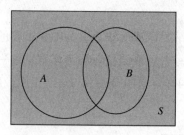

图 8.3

AB 是由所有既属于事件 A 又属于事件 B 的基本事件组成的，即事件 A 和事件 B 的交集.

4. 差事件

事件 A 发生且事件 B 不发生，这个事件称为事件 A 与事件 B 的差事件，记作 $A-B$. 如图 8.4 所示.

$A-B$ 是由所有属于事件 A 但不属于事件 B 的基本事件组成的.

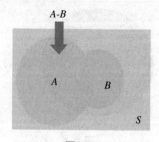

图 8.4

5. 互斥事件

若事件 A 与事件 B 不可能同时发生，则称事件 A 与事件 B 互斥，或事件 A 与事件 B 互不相容．如图 8.5 所示．

互斥的两个事件不含有共同的基本事件．

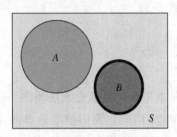

图 8.5

6. 对立(逆)事件

对于事件 A，若事件 $\overline{A}$ 满足 $A + \overline{A} = \Omega$，$A\overline{A} = \varnothing$，则把事件 $\overline{A}$ 称为事件 A 的对立事件．如图 8.6 所示．

事件 A，$\overline{A}$ 对立，意味着在任何一次试验中，A，$\overline{A}$ 不可能同时发生，但它们中又必有一个发生．显然，对立事件一定是互斥的，但互斥的事件却并不一定对立的．

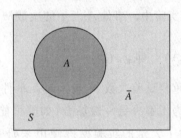

图 8.6

例 1 将两颗质地均匀的骰子各掷一次，若以 (x, y) 表示其结果，其中 x 表示第一颗骰子出现的点数，y 表示第二颗骰子出现的点数，则样本空间为 $\Omega = \{(x, y) \mid x, y = 1, 2, 3, 4, 5, 6\}$，若以 A，B，C，D 分别表示事件"点数之和等于 2""点数之和等于 5""点数之和超过 9""点数之和大于 4 但不超过 6"．试写出事件包含的结果．

解 $A = \{(1, 1)\}$；$B = \{(1, 4), (2, 3), (3, 2), (4, 1)\}$；

$C = \{(4, 6), (5, 5), (6, 4), (5, 6), (6, 5), (6, 6)\}$；

$$D = \left\{ \begin{matrix} (1, 3), (2, 3), (3, 1), (1, 4), (2, 2), (3, 2), (4, 1), \\ (1, 5), (2, 4), (3, 3), (4, 2), (5, 1) \end{matrix} \right\}.$$

例 2 设 A、B、C 为三个随机事件，试表示以下事件：(1)A、B、C 都发生；(2)A、B 同时发生但 C 不发生；(3)A、B、C 都不发生；(4)A、B、C 至少有一个发生．

解 (1)ABC；(2)$AB\overline{C}$；(3)$\overline{ABC}$；(4)$A+B+C$.

§8.2 概率的定义与性质

8.2.1 概率概念的引入

随机事件在一次试验中发生与否往往事先无法预测. 但在大量的重复实验中，其发生的可能性的大小是客观存在的. 因此，我们把度量事件 A 在试验中发生的可能性大小的数称为概率，并记为 $P(A)$. 这样，较大的概率 $P(A)$ 就意味着相应的事件 A 发生的可能性较大. 反之，则发生的可能性较小.

对于给定的事件，如何定义并求得其概率，通常与试验的条件有关. 下面我们将介绍在实际中用得比较多的两种定义：统计定义和古典定义.

1. 概率的统计定义

统计定义是以大量的重复试验为前提的. 为此，我们首先引入频率及其稳定性的概念.

频率定义：在 N 次重复实验中，事件 A 发生的次数 M 与试验次数 N 的比值 $\dfrac{M}{N}$，称为事件 A 的频率，记为 $f_n(A)$，即 $f_n(A)=\dfrac{M}{N}$.

人们在实践中发现，当重复试验次数 N 较大时，事件发生的频率往往可以大致反映事件发生的可能性大小. 为了解决更一般场合（如等可能性不成立）下概率的定义与计算问题，历史上许多人做了大量的实验抛掷硬币来研究频率，发现频率具有稳定性：当 N 很大时，频率值 $f_n(A)$ 会在某个常数附近摆动，而随着试验次数 N 的增大，这种摆动幅度会越来越小. 频率的稳定性为人们用当 N 很大时的频率值近似地作为概率值提供了依据，由此，也得到了历史上第一个概率的一般定义.

人名	抛掷次数(n)	出现正面的次数	频率
德摩根	2048	1061	0.5181
蒲丰	4040	2048	0.5069
费勒	10000	4979	0.4979
皮尔逊	12000	6019	0.5016
皮尔逊	24000	12012	0.5006
维尼	30000	14994	0.4998

概率的统计定义：在相同条件下进行的大量的重复试验中，如果随着试验次数的

增大，事件 A 发生的频率 $f_n(A)$ 越来越稳定地在某一常数 p 附近摆动，这时就以常数 p 作为事件 A 的概率，并称其为统计概率，即 $P(A)=p$.

统计概率的性质： $(1)0 \leqslant P(A) \leqslant 1$；$(2)P(\Omega)=1$，$P(\varnothing)=0$.

2 概率的古典定义

由于统计概型下求概率有试验量大、结果将随频率的变化而改变等不足，为此我们将转入另一种运用得更为广泛的概型——古典概型的讨论.

古典概率模型简称古典概型，通常是指具有下列两个特征的随机试验模型：

(1) 随机试验只有有限个基本事件(有限性).

(2) 每一个基本事件发生的可能性相等(等可能性).

概率的古典定义： 对于给定的古典概型，若样本空间中基本事件总数为 n，事件 A 包含其中的 n 个，则事件 A 的概率为 $P(A)=\dfrac{m}{n}$.

由古典定义求得的概率简称为古典概率.

古典概率的性质： $(1)0 \leqslant P(A) \leqslant 1$；$(2)P(\Omega)=1$，$P(\varnothing)=0$.

例 1 某种产品共有 30 件，其中含正品 23 件，次品 7 件，从中任取 5 件，试求被取出的 5 件中恰好有 2 件次品的概率.

解 设 $A=$"被取出的 5 件中恰好有 2 件次品". 该试验的基本事件总数 $n=C_{30}^{5}$，而事件 A 包含的基本事件数 $m=C_{7}^{2}C_{23}^{3}$，则所求概率为

$$P(A)=\frac{C_{7}^{2}C_{23}^{3}}{C_{30}^{3}}=0.2610.$$

8.2.2 概率的性质

根据随机事件概率的定义，可得到随机事件的概率具有以下性质：

性质 1 若 A，B 为互斥事件，则 $P(A+B)=P(A)+P(B)$.

推论 1 若事件 A_1，A_2，$\cdots$，A_n 两两互不相容，则 $P(A_1+A_2+\cdots+A_n)=P(A_1)+P(A_2)+\cdots+P(A_n)$.

推论 2 对于任一事件 A，有 $P(A)+P(\overline{A})=1$.

性质 2 对于任意事件 A，B，有 $P(A-B)=P(A)-P(AB)$.

特别地，当 $B \subset A$ 时，有 $P(A-B)=P(A)-P(B)$.

性质 3 若 A，B 为任意事件，则 $P(A+B)=P(A)+P(B)-P(AB)$.

推论 3 若 A，B，C 为任意事件，则 $P(A+B+C)=P(A)+P(B)+P(C)-P(AB)-P(AC)-P(BC)+P(ABC)$.

例 2 设有 100 件产品，其中有 95 件合格品，5 件次品. 从中任取 5 件，试求其中至少有一件次品的概率.

解法一 设 A_k 表示"5件产品中有 k 件次品"，这里 $k=1$，2，3，4，5；A 表示"其中至少有一件次品"，则 $A = \sum\limits_{k=1}^{5} A_k$，且 A_1，A_2，$\cdots$，A_5 互不相容，$P(A_k) = \dfrac{C_5^k C_{95}^{5-k}}{C_{100}^5}(1 \leqslant k \leqslant 5)$. 于是，由性质1的推论1可得

$$P(A) = \sum_{k=1}^{5} P(A_k) = P(A_k) = \frac{C_5^k C_{95}^{5-k}}{C_{100}^5} \approx 0.2304.$$

解法二 事件 A 比较复杂，而其对立事件 $\overline{A} = A_0$ 则比较简单，$P(A_0) = \dfrac{C_{95}^5}{C_{100}^5} \approx$ 0.7676. 于是，由性质2可得

$$P(A) = 1 - P(\overline{A}) \approx 1 - 0.7696 = 0.2304.$$

例3 在区间 $[1, 789]$ 上的整数中任取一个，试求取出的数：(1) 能被21或38整除的概率；(2) 能被21或18整除的概率.

解 设 $A = $ "取出的数能被21整除"，$B = $ "取出的数能被38整除"，$C = $ "取出的数能被18整除".

(1) 因为21与38的最小公倍数 $798 > 789$，所以 A、B 为互斥事件.

又 $37 < \dfrac{789}{21} < 38$，$20 < \dfrac{789}{38} < 21$，所以

$$P(A + B) = P(A) + P(B) = \frac{37}{789} + \frac{20}{789} = 0.0722$$

(2) 因为21与18的最小公倍数 $126 < 789$，所以 A、B 为相容事件.

又 $37 < \dfrac{789}{21} < 38$，$43 < \dfrac{789}{18} < 44$，$6 < \dfrac{789}{126} < 7$，所以

$$P(A + C) = P(A) + P(C) - P(AC) = \frac{37}{789} + \frac{43}{789} - \frac{6}{789} = 0.0938$$

§8.3 概率乘法公式与事件的独立性

8.3.1 条件概率

前面讨论了一个事件 A 的概率 $P(A)$ 的计算. 但在实际生活中，常常需要求在事件 B 已发生的条件下发生事件 A 的概率，记为 $P(A \mid B)$. 一般来说，这两个概率是不同的.

引例 投掷一枚均匀的硬币三次，设 $A = $ "三次出现同一面"，$B = $ "三次至少一次

出现正面"，则 $P(A) = \dfrac{2}{8}$，$P(B) = \dfrac{7}{8}$，$P(AB) = \dfrac{1}{8}$.

而已知事件 B 发生的条件下事件 A 发生的概率，即 $P(A \mid B) = \dfrac{1}{7} = \dfrac{1/8}{7/8}$

$= \dfrac{P(AB)}{P(B)}$.

定义 8.3.1 设 A，B 为两个事件，且 $P(B) > 0$，则称 $P(A \mid B) = \dfrac{P(AB)}{P(B)}$ 为事件 B 发生的条件下事件 A 发生的概率，简称条件概率.

例 1 根据气象资料表明，甲市全年雨天的比例为 12%，乙市全年雨天的比例为 9%，两市中至少有一市雨天的比例为 16.8%. 试求在甲市为雨天的条件下，乙市也为雨天的概率.

解 设 $A =$ "甲市为雨天"，$B =$ "乙市为雨天"，由题意可知
$$P(A) = 0.12，\quad P(B) = 0.09，\quad P(A + B) = 0.168，$$
$$P(B/A) = \frac{P(AB)}{P(A)} = \frac{P(A) + P(B) - P(A + B)}{P(A)} = \frac{0.12 + 0.09 - 0.168}{0.12} = 0.35.$$

8.3.2 乘法公式

将条件概率做变形后即可得到概率的乘法公式.

定理 8.3.1 设 $P(B) > 0$，则有 $P(AB) = P(B) P(A \mid B)$；

设 $P(A) > 0$，则有 $P(AB) = P(A) P(B \mid A)$.

以上两式称为概率的乘法公式.

概率的乘法公式可以推广到任意一个事件的情形：

若事件 A_1，A_2，$\cdots$，A_n 满足 $P(A_1 A_2 \cdots A_{n-1}) > 0$，则 $P(A_1 A_2 \cdots A_n) = P(A_1) P(A_2 \mid A_1) P(A_3 \mid A_1 A_2) \cdots P(A_n \mid A_1 A_2 \cdots A_{n-1})$

例 2 盒中有 10 个球，其中 8 个红球，2 个白球，不放回地取两次，每次取 1 球，求：(1) 两次都取到红球的概率；(2) 两次一次取到红球，一次取到白球的概率；(3) 两次至少一次取到白球的概率.

解 设 $A_i =$ "第 i 次取到红球".

(1) $P(A_1 A_2) = P(A_1) P(A_2 \mid A_1) = \dfrac{8}{10} \times \dfrac{7}{9} = \dfrac{28}{45}$；

(2) $P(A_1 \overline{A_2} + \overline{A_1} A_2) = P(A_1 \overline{A_2}) + P(\overline{A_1} A_2)$
$$= P(A_1) P(\overline{A_2} \mid A_1) + P(\overline{A_1}) P(A_2 \mid \overline{A_1})；$$
$$= \frac{8}{10} \times \frac{2}{9} + \frac{3}{10} \times \frac{8}{9} = \frac{16}{45}$$

$(3) P(\overline{A_1} + \overline{A_2}) = P(\overline{A_1 A_2}) = 1 - P(A_1 A_2) = 1 - \dfrac{28}{48} = \dfrac{17}{48}.$

8.3.3 事件的独立性

一般情况下，条件概率 $P(B \mid A)$ 与 $P(B)$ 是不同的．但是在一些特殊情况下，条件概率 $P(B \mid A)$ 等于无条件概率 $P(B)$，即事件 A 发生与否不影响事件 B 的概率．

引例 一个口袋中有11个黑球，7个白球，从中任意抽取两次，每次取1球，设 A ＝"第一次取出黑球"，B ＝"第二次取出黑球".

在取球不放回和放回两种情况下，考察 $P(B \mid A)$ 和 $P(B)$．

(1) 不放回情况：$P(B \mid A) = \dfrac{10}{17}$，$P(B) = \dfrac{11}{18}$，此时 $P(B \mid A) \neq P(B)$；

(2) 放回情况：$P(B \mid A) = P(B) = \dfrac{11}{18}$，即在球放回的情况下，事件 A 的发生并不影响事件 B 的发生．

定义 8.3.2 设 A，B 为两个事件，且 $P(A) > 0$，若 $P(B \mid A) = P(B)$ 成立，则称事件 B 对事件 A 独立．

可以将相互独立概念推广到任意 n 个事件的情形．

定义 8.3.3 设有 n 个事件 A_1，A_2，$\cdots$，A_n，如果对于任意正整数 $k(2 \leqslant k \leqslant n)$ 以及 $1 \leqslant i_1 < i_2 < \cdots < i_k \leqslant n$ 有 $P(A_{i1} A_{i2} \cdots A_{ik}) = P(A_{i1}) P(A_{i2}) \cdots P(A_{ik})$ 成立，则称事件 A_1，A_2，$\cdots$，A_n 是相互独立的．

8.3.4 独立事件的乘法公式

定理 8.3.2 设事件 A，B 相互独立，则 $P(AB) = P(A) P(B)$．

定理 8.3.3 设事件 A_1，A_2，$\cdots$，A_n 相互独立，则 $P(A_1 A_2 \cdots A_n) = P(A_1) P(A_2) \cdots P(A_n)$．

例 3 有两门高射炮独立地射击一架敌机，设甲炮击中敌机的概率为0.8，乙炮击中敌机的概率为0.7，试求敌机被击中的概率．

解 设 A ＝"甲击中敌机"，B ＝"乙击中敌机"，那么敌机被击中这一事件是 $A + B$，由于 A，B 相互独立，故

$$\begin{aligned} P(A + B) &= P(A) + P(B) - P(AB) \\ &= P(A) + P(B) - P(A) P(B) \\ &= 0.8 + 0.7 - 0.8 \times 0.7 \\ &= 0.94 \end{aligned}$$

§8.4 随机变量及分布

在讨论随机试验时，可以发现随机试验的结果与数值有密切的关联. 试验的结果可以用某些实数值加以刻画，许多随机试验的结果本身就是一个数值；另外有些随机试验的结果虽然不直接表现为数值，但却可以将其数量化.

例1 掷一质地均匀的骰子，向上一面的点数用 ξ 表示，则所有可能的值为 1，2，…，6. 显然，ξ 是一个变量，它取不同的数值表示试验的不同结果，例如 $\{\xi=2\}$ 就表示事件"出现 2 点". 这里 ξ 取 1，2，…，6 的概率相等，均为 $\dfrac{1}{6}$.

例2 抛掷一枚均匀的硬币，如果用 ξ 表示正面出现的次数，则 ξ 的可能取值为 0，1.

显然，ξ 也是一个变量，它取不同的数值表示取出的不同结果，且 ξ 是以一定概率取值的. 例如 $\{\xi=0\}$ 就表示事件"出现反面"，且 $P\{\xi=0\}=\dfrac{1}{2}$.

从以上的例子可以看出，ξ 的取值总是与随机试验的结果对应，即 ξ 的取值随试验结果的不同而不同，由于试验的各种结果具有随机性，因此 ξ 的取值也具有一定的随机性.

定义 8.4.1 设样本空间 $\Omega=\{\omega\}$，若对任一 $\omega\in\Omega$，都有实数 $\xi(\omega)$ 与之对应，则称 $\xi(\omega)$ 为随机变量. 简记为 ξ.

引入随机变量后，随机事件就可以表示为随机变量在某一范围内的取值，例如在掷骰子实验中"恰好出现 5 点"表示为 $\{\xi=5\}$，"出现的点数不少于 3"表示为 $\{\xi\geqslant3\}$.

随机变量分离散型和非离散型两大类. 离散型随机变量是指其所有可能取值为有限或可列无穷多个的随机变量. 非离散型随机变量是除离散型随机变量以外的所有随机变量的总和，范围很广，而其中最重要且应用最广泛的是连续型随机变量.

8.4.1 分布函数

定义 8.4.2 设 ξ 为随机变量，x 是任意实数，称函数 $F(x)=P\{\xi\leqslant x\}$ 为 ξ 的分布函数.

分布函数 $F(x)$ 的性质：

(1) $F(x)$ 单调非减，即当 $x_1<x_2$ 时，$F(x_1)\leqslant F(x_2)$；

(2) $0\leqslant F(x)\leqslant 1$，且 $F(-\infty)=\lim\limits_{x\to-\infty}F(x)=0$，$F(+\infty)=\lim\limits_{x\to+\infty}F(x)=1$；

(3) $F(x)$ 在任意一点 x 处右连续，即 $F(x^+)=\lim\limits_{t\to x^+}F(t)$.

由分布函数的定义与性质可归纳出如下用分布函数表达概率的公式：

$(1) P\{a < X \leqslant b\} = F(b) - F(a);$

$(2) P(X = a) = F(a) - F(a^-),$ 其中 $F(a^-) = \lim\limits_{x \to a^-} F(X).$

8.4.2　离散型随机变量及其分布列

定义 8.4.3　如果随机变量 ξ 只能取有限个或可列无穷多个数值，则 ξ 称为离散型随机变量.

要掌握一个随机变量的统计规律，不但要知道它都可能取什么值，更重要的是要知道它取每一个值的概率是多少.

定义 8.4.4　设 $x_i(i = 1, 2, \cdots)$ 为离散型随机变量 ξ 所有可能的取值，$p_i(i = 1, 2, \cdots)$ 是 ξ 取值 x_i 时相应的概率，即 $P\{\xi = x_i\} = p_i(i = 1, 2, \cdots)$，则上式叫作离散型随机变量 ξ 的分布列，其中 $p_i \geqslant 0$ 且 $\sum\limits_{i=1}^{\infty} p_i = 1$.

离散型随机变量 ξ 的概率分布也可以用矩阵形式来表示，即

$$\xi \sim \begin{pmatrix} x_1 & x_2 & \cdots & x_i & \cdots \\ p_1 & p_2 & \cdots & p_i & \cdots \end{pmatrix}$$

8.4.3　几种常见的离散型随机变量的分布

1. 两点分布（0-1 分布）

如果随机变量 ξ 的分布列为

$$\xi \sim \begin{pmatrix} 0 & 1 \\ p & q \end{pmatrix}$$

其中 $0 < p < 1$，$q = 1 - p$，则称 ξ 服从参数为 p 的两点分布或（0-1）分布，记为 $\xi \sim B(1, p)$.

例 3　一批产品共 100 件，其中有 3 件次品. 从这批产品中任取一件，以 ξ 表示"取到的次品数"，求 ξ 的分布列.

解　$\xi \sim \begin{pmatrix} 0 & 1 \\ 97/100 & 3/100 \end{pmatrix}$

两点分布是简单且又经常遇到的一种分布，一次试验只可能出现两种结果时，便确定一个服从两点分布的随机变量. 如检验产品是否合格、电路是否通路、确定新生婴儿的性别、系统运行是否正常等等，相应的结果均服从两点分布.

2. 二项分布

如果随机变量 ξ 的分布列为

$$P\{\xi = m\} = C_n^m p^m q^{n-m}$$

其中 $m = 0, 1, 2, \cdots, n$，$0 < p < 1$，$q = 1 - p$，则称 ξ 服从参数为 n，p 的二项分布，记作 $\xi \sim B(n, p)$.

特别地，当 $n=1$ 时的二项分布就是两点分布.

例4 某大楼有两部电梯，每部电梯因故障不能使用的概率均为 0.02，设某时不能使用的电梯数为 ξ，求 ξ 的分布列.

解 因为 $\xi \sim B(2，0.02)$，所以 ξ 的分布列为

$$P\{\xi=m\}=C_2^m 0.02^m 0.98^{2-m}，m=0，1，2$$

3. 泊松分布(Poisson)

如果随机变量 ξ 的分布列为

$$P\{\xi=m\}=\frac{\lambda^m}{m!}e^{-\lambda}$$

其中 $m=0，1，2，\cdots，\lambda>0$，则称 ξ 服从参数为 λ 的泊松分布，记作 $\xi \sim P(\lambda)$.

泊松分布常见于所谓"稠密性"问题. 在实际生活中已发现许多取值为非负整数的随机变量都服从泊松分布. 例如，在一定时间内，在某随机服务设施中得到服务的对象的数目(如电话交换台收到的呼叫次数、网站收到的点击数、柜台前到达的顾客人数、车站候车的旅客人数、机场降落的飞机数、交叉路口通过的车辆数等)；在一定时间或其他某度量范围内，发生错误、故障、事故等的次数(如单位面积上的疵点数、零件铸造表面上一定大小的面积内砂眼的个数、某时间内某工厂发生的事故数、某时间内打字员打错的字数、书中每页的印刷错误等)；放射性物质在一定时间内放射的粒子数；等等.

例5 某城市每天发生火灾的次数服从参数为 0.8 的泊松分布，求该城市内一天发生火灾的次数大于等于 3 的概率.

解 设 ξ 表示一天发生火灾的次数，则所求概率为

$$P\{\xi \geqslant 3\}=1-P\{\xi<3\}=1-P\{\xi=0\}-P\{\xi=1\}-P\{\xi=2\}$$
$$=1-e^{-0.8}\left(1+\frac{0.8^1}{1!}+\frac{0.8^2}{2!}\right) \approx 0.0474$$

8.4.4 连续型随机变量及其密度函数

除了离散型随机变量外，人们比较关心的另一类随机变量是连续型随机变量，这种变量 ξ 可以取某个区间上的所有值. 这时考察 ξ 取某个值的概率往往意义不大，人们往往考察 ξ 在此区间上的某一子区间内取值的概率. 例如打靶时，人们并不想知道某个射手击中靶上某一点的概率，而是希望知道他击中某一环的概率. 若把弹着点和靶心的距离看成随机变量 ξ，则击中某一环即 ξ 表示在此环所对应的区间内取值，于是，人们讨论的问题就变成了求概率 $P\{a<\xi \leqslant b\}$ 值的问题.

定义8.4.5 对于随机变量 ξ，如果存在非负可积函数 $f(x)(-\infty<x<+\infty)$，对于任意的实数 $a，b(a<b)$，都有 $P\{a<\xi \leqslant b\}=\int_a^b f(x)\,\mathrm{d}x$，则称 ξ 为连续型随机变

量，$f(x)$ 称为 ξ 的概率密度函数，简称为概率密度或密度函数．有时也可用其他函数符号如 $p(x)$ 等表示．

如果 $f(x)$ 是随机变量 ξ 的密度函数，则必有如下性质：

(1) $f(x) \geqslant 0 \, (-\infty < x < +\infty)$；

(2) $\displaystyle\int_{-\infty}^{+\infty} f(x)\,\mathrm{d}x = 1$.

如果给出了随机变量的概率密度，那么它在任何区间取值的概率就等于概率密度在这个区间上的定积分．在直角坐标系中画出的密度函数的图象，称为密度曲线．如图 8.7 所示，密度曲线位于 x 轴的上方，且密度曲线与 x 轴之间的面积恒为 1；ξ 落在任一区间 (a, b) 内取值的概率等于以该区间为底，以密度曲线为顶的曲边梯形的面积，如图 8.8 所示．

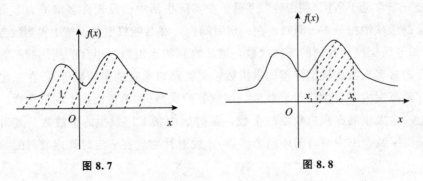

图 8.7　　　　　　　　　　图 8.8

由连续型随机变量的定义及概率的性质可以推出 $P\{\xi = a\} = 0 \, (a$ 为任一常数)，即连续型随机变量在某一点取值的概率为零，从而有

$$P\{a < \xi \leqslant b\} = P\{a \leqslant \xi < b\} = P\{a < \xi < b\}$$
$$= P\{a \leqslant \xi \leqslant b\} = \int_a^b f(x)\,\mathrm{d}x$$

即区间端点对求连续型随机变量的概率没有影响．

例 6　设某连续型随机变量 ξ 的概率密度为

$$f(x) = \begin{cases} k\left(1 - \dfrac{|x|}{2}\right), & |x| \leqslant 2 \\[2mm] 0, & \text{其他} \end{cases}$$

求：(1) 常数 k；(2) $P\left\{-\dfrac{1}{2} < \xi \leqslant \dfrac{1}{2}\right\}$.

解　(1) 根据密度函数性质有

$$1 = \int_{-\infty}^{+\infty} f(x)\,\mathrm{d}x = \int_{-2}^{2} k\left(1 - \frac{|x|}{2}\right)\mathrm{d}x = 2k \int_0^2 \left(1 - \frac{x}{2}\right)\mathrm{d}x = 2k, \ \text{解得} \ k = \frac{1}{2};$$

$$(2) \ P\left\{-\frac{1}{2} < \xi \leqslant \frac{1}{2}\right\} = \int_{-\frac{1}{2}}^{\frac{1}{2}} \frac{1}{2}\left(1 - \frac{|x|}{2}\right)\mathrm{d}x = \int_0^{\frac{1}{2}} \left(1 - \frac{x}{2}\right)\mathrm{d}x = 0.4375.$$

8.4.5 几种常用的连续型随机变量的分布

1. 均匀分布

如果连续型随机变量的概率密度为

$$f(x) = \begin{cases} \dfrac{1}{b-a}, & a \leqslant x \leqslant b \\ 0, & \text{其他} \end{cases}$$

（其中 $a < b$，为有限数），则称 ξ 在区间 $[a, b]$ 上服从均匀分布，记作 $\xi \sim U[a, b]$.

根据连续型随机变量的定义，可以求得 ξ 的分布函数为

$$F(x) = \begin{cases} 0, & x < a \\ \dfrac{x-a}{b-a}, & a \leqslant x \leqslant b \\ 1, & b < x \end{cases}$$

$F(x)$ 的图形如图 8.9 所示.

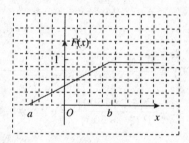

图 8.9

另外，对于在区间 $[a, b]$ 上均匀分布的随机变量 ξ，落在任一长度为 l 的子区间 $(c, d)(a \leqslant c < d \leqslant b)$ 上的概率为 $\int_c^d f(x)\mathrm{d}x = \int_c^d \dfrac{1}{b-a}\mathrm{d}x = \dfrac{d-c}{b-a} = \dfrac{l}{b-a}$.

这说明该概率与子区间的长度成正比，而与子区间的位置无关.

例 7 设某一时间段内的任意时刻，乘客到达公共汽车站是等可能的．若每隔 3min 来一趟车，则乘客等车时间服从 $\xi \sim U[0, 3]$ 的均匀分布．试求等车时间不超过 2min 的概率.

解 因为 $\xi \sim U[0, 3]$，所以 ξ 的密度函数为

$$f(x) = \begin{cases} \dfrac{1}{3}, & 0 \leqslant x \leqslant 3 \\ 0, & \text{其他} \end{cases}$$

等车时间不超过 2min 的概率为 $P\{0 \leqslant \xi \leqslant 2\} = \int_0^2 \dfrac{1}{3}\mathrm{d}x = \dfrac{2}{3}$.

2. 指数分布

如果连续型随机变量 ξ 的密度函数为

$$f(x) = \begin{cases} \lambda e^{-\lambda x}, & x > 0 \\ 0, & x \leqslant 0 \end{cases},$$

则称 ξ 服从参数为 λ 的指数分布，记作 $X \sim E(\lambda)$.

指数分布常常作为各种"寿命"分布的近似描述. 例如，某些产品（如电子元件等）的使用寿命、人或动物的寿命、某生产系统接连两次故障之间的时间间隔等. 一些随机服务系统中，"等待服务的时间"也常服从指数分布. 例如，电话的通话时间，机场的一条跑道等待一次飞机起飞或降落的时间，某网站等待一次点击的时间，顾客在柜台前、银行窗口前等待服务的时间等. 指数分布在可靠性理论和排队论等领域内亦有着广泛的应用.

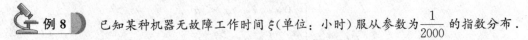 **例 8** 已知某种机器无故障工作时间 ξ（单位：小时）服从参数为 $\dfrac{1}{2000}$ 的指数分布.

(1) 试求机器无故障工作时间在 1000 小时以上的概率；

(2) 如果某机器已经无故障工作了 500 小时，试求该机器能再继续无故障工作 1000 小时的概率.

解 (1) $P\{\xi > 1000\} = \displaystyle\int_{1000}^{\infty} \frac{1}{2000} e^{-x/2000} \mathrm{d}x = e^{-1/2} = 0.6065$；

(2) $P\{\xi > 1500/\xi > 500\} = \dfrac{P\{\{\xi > 1500\} \bigcap \{\xi > 500\}\}}{P\{\xi > 500\}}$

$$= \frac{P\{\xi > 1500\}}{P\{\xi > 500\}} = e^{-1/2} = 0.6065.$$

3. 正态分布

如果连续型随机变量 ξ 的概率密度函数为

$$f(x) = \frac{1}{\sigma\sqrt{2\pi}} e^{-\frac{(x-\mu)^2}{2\sigma^2}} \quad (-\infty < x < +\infty, \ -\infty < \mu < +\infty)$$

其中 $\sigma > 0$ 为常数，则称 ξ 服从以 μ，σ^2 为参数的正态分布，记作 $\xi \sim N(\mu, \sigma^2)$.

特别地，当 $\mu = 0$，$\sigma = 1$ 时，称 ξ 服从标准正态分布，并分别以 $\varphi(x)$ 及 $\Phi(x)$ 记标准正态分布的密度函数和分布函数.

正态分布是概率论中最重要的一种分布，因为它是实际中最常见的一种分布. 理论上已证明，如果某个数量指标呈现随机性是由许多个相对独立的随机因素影响的结果，而每个随机因素的影响并不大，这时该数量指标就服从正态分布. 例如，测量误差，人的身高、体重，产品的质量指标（如尺寸、强度），农作物的收获量等都服从或近似地服从正态分布.

正态密度函数 $\varphi(x)$ 的图形具有以下特点：

(1) 以直线 $x = \mu$ 为对称轴，并在 $x = \mu$ 处有最大值 $\dfrac{1}{\sqrt{2\pi}\sigma}$；

(2) 在 $x = \mu \pm \sigma$ 处各有一个拐点；

（3）当 $x \to \pm\infty$ 时，以 x 轴为渐近线；

（4）当固定 σ 而变动 μ 时，图形形状不变地沿 x 轴平行移动．当固定 μ 而变动 σ 时，随着 σ 的变大，图形的高度下降，形状变得平坦；随着 σ 的变小，图形的高度上升，形状变得陡峭．

若 $\xi \sim N(\mu, \sigma^2)$，则 ξ 的分布函数为

其图形如图 8.10 所示．

$$F(x) = \frac{1}{\sigma\sqrt{2\pi}} \int_{-\infty}^{x} e^{-\frac{(t-\mu)^2}{2\sigma^2}} dt$$

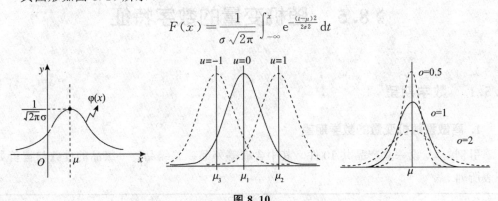

图 8.10

对于标准正态分布函数 $\Phi(x) = \dfrac{1}{\sqrt{2\pi}} \displaystyle\int_{-\infty}^{x} e^{-\frac{t^2}{2}} dt$ 的值，已编制成表可供查用（见附录）．由于标准正态密度函数的图形关于 y 轴对称，从而有

$$\Phi(-x) = P\{\xi \leqslant -x\} = P\{\xi \geqslant x\} = 1 - P\{\xi \leqslant x\} = 1 - \Phi(x)$$

一般正态分布 $N(\mu, \sigma^2)$ 与标准正态分布 $N(0, 1)$ 有如下关系：

定理 设随机变量 $\xi \sim N(\mu, \sigma^2)$，分布函数为 $F(x)$，则对每一个 $x \in \mathbf{R}$，有

$$F(x) = \Phi\left(\frac{x-\mu}{\sigma}\right)$$

证 由分布函数的定义，知 $F(x) = \displaystyle\int_{-\infty}^{x} f(t) dt = \int_{-\infty}^{x} \frac{1}{\sqrt{2\pi}} e^{-\frac{(t-\mu)^2}{2\sigma^2}} dt$．

令 $\dfrac{t-\mu}{\sigma} = u$，则得 $F(x) = \displaystyle\int_{-\infty}^{\frac{x-\mu}{\sigma}} \frac{1}{\sqrt{2\pi}} e^{-\frac{u^2}{2}} du = \Phi\left(\frac{x-\mu}{\sigma}\right)$．由此可得如下推论：

推论 若 $\xi \sim N(\mu, \sigma^2)$，对每个 $a, b \in \mathbf{R}(a < b)$，有

$$P\{a < \xi \leqslant b\} = \Phi\left(\frac{b-\mu}{\sigma}\right) - \Phi\left(\frac{a-\mu}{\sigma}\right)$$

例 9 设 $\xi \sim N(0, 1)$，试求：$P\{-1.21 < \xi < 2.12\}$．

解 $P\{-1.21 < \xi < 2.12\} = \Phi(2.12) - \Phi(-1.21)$
$$= 0.9830 - (1 - 0.8869) = 0.8699$$

例 10 设 $\xi \sim N(1.9, 4)$，试求：$P\{|\xi| \geqslant 6.04\}$．

解 $P\{|\xi| \geqslant 6.04\} = 1 - P\{|\xi| < 6.04\} = 1 - P\{-6.04 < \xi < 6.04\}$

$$= 1 - \left[\Phi \left(\frac{6.04 - 1.9}{2} \right) - \Phi \left(\frac{-6.04 - 1.9}{2} \right) \right]$$

$$= 1 - \left[\Phi(2.07) - \Phi(-3.97) \right]$$

$$= 1 - 0.9808 = 0.0192$$

§8.5 随机变量的数字特征

8.5.1 数学期望

1. 离散型随机变量的数学期望

引例 设一盒产品共 10 件，其中含有等外品、二级品、一级品的件数与售价如下表所列．

	等外品	二级品	一级品
售价 x_k	5	8	10
件数 n_k	1	3	6
频率 f_k	$\dfrac{1}{10}$	$\dfrac{3}{10}$	$\dfrac{5}{10}$

该盒产品平均每件售价

$$\overline{X} = \frac{1}{10}(5 \times 1 + 8 \times 3 + 10 \times 6)$$

$$= 5 \times \frac{1}{10} + 8 \times \frac{3}{10} + 10 \times \frac{6}{10} 8.9$$

不难看出，售价的平均值 $\overline{X}$ 等于售价 X 的各可能值 x_k 与其频率 f_k 乘积之和，但对一批同类产品而言，各盒产品各个等级的频率具有波动性，因此要定出该批产品每件的平均售价，应该用频率 f_k 的稳定值即概率 p_k 去代替频率 f_k 对各可能值求加权平均．推而广之，便得数学期望的概念．

定义 8.5.1 设离散型随机变量 ξ 的分布列为 $P\{\xi = x_i\} = p_i \, (i = 1, \ 2, \ \cdots)$，则称和式 $\displaystyle\sum_{i=1}^{\infty} x_i p_i$ 为离散型随机变量 ξ 的数学期望，记作 $E\xi$，即 $E\xi = \displaystyle\sum_{i=1}^{\infty} x_i p_i$.

即离散型随机变量的数学期望等于随机变量的所有可能取值与其对应概率乘积之和．

例 1 一批产品中有一、二、三等品，等外品及废品 5 种，相应的概率分别为 0.7，0.1，0.1，0.06 及 0.04，若其产值分别为 6 元，5.4 元，5 元，4 元及 0 元，试求产品的平均产值.

解 设 ξ 表示各种产品的产值，则依题意可知其分布列为

$$\xi \sim \begin{pmatrix} 6 & 5.4 & 5 & 4 & 0 \\ 0.7 & 0.1 & 0.1 & 0.06 & 0.04 \end{pmatrix}$$

$$E\xi = 6 \times 0.7 + 5.4 \times 0.1 + 5 \times 0.1 + 4 \times 0.06 + 0 \times 0.04 = 5.48$$

2. 连续型随机变量的数学期望

对于连续型随机变量数学期望概念的引入，大体上可以在离散型随机变量数学期望的基础上，沿用高等数学中生成定积分的思路，改求和为求积分和即可.

定义 8.5.2 设随机变量 ξ 的密度函数为 $f(x)(-\infty < x < +\infty)$. 如果积分 $\int_{-\infty}^{+\infty} x f(x) \mathrm{d}x$ 绝对收敛，则称积分 $\int_{-\infty}^{+\infty} x f(x) \mathrm{d}x$ 的值为随机变量 ξ 的数学期望，记为

$$E\xi = \int_{-\infty}^{+\infty} x f(x) \, \mathrm{d}x.$$

例 2 设随机变量 ξ 的密度函数为 $f(x) = \dfrac{1}{2} e^{-|x|}$ $(-\infty < x < +\infty)$，求 $E\xi$.

解 $E\xi = \int_{-\infty}^{+\infty} x \dfrac{1}{2} e^{-|x|} \mathrm{d}x = \int_{0}^{+\infty} x e^{-x} \mathrm{d}x = 0$

3. 随机变量函数的数学期望

在实践中，经常会遇到已知随机变量 ξ 的概率分布，求其随机变量的函数 $\eta = g(\xi)$ 的数学期望 $E\eta$ 的问题.

定理 8.5.1 设 $\eta = g(\xi)$ 是随机变量 ξ 的函数（g 是连续函数）.

(1) 若 ξ 是离散型随机变量，其分布列为 $P\{\xi = x_i\} = p_i (i = 1, 2, \cdots)$，且 $\sum_{k=1}^{\infty} g(x_k) p_k$ 绝对收敛，则有 $E\eta = Eg(\xi) = \sum_{i=1}^{\infty} g(x_i) p_i$；

(2) 若 ξ 是连续型随机变量，其概率密度为 $f(x)$，且 $\int_{-\infty}^{+\infty} f(x) g(x) \mathrm{d}x$ 绝对收敛，则有

$$E\eta = Eg(\xi) = \int_{-\infty}^{+\infty} g(x) f(x) \, \mathrm{d}x.$$

例 3 设随机变量 ξ 的分布列为

$$\xi \sim \begin{pmatrix} -1 & 0 & 1 & 2 \\ 0.1 & 0.2 & 0.3 & 0.4 \end{pmatrix}$$

又 $\eta = \xi^2 + \xi - 1$，试求 $E\eta$.

解 $E\eta = E(\xi^2 + \xi - 1) = [(-1)^2 + (-1) - 1] \times 0.1 + (0^2 + 0 - 1) \times 0.2 +$

$(1^2 + 1 - 1) \times 0.3 + (2^2 + 2 - 1) \times 0.4 = -0.1 - 0.2 + 0.3 + 2 = 2$

例 4 设随机变量 ξ 服从 $[0, \pi]$ 上的均匀分布，已知 $\eta = \sin^2 \xi$，试求 $E\eta$.

解 由题意知 ξ 的概率密度函数为

$$f(x) = \begin{cases} \dfrac{1}{\pi}, & 0 \leqslant x \leqslant \pi \\ 0, & \text{其他} \end{cases}$$

$$E\eta = E\sin^2\xi = \int_0^\pi \frac{1}{\pi}\sin^2 x\,\mathrm{d}x = \frac{1}{2}$$

4. 数学期望的性质

数学期望主要有如下性质:

(1) 对于任意的常数 k, c, 有 $E(k\xi + c) = kE\xi + c$;

特别地, 当 $k = 0$ 时, 有 $Ec = c$;

(2) 对任意的随机变量 ξ 与 η, 有 $E(\xi + \eta) = E\xi + E\eta$; (此性质可推广到有限个情形)

(3) 若 ξ 与 η 相互独立, 则 $E(\xi\eta) = (E\xi)(E\eta)$. (此性质可推广到有限个情形)

8.5.2 方差

1. 方差的概念

在实际生活和生产中, 们不仅要了解某种指标(随机变量)的平均值, 有时还需要弄清楚该指标的各取值与这个平均值的偏差情况. 例如, 有两批灯泡, 已知其平均寿命都是 1000 小时, 但第一批绝大部分灯泡都是 $950 \sim 1050$ 小时, 第二批中约有一半寿命较长约 1300 小时, 另一半寿命较短约 700 小时. 为评定灯泡质量的好坏, 我们还需进一步考察灯泡寿命 ξ 与平均值 1000 的偏离程度. 显然, 第一批灯泡偏离程度较小, 质量比较稳定. 那么, 恰当地在数字上定出能反映随机变量与其均值或期望值的偏离程度的度量标准是十分必要的.

为不使正、负偏差相互抵消, 易看到量 $E(|\xi - E\xi|)$ 能度量随机变量 ξ 与其均值 $E\xi$ 的偏离程度.

但由于上式含有绝对值, 在运算上不方便, 通常是用量 $E(\xi - E\xi)^2$ 取而代之.

定义 8.5.3 设 ξ 是随机变量, 若 $E(\xi - E\xi)^2$ 存在, 则称它为随机变量 ξ 的方差, 记为 $D\xi$, 即 $D\xi = E(\xi - E\xi)^2$. 与随机变量 ξ 具有相同量纲的量 $\sqrt{D\xi}$ 称为标准差或均方差.

由方差的定义可知, 方差是一非负实数, 且当 ξ 的可能值集中在它的期望值附近时, 方差就较小; 反之, 方差就较大. 所以方差的大小刻画了随机变量 ξ 取值的离散(或集中)程度.

除定义外, 关于随机变量 ξ 的方差的计算有以下重要公式

$$D\xi = E\xi^2 - (E\xi)^2$$

例 5 设甲、乙两人加工同一零件, 两人每天加工的零件数相等, 所加工出的次品数分别为 ξ 和 η, 且 ξ 和 η 的分布列分别为

$$\xi \sim \begin{pmatrix} 0 & 1 & 2 \\ 0.6 & 0.1 & 0.3 \end{pmatrix}, \quad \eta \sim \begin{pmatrix} 0 & 1 & 2 \\ 0.5 & 0.3 & 0.2 \end{pmatrix}$$

试对甲、乙两人的技术进行比较.

解　$E\xi = 0 \times 0.6 + 1 \times 0.1 + 2 \times 0.3 = 0.7$

$E\eta = 0 \times 0.5 + 1 \times 0.3 + 2 \times 0.2 = 0.7$

$D\xi = (0 - 0.7)^2 \times 0.6 + (1 - 0.7)^2 \times 0.1 + (2 - 0.7)^2 \times 0.3 = 0.81$

$D\eta = (0 - 0.7)^2 \times 0.5 + (1 - 0.7)^2 \times 0.3 + (2 - 0.7)^2 \times 0.2 = 0.61$

因为 $E\xi = E\eta$，$D\xi > D\eta$，所以甲、乙两人技术水平相当，但乙的技术比甲稳定.

2. 方差的性质

方差主要具有以下性质（假设 DX，DY 存在）：

(1) 对于任意的常数 k，c，有 $D(k\xi + c) = k^2 D\xi$；特别地，当 $k = 0$ 时，有 $Dc = 0$；

(2) 若 ξ 与 η 相互独立，则有 $D(\xi + \eta) = D\xi + D\eta$.

8.5.3　常见分布的数学期望与方差

分布	分布列或密度函数	数学期望	方差
两点分布	$P\{\xi = m\} = p^m q^{1-m}$ $m = 0, 1; 0 < p < 1, q = 1 - p$	p	pq
二项分布	$P\{\xi = m\} = C_n^m p^m q^{n-m}$ $m = 0, 1, 2, \cdots, n; 0 < p < 1, q = 1 - p$	np	npq
泊松分布	$P\{\xi = m\} = \dfrac{\lambda^m}{m!} e^{-\lambda}$ $m = 0, 1, 2, \cdots; \lambda > 0$	λ	λ
均匀分布	$f(x) = \begin{cases} \dfrac{1}{b-a}, & a \leqslant x \leqslant b \\ 0, & \text{其他} \end{cases}$	$\dfrac{a+b}{2}$	$\dfrac{(b-a)^2}{12}$
指数分布	$f(x) = \begin{cases} \lambda e^{-\lambda x}, & x > 0 \\ 0, & x \leqslant 0 \end{cases}; \lambda > 0$	$\dfrac{1}{\lambda}$	$\dfrac{1}{\lambda^2}$
正态分布	$f(x) = \dfrac{1}{\sqrt{2\pi}\sigma} e^{-\frac{(x-\mu)^2}{2\sigma^2}}$ $-\infty < x < \infty; -\infty < \mu < \infty; \sigma > 0$	μ	σ^2

§8.6　数学史料

概率，又称几率、或然率，指一种不确定的情况出现可能性的大小，例如，投掷一个硬币，"出现国徽"（国徽一面朝上）是一个不确定的情况．因为投掷前，无法确定所指情况（"出现国徽"）发生与否，若硬币是均匀的且投掷有充分的高度，则两面出现的机会均等，也就是"出现国徽"的概率是 1/2. 同样，投掷一个均匀的骰子，"出现 4 点"的概率是 1/6. 除了这些简单情况外，概率的计算不容易，往往需要一些理论上的假定．在现实生活中则往往用经验的方法确定概率，例如某地区有 N 人，查得其中患某种疾病者有 M 人，则称该地区的人患该种疾病的概率为 M/N，事实上这是使用统计方法对发病概率的一个估计．

概率的概念起源于中世纪以来在欧洲流行的用骰子赌博．

1654 年，有一个赌徒梅累向当时著名的数学家帕斯卡提出了一个使他苦恼了很久的"分赌本问题"．这一问题曾引起热烈的讨论，并经历了长达 100 多年才得到正确的解决．举该问题的一个简单情况：甲、乙二人赌博，各出赌注 30 元，共 60 元，每局甲、乙胜的机会均等，都是 1/2. 约定：谁先胜满 3 局则他赢得全部赌注 60 元．现已赌完 3 局，甲 2 胜 1 负，而因故中断赌博，问这 60 元赌注该如何分给 2 人，才算公平？初看觉得应按 2∶1 分配，即甲得 40 元，乙得 20 元，还有人提出了一些另外的解法，结果都不正确．正确的分法应考虑到如在这基础上继续赌下去，甲、乙最终获胜的机会如何．至多再赌 2 局即可分出胜负，这 2 局有 4 种可能结果：甲甲、甲乙、乙甲、乙乙．前 3 种情况都是甲最后取胜，只有最后一种情况才是乙取胜，二者之比为 3∶1，故赌注的公平分配应按 3∶1 的比例，即甲得 45 元，乙 15 元．

当时的一些学者，如惠更斯、帕斯卡、费尔马等人，对这类赌博问题进行了许多研究．有的出版了著作，如惠更斯的《论机会游戏的计算》，曾长期在欧洲作为概率论的教科书．这些研究使原始的概率和有关概念得到发展和深化．

不过，在这个概率论的草创阶段，最重要的里程碑是伯努利的著作《推测术》，是在他死后的 1713 年发表的．这部著作除了总结前人关于赌博的概率问题的成果并有所提高外，还有一个极重要的内容，即如今以他的名字命名的"大数律"．大数律是关于（算术）平均值的定理．算术平均值，即若干个数 X_1、X_2……X_n 之和除以 n，是最常用的一种统计方法，人们经常使用并深信不疑．但其理论根据何在，并不易讲清楚，伯努利的大数律回答了这一问题．在某种程度上可以说，这个大数律是整个概率论最基本的规律之一，也是数理统计学的理论基石．

概率论虽发端于赌博，但很快就在现实生活中找到多方面的应用．首先是在人口、保险精算等方面，在其发展过程中出现了若干里程碑：《机遇的原理》，其第三版发表于 1756 年；法国大数学家拉普拉斯的《分析概率论》，发表于 1812 年；1933 年苏联数学家柯尔莫哥洛夫完成了概率论的公理体系．在几条简洁的公理之下，发展出概率论"整座的宏伟建筑"，有如在欧几里得公理体系之下发展出整部几何．自那以来，概率论成长为现代数学的一个重要分支，使用了许多深刻和抽象的数学理论，在其影响下，数理统计的理论也日益向深化的方向发展．

特别是近几十年来，随着科技的蓬勃发展，概率论大量应用到国民经济、工农业生产及各学科领域．许多兴起的应用数学，如信息论、对策论、排队论、控制论等，都是以概率论作为基础的．

课后习题

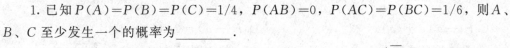

一、填空题

1. 已知 $P(A)=P(B)=P(C)=1/4$，$P(AB)=0$，$P(AC)=P(BC)=1/6$，则 A、B、C 至少发生一个的概率为_____．

2. 设 A、B 为两个事件，$P(A)=0.7$，$P(B)=0.6$，$P(B|\overline{A})=0.4$，则 $P(A+B)=$_____．

3. 若 A、B 为两个互不相容事件，且 $P(A)=0.3$，$P(B)=0.4$，则 $P(B|\overline{A})=$_____．

4. 如果随机变量 ξ 的概率密度为 $f(x)=\begin{cases} x, & 0\leqslant x\leqslant 1 \\ 2-x, & 1\leqslant x\leqslant 2 \\ 0, & \text{其他} \end{cases}$，则 $P\{\xi\leqslant 1.5\}=$

_____．

5. 若随机变量 ξ 的分布函数为 $F(x)=A+B\arctan x$，$-\infty<x<+\infty$，则 $A=$_____，$B=$_____．

6. 若 $P\{\xi<b\}=0.8$，$P\{\xi\geqslant a\}=0.5$，其中 $a<b$，则 $P\{a\leqslant \xi<b\}$_____．

7. 若随机变量 ξ 的概率密度为 $f(x)=\begin{cases} ce^{-2x}, & x>0 \\ 0, & x\leqslant 0 \end{cases}$，则 $C=$_____．

8. 设 ξ 表示 10 次独立重复射击命中的次数，每次射击命中目标的概率为 0.4，则 $E\xi^2=$_____．

9. 设 ξ 是一随机变量，$D\xi=1$，则 $D(2\xi-1)=$_____．

10. 若随机变量 ξ 的概率密度为 $f(x)=\begin{cases} 2x, & 0\leqslant x\leqslant 1 \\ 0, & \text{其他} \end{cases}$，则 $E\xi=$_____，$D\xi=$_____．

二、选择题

1. 设 A、B、C 是三个事件，与事件 A 互斥的事件是（　　）.

A. $\overline{AB+AC}$ B. $\overline{A(B+C)}$

C. $\overline{ABC}$ D. $\overline{A+B+C}$

2. 每次试验的成功率为 $p(0<p<1)$，则在 3 次重复试验中至少失败一次的概率为（　　）.

A. $(1-p)^2$ B. $1-p^2$

C. $3(1-p)$ D. 以上都不对

3. 若 $y=f(x)$ 是连续型随机变量 ξ 的概率密度，则有（　　）.

A. $f(x)$ 的定义域为 $[0,1]$ B. $f(x)$ 的值域为 $[0,1]$

C. $f(x)$ 非负   D. $f(x)$ 在 $(-\infty,+\infty)$ 上连续

4. 设随机变量 ξ 的概率密度为 $f(x)$，且 $f(x)=f(-x)$，$F(x)$ 是 ξ 的分布函数，则对任意实数 a 有（　　）.

A. $F(-a)=1-\int_0^a \varphi(x)\mathrm{d}x$ B. $F(-a)=1/2-\int_0^a \varphi(x)\mathrm{d}x$

C. $F(-a)=F(a)$ D. $F(-a)=2F(a)-1$

5. 设 ξ 服从指数分布 $e(\lambda)$，且 $D\xi=0.25$，则 λ 的值为（　　）.

A. 2   B. 1/2   C. 4   D. 1/4

三、综合题

1. 一批零件共 100 个，次品率为 10%，每次从其中任取一个零件，取出的零件不再放回去，求第三次才取得合格品的概率.

2. 有 10 个袋子，各袋中装球的情况如下：(1)2 个袋子中各装有 2 个白球与 4 个黑球；(2)3 个袋子中各装有 3 个白球与 3 个黑球；(3)5 个袋子中各装有 4 个白球与 2 个黑球. 任选一个袋子并从中任取 2 个球，求取出的 2 个球都是白球的概率.

3. 临床诊断记录表明，利用某种试验检查癌症具有如下效果：对癌症患者进行试验结果呈阳性反应者占 95%，对非癌症患者进行试验结果呈阴性反应者占 96%。现用这种试验对某市居民进行癌症普查，如果该市癌症患者数约占居民总数的千分之四，求：(1)试验结果呈阳性反应的被检查者确实患有癌症的概率；(2)试验结果呈阴性反应者确实未患癌症的概率.

4. 在桥牌比赛中，把 52 张牌任意地分发给东、南、西、北四家，求北家的 13 张牌中. 求：(1)恰有 A、K、Q、J 各一张，其余全为小牌的概率；(2)四张 A 全在北家的概率.

5. 在桥牌比赛中，把 52 张牌任意地分发给东、南、西、北四家，已知定约方共有 9 张黑桃主牌的条件下，其余 4 张黑桃在防守方手中各种分配的概率.(1)"2—2"分配的概率.

(2)"1—3"或"3—1"分配的概率.(3)"0—4"或"4—0"分配的概率.

6. 在箱中装有 10 个产品，其中有 3 个次品，从这箱产品中任意抽取 5 个产品，求下列事件的概率：(1) 恰有 1 件次品；(2) 没有次品.

7. 发报台分别以概率 0.6 和 0.4 发出信号"•"和信号"—"，由于通信系统受到干扰，当发出信号"•"时，收报台未必收到信号"•"，而是分别以概率 0.8 和 0.2 收到信号"•"和"—"；同样，当发出信号"—"时，收报台分别以概率 0.9 和 0.1 收到信号"—"和信号"•"，求：(1) 收报台收到信号"•"的概率；(2) 当收报台收到信号"•"时，发报台是发出信号"•"的概率.

8. 三人独立破译一份密码，已知各人能译出的概率分别为 $\frac{1}{2}$、$\frac{1}{3}$、$\frac{1}{4}$. 求：(1) 三人中至少有一人能将此密码译出的概率；(2) 三人都将此密码译出的概率.

9. 厂仓库中存放有规格相同的产品，其中甲车间生产的产品占 70%，乙车间生产的产品占 50%. 甲车间生产的产品的次品率为 1/10，乙车间生产的产品的次品率为 2/15. 现从这些产品中任取一件进行检验，求：(1) 取出的这件产品是次品的概率；(2) 若取出的是次品，该次品是甲车间生产的概率.

10. 设连续型随机变量 ξ 的概率密度为 $f(x) = \dfrac{A}{1+x^2}$，$-\infty < x < +\infty$，求：(1) 常数 A 的值；(2) ξ 落在区间 $[0, 1]$ 内的概率；(3) 随机变量 ξ 的分布函数.

11. 若随机变量 ξ 在区间 $[0, 2]$ 上服从均匀分布，求：(1) ξ 的概率密度；(2) ξ 的分布函数.

12. 一射手对靶射击，直到第一次命中为止，每次命中率为 0.6. 现有 4 颗子弹，求命中后尚余子弹数 ξ 的概率分布及分布函数.

13. 设随机变量 ξ 的概率密度为

$$f(x) = \frac{1}{2} e^{-|x|}, \quad -\infty < x < +\infty$$

求随机变量 ξ 的数学期望 $E\xi$ 与方差 $D\xi$.

14. 设连续型随机变量 ξ 的概率密度为

$$f(x) = \begin{cases} ax + b, & 0 \leqslant x \leqslant 1 \\ 0, & \text{其他} \end{cases}$$

且 $D\xi = \dfrac{1}{18}$，求：参数 a，b 及数学期望 $E\xi$.

15. 如果随机变量 ξ 服从正态分布 $N(\mu, \sigma^2)$，且 $E\xi = 3$，$D\xi = 1$，求 $P\{-1 \leqslant \xi \leqslant 1\}$. [附：$\Phi(1) = 0.8413$，$\Phi(2) = 0.9772$，$\Phi(3) = 0.99865$，$\Phi(4) = 0.99968$]

第9章   数理统计

数理统计是伴随着概率论的发展而发展起来的一个数学分支，研究如何有效地收集、整理和分析受随机因素影响的数据，并对所考虑的问题做出推断或预测，为采取某种决策和行动提供依据或建议．数理统计的应用范围愈来愈广泛，已渗透到许多科学领域，应用到国民经济各个部门，成为科学研究不可缺少的工具．本章作一些简单的介绍，以供读者参考．

§9.1   数理统计

数理统计的显著特征是由部分推断或估计整体．这就需要获得研究对象的相关数据资料，然后再进行分析研究．下面我们首先介绍总体、样本等数理统计中最基本的概念．

9.1.1   总体与样本概述

1. 总体与个体

现实生活中，在研究事物的某种性质时，不是对全部对象逐一进行分析研究，而是从中抽取一部分进行研究，通过这部分对象所包含的信息，对事物的性质做出判断．例如，在一次商品质量大检查中，从某市场上随机抽取 100 袋食盐检测含碘量，得到 100 个数据，据此对整个市场上袋装食盐的含碘量是否达到国家规定标准进行判断．又如，为了了解一批新制炮弹的爆炸半径，从中随机抽取 50 发炮弹进行试射，得到 50 个数据，据此对这批炮弹的爆炸半径做出评判．

在数理统计中，通常把研究对象的全体称为总体（或母体），把组成总体的每个单元称为个体．其含义是，观察到的样本总是由某个具体事物产生，并反映该事物的特征，这时，可以把样本视为一些被抽取的该事物的个体，而将该事物本身视为所有个体的集合，即总体．这些值不一定都不相同，数目上也不一定是有限的，每一个可能的观察值称为个体．总体中所包含的个体的数量称为总体的容量．容量为有限的称为有限总体，容量为无限的称为无限总体. 例如，要研究某厂年生产灯泡的寿命，该批灯泡的寿命的全体就是总体，而每个灯泡的寿命即为个体，它是一个实数. 又如在研究某市中学生身高与体重时，该市中学生身高与体重的数对全体就是总体，而个体就是每个学生的身高和体重.

注意：灯泡的寿命、中学生的体重与身高一般是随个体而变化的，它是一个随机变量（或多维随机变量），这样，该厂年产灯泡的寿命（或某中学生身高与体重）这一总体，就是该随机变量（或多维随机变量）取值的全体，并且在总体中各种寿命（或各种身高与体重）的分布对应着该随机变量（或多维随机变量）的分布. 由此看来，一个总体和一个随机变量（或多维随机变量）相互对应，因此，今后可以把总体与随机变量（或多维随机变量）等同起来. 当总体对应于一维随机变量时，我们称该总体为一维的，否则称为多维的. 本章重点讨论一维总体的情况，今后若无特别声明，所述总体都是指一维随机变量.

在实际问题中，通常研究对象的某个或几个数值指标，因而常把总体的数值指标称为总体. 设 ξ 为总体的某个数值指标，常称这个总体为总体 ξ. ξ 的分布函数称为总体分布函数. 当 ξ 为离散型随机变量时，称 ξ 的概率函数为总体概率函数. 当 ξ 为连续型随机变量时，称 ξ 的密度函数为总体密度函数. 当 ξ 服从正态分布 $N(\mu, \sigma^2)$ 时，称 ξ 为正态总体.

2. 样本与样本值

要将一个总体 ξ 的性质了解清楚，最理想的是对每个个体逐个进行观测，但实际上这样做往往是不现实的. 原因有：

(1) 要观测全部个体的信息，需耗费大量人力、物力、财力及时间.

(2) 有些实际问题根本办不到，如破坏性试验.

因此在数理统计中，总是从总体中抽取一部分个体，然后对这些个体进行观测或测试某一指标的数值，并以取得的数据信息推断总体的性质. 这种从总体中抽取部分个体进行观测或测试的过程称为抽样. 假定从总体 ξ 中抽取了 n 个个体 $X_1, X_2, \cdots,$ X_n，这 n 个个体称为总体 ξ 的一个样本，它构成一个 n 维随机变量. 样本中个体的数目 n 称为样本容量. 当一次抽样完成后，得到 n 个具体的数据 $x_1, x_2, \cdots, x_n$，称为样本的一个样本值（或实验值）. 注意：样本值实际上是多维随机变量 $(X_1, X_2, \cdots, X_n)$ 的一个取值. 样本 $(X_1, X_2, \cdots, X_n)$ 的所有可能取值的全体称为样本空间，记作 S. 这里的数据可以是实数值，例如 ξ 表示称得某重物的重量，也可以是事物的属性，例如 ξ ＝"正品"（或"废品"）等，通常为了方便研究，也常将这些属性数量化，例如用"1"表示"废品"，"0"表示"正品"，通常被称作虚拟变量；又如，考察市场上袋装食盐的含碘量，从中任意抽取一袋盐的含碘量是一个样品，任意抽取 100 袋盐的含碘量就构成一个容量为 n 的样本；再如，考察炮弹爆炸半径，从中任取一发炮弹的爆炸半径是一个样品，从中任取 50 发炮弹的爆炸半径就构成一个容量为 50 的样本.

理解样本时，需要注意以下两点：

（1）样本并非没有规律的数据，它受随机性影响，因此，每个样本既可以视为一组数据，也可视为一组随机变量，这就是所谓样本的二重性．当通过一次具体的试验，得到一组观测值，这时样本表现为一组数据；但这组数据的出现并非是必然的，它只能以一定的概率（或概率密度）出现，这就是说，当考察一个统计方法是否具有某种普遍意义下的效果时，又需要将其样本视为随机变量，而一次具体试验得到的数据，则可视为随机变量的一个实现值．

（2）样本也不是任意一组随机变量，我们要求它是一组独立同分布的随机变量．同分布就是要求样本具有代表性，独立是要求样本中各数据的出现互不影响，即抽取样本时应该是在相同条件下独立重复地进行．

9.1.2　简单随机样本

从总体中抽样具有随机性，事先并不能确定样品的值，因而样品也是随机变量，当抽出的样品经检测，所得到的数值就称为样品值或样品观察值，显然，不同次的抽取会得到不同的样品观察值．

样本是由样品（个体）构成，容量为 n 的样本就是 n 个随机变量，记为 X_1，X_2，$\cdots$，X_n．显然，不同次的抽样（抽取样本）会得到不同的样本观察值，记为 X_1，X_2，$\cdots$，X_n．

总体 X 的分布一般是未知的，或只知道它具有某种形式而其中包含着未知参数．统计推断的主要任务就是确定总体分布（由部分推断总体），即从总体 ξ 中抽取样本 X_1，X_2，$\cdots$，X_n，目的就是根据样本包含的信息去研究总体，因此希望样本具有代表性．

实际上，从总体中抽取样本可以有各种不同的方法．为了使抽到的样本能够对总体做出较为可靠的推断，就希望样本能客观地反映总体的特性，可以依据如下两个要求进行样本抽取：（1）假设每个个体被抽中的机会是均等的；（2）抽取一个个体后不影响总体．这样获取部分的方式称之为简单随机抽样．

定义9.1.1　设随机变量 ξ 具有分布函数 F，若 X_1，X_2，$\cdots$，X_n 是具有同一分布函数 F 的相互独立的随机变量，则称 X_1，X_2，$\cdots$，X_n 为服从分布函数 F（或总体 F，或总体 ξ）得到的容量为 n 的简单随机样本，简称样本，它们的观察值 x_1，x_2，$\cdots$，x_n 称为样本值，又称为 ξ 的 n 个独立的观察值．

也可以将样本看成是一个随机向量，写成 $(X_1$，X_2，$\cdots$，$X_n)$，此时样本值应写成 $(x_1$，x_2，$\cdots$，$x_n)$．若 $(x_1$，x_2，$\cdots$，$x_n)$ 与 $(y_1$，y_2，$\cdots$，$y_n)$ 都是相应于样本 $(X_1$，X_2，$\cdots$，$X_n)$ 的样本值，一般来说它们是不相同的．

以后若无另外说明，所提到的样本都是指简单随机样本．如实验室中的数据记录了，水文、气象等观察资料都是简单随机样本，试制新产品得到的质量指标，也常被认为是简单随机样本．

由定义得：若 X_1，X_2，$\cdots$，X_n 为 F 的一个样本，则 X_1，X_2，$\cdots$，X_n 相互独立，且它们的分布函数都是 F，所以 $(X_1$，X_2，$\cdots$，$X_n)$ 的分布函数为

$$F^*(x_1, x_2, \cdots, x_n) = \prod_{i=1}^{n} F(x_i)$$

又若 ξ 具有概率密度 F，则 $(X_1, X_2, \cdots, X_n)$ 的概率密度为

$$f^*(x_1, x_2, \cdots, x_n) = \prod_{i=1}^{n} f(x_i)$$

注（1）对于有限总体，采用放回抽样就能得到简单随机样本，但放回抽样使用起来不方便．当个体的总数 N 比要得到的样本的容量 n 大得多时，在实际中可将不放回抽样近似地当做放回抽样来处理．

（2）至于无限总体，因抽样不影响它的分布，所以总是用不放回抽样．例如，在生产过程中，每隔一定时间抽取一个个体，抽取 n 次就得到一个简单随机样本．

例 1 设总体 ξ 服从指数分布，其概率密度为

$$f(x) = \begin{cases} \dfrac{1}{\theta} e^{-\frac{x}{\theta}}, & x > 0 \\ 0, & x \leqslant 0 \end{cases}$$

$X_1, X_2, \cdots, X_{10}$ 是来自总体 X 的样本，（1）求 $X_1, X_2, \cdots, X_{10}$ 的联合概率密度；（2）设 $X_1, X_2, \cdots, X_{10}$ 分别为 10 块独立工作的电路板的寿命（以年计），求 10 块电路板的寿命都大于 2 的概率．

解 （1）$X_1, X_2, \cdots, X_{10}$ 的联合概率密度为

$$f^*(x_1, x_2, \cdots, x_n) = \begin{cases} \prod_{i=1}^{n} f(x_i) = \prod_{i=1}^{n} \dfrac{1}{\theta} e^{\frac{x_i}{\theta}} = \dfrac{1}{\theta^{10}} e^{-\frac{1}{\theta} \sum_{i=1}^{n} x_i}, & x_1, x_2, \cdots, x_{10} > 0 \\ 0 & x \leqslant 0 \end{cases}$$

（2）$p = P(X_1 > 2) P(X_2 > 2) \cdots P(X_{10} > 2) = [P(X_1 > 2)]^{10} = e^{-\frac{20}{\theta}}$

9.1.3 统计量

样本是进行统计推断的依据，但样本所含的信息往往不能直接用于解决所研究的问题，所以实际应用时，通常不是直接使用样本本身，而是对样本（值）进行适当的加工整理，即针对不同的问题构造适当的样本的函数，利用这些样本的函数进行统计推断．为此，必须预先根据问题的需要适当构造关于样本的函数，这种函数在数理统计中称为统计量．

定义 9.1.2 设 $(X_1, X_2, \cdots, X_n)$ 是来自总体 X 的一个样本，$g(X_1, X_2, \cdots, X_n)$ 是 $(X_1, X_2, \cdots, X_n)$ 的一个连续函数，若 $g(X_1, X_2, \cdots, X_n)$ 中不含任何未知参数，则称 $g(X_1, X_2, \cdots, X_n)$ 是一个统计量．

因为 $\xi_1, \xi_2, \cdots, \xi_n$ 都是随机变量，而统计量 $g(X_1, X_2, \cdots, X_n)$ 是随机变量的函数，因此统计量是一个随机变量．设 $x_1, x_2, \cdots, x_n$ 是 $X_1, X_2, \cdots, X_n$ 相应于样本的样本值，则称 $g(x_1, x_2, \cdots, x_n)$ 是 $g(X_1, X_2, \cdots, X_n)$ 的观察值或统计量值．

下面给出几个常用的统计量，设 $X_1, X_2, \cdots, X_n$ 是来自总体 X 的一个样本，其

样本观察值为 x_1，x_2，…，x_n．

(1) 样本平均值　$\overline{X} = \dfrac{1}{n} \sum\limits_{i=1}^{n} X_i$；

(2) 样本方差　$S^2 = \dfrac{1}{n-1} \sum\limits_{i=1}^{n} (X_i - \overline{X})^2 = \dfrac{1}{n-1} \left(\sum\limits_{i=1}^{n} X_i^2 - n \overline{X}^2 \right)$；

(3) 样本标准差　$S = \sqrt{S^2} = \sqrt{\dfrac{1}{n-1} \sum\limits_{i=1}^{n} (X_i - \overline{X})^2}$；

(4) 样本 k 阶（原点）矩　$A_k = \dfrac{1}{n} \sum\limits_{i=1}^{n} X_i^k$，$k = 1$，$2$，…；

(5) 样本 k 阶中心矩　$B_k = \dfrac{1}{n} \sum\limits_{i=1}^{n} (X_i - \overline{X})^k$，$k = 2$，$3$，…．

显然 $A_1 = \overline{X}$，$B_2 = \dfrac{n-1}{n} S^2$．

它们的观察值分别为 x

$= \dfrac{1}{n} \sum\limits_{i=1}^{n} x_i$，$s^2 = \dfrac{1}{n-1} \sum\limits_{i=1}^{n} (x_i - \overline{x})^2 = \dfrac{1}{n-1} \left(\sum\limits_{i=1}^{n} x_i^2 - n \overline{x}^2 \right)$，

$s = \sqrt{s^2} = \sqrt{\dfrac{1}{n-1} \sum\limits_{i=1}^{n} (x_i - \overline{x})^2}$，$a_k = \dfrac{1}{n} \sum\limits_{i=1}^{n} x_i^k$，$k = 1$，$2$，…，$b_k = (x_i - \overline{x})^k$，

$k = 2$，3，…．

这些观察值仍分别称为样本均值、样本方差、样本标准差、样本 k 阶（原点）矩和样本 k 阶中心矩．

例 2　在某工厂生产的轴承中随机地抽取 10 只，测得重量（以 kg 计）为：2.36，2.42，2.38，2.34，2.40，2.42，2.39，2.43，2.39，2.37. 求样本均值、样本方差和样本标准方差．

解　样本均值为 $\overline{x} = \dfrac{2.36 + 2.42 + \cdots + 2.37}{10} = 2.39$

样本方差和样本标准方差分别为

$$s^2 = \dfrac{1}{10-1} \left[2.36^2 + 2.42^2 + \cdots + 2.37^2 - 10 \times 2.39^2 \right] = 0.0008222 \text{kg}^2$$

$$s = \sqrt{0.0008222} = 0.02867 \text{kg}$$

定理 9.1.1　设总体 ξ 的数学期望和方差存在，并设 $E\xi = \mu$，$D\xi = \sigma^2$．若 $(X_1, X_2, \cdots, X_n)$ 是取自总体 X 的样本，则有 $E\overline{\xi} = \mu$，$D\overline{\xi} = \dfrac{\sigma^2}{n}$，$E(S^2) = \sigma^2$．

除以上所述，还可以做出与总体分布函数 $F(x)$ 相应的统计量——经验分布函数．做法如下：设 X_1，X_2，…，X_n 是总体 F 的一个样本，用 $S(x)$，$(-\infty < x < +\infty)$ 表示 X_1，X_2，…，X_n 中不大于 x 的随机变量的个数．定义经验分布函数 $F(x)$ 为

$$F_n(x) = \dfrac{1}{n} S(x), \quad -\infty < x < +\infty$$

对于一个样本值，经验分布函数 $F_n(x)$ 的观察值是很容易得到的[$F_n(x)$ 的观察值仍以 $F_n(x)$ 表示]. 例如：

(1) 设总体 F 具有一个样本值应为 1、2、3，则经验分布函数 $F_3(x)$ 的观察值为

$$F_3(x) = \begin{cases} 0, & \text{若 } x < 1 \\ \dfrac{1}{3}, & \text{若 } 1 \leqslant x < 2 \\ \dfrac{2}{3}, & \text{若 } 2 \leqslant x < 3 \\ 1, & \text{若 } x \geqslant 3 \end{cases}.$$

(2) 设总体 F 具有一个样本值，1、1、2，则经验分布函数 $F_3(x)$ 的观察值为

$$F_3(x) = \begin{cases} 0, & x < 1 \\ \dfrac{2}{3}, & 1 \leqslant x < 2 \\ 1, & x \geqslant 2 \end{cases}.$$

一般地，设 x_1，x_2，$\cdots$，x_n 是总体 F 的一个容量为 n 的样本值. 先将 x_1，x_2，$\cdots$，x_n 按从小到大的次序排列，并重新编号，设为 $x_{(1)}$，$x_{(2)}$，$\cdots$，$x_{(n)}$，则经验分布函数 $F_n(x)$ 的观察值为

$$F_n(x) = \begin{cases} 0, & x < x_{(1)} \\ \dfrac{k}{n}, & x_{(k)} \leqslant x < x_{(k+1)} \\ 1, & x \geqslant x_{(k+1)} \end{cases}.$$

对于经验分布函数 $F_n(x)$，格里文科(Glivenko)在 1933 年证明了以下的结论：

对于任一实数 x，当 $n \to \infty$ 时，$F_n(x)$ 以概率 1 一致收敛于分布函数 $F(x)$，即

$$P\{\lim_{n \to \infty} \sup_{-\infty < x < +\infty} |F_n(x) - F(x)| = 0\} = 1$$

因此，对于任一实数 x，当 n 充分大时，经验分布函数的任一个观察值 $F_n(x)$ 与总体分布函数 $F(x)$ 只有微小的差别，从而在实际上可以当作 $F(x)$ 来使用.

例 3　某厂从一批荧光灯中抽出 10 个，测其寿命的数据（单位：千时）如下：
95.5，18.1，13.1，26.5，31.7，33.8，8.7，15.0，48.8，48.3.

解　将数据由小到大排列得 8.7，13.1，15.0，18.1，26.5，31.7，33.8，48.8，49.3，95.5.

则经验分布函数为

$$F_n(x) = \begin{cases} 0, & x < 8.7 \\ 0.1, & 8.7 \leqslant x < 13.1 \\ 0.2, & 13.1 \leqslant x < 15.0 \\ 0.3, & 15.0 \leqslant x < 18.1 \\ 0.4, & 18.1 \leqslant x < 26.5 \\ 0.5, & 26.5 \leqslant x < 31.7 \\ 0.6, & 31.7 \leqslant x < 33.8 \\ 0.7, & 33.8 \leqslant x < 48.8 \\ 0.8, & 48.8 \leqslant x < 49.3 \\ 0.9, & 49.3 \leqslant x < 95.5 \\ 1, & 95.5 \leqslant x \end{cases}$$

9.1.4　抽样分布

统计量的分布称为抽样分布. 在使用统计量进行统计推断时常需要知道它的分布. 当总体的分布函数已知时，抽样分布是确定的，但要求出统计量的精确分布，一般来说是困难的. 本节着重介绍来自正态总体的几个常用统计量的分布. 因为正态分布是最常见的分布；另一方面，即使不是正态分布，根据中心极限定理，当 n 很大时，也可以用正态分布近似.

1. χ^2 分布

定义 9.1.3　设 X_1，X_2，$\cdots$，X_n 是来自总体 $N(0,1)$ 的样本，则称统计量 $x^2 = x_1^2 + x_2^2 + \cdots + x_n^2$ 是服从自由度为 n 的 χ^2 分布，记为 $\chi^2 \sim \chi^2(n)$. 自由度是指该式右端包含的独立变量的个数. χ^2 的密度函数为

$$f_{\chi^2}(x) = \begin{cases} \dfrac{1}{2^{\frac{n}{2}} \Gamma\left(\dfrac{n}{2}\right)} x^{\frac{n}{2}-1} e^{-\frac{x}{2}}, & x > 0 \\ 0, & \text{其他} \end{cases}$$

其图形如图 9.1 所示.

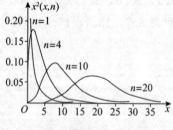

图 9.1

当 $n = 1$ 时，$\chi^2(1)$ 分布又叫 Γ 分布.

当 $n=2$ 时, $\chi^2(2)$ 分布就是指数分布.

(1) χ^2 分布的可加性

设 $\chi_1^2 \sim \chi^2(n_1)$, $\chi_2^2 \sim \chi^2(n_2)$, 并且 χ_1^2, χ_2^2 相互独立, 则 $\chi_1^2 + \chi_2^2 \sim \chi^2(n_1) + \chi^2(n_2)$.

(2) χ^2 分布的数学期望和方差

若 $\chi^2 \sim \chi^2(n)$, 则有 $E(\chi^2)=n$, $D(\chi^2)=2n$.

事实上, 因 $X_i \sim N(0, 1)$, 故 $E(X_i)=D(X_i)=1$.

$D(X_i^4)=E(X_i^4)-[E(X_i^2)]^2=3-1=2$, $i=1, 2, \cdots, n$.

于是

$$E(\chi^2)=E(\sum_{i=1}^{n} X_i^2)=\sum_{i=1}^{n} E(X_i^2)=n,$$

$$D(\chi^2)=D(\sum_{i=1}^{n} X_i^2)=\sum_{i=1}^{n} D(X_i^2)=2n.$$

(3) χ^2 分布的分位点

对于给定的正数 $\alpha(0<\alpha<1)$ 和自由度 n, 满足条件

$$P[\chi^2 > \chi_\alpha^2(n)]=\int_{\chi_\alpha^2(n)}^{\infty} f_{\chi^2}(x)\mathrm{d}x =\alpha$$

的点 $\chi_\alpha^2(n)$ 称为 $\chi^2(n)$ 分布的上 α 分位点或临界点, 如图 9.2 所示.

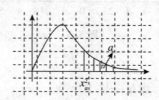

图 9.2

对于不同的 α 和 n, 上 α 分位点的值已制定 χ^2 分布表, 自由度为 n 的上 α 分位点 $\chi_\alpha^2(n)$ 由该表即可查得. 例如, 对于 $\alpha=1$, $n=25$, 查得 $\chi_{0.1}^2(25)=34.382$; $\alpha=0.05$, $n=20$ 时 $\chi_{0.05}^2(20)=31.41$; $\alpha=0.3$, $n=30$ 时, $\chi_{0.3}^2(30)=33.53$. 但该表只详列到 $n=45$ 为止. 当 n 很大时, 费雪($R.A.Fisher$) 曾证明, 当 n 充分大时, 近似地有

$$\chi_\alpha^2(n) \approx \frac{1}{2}(z_\alpha+\sqrt{2n-1})^2$$

其中 z_α 是标准正态分布的上 α 分位点. 利用上式就可以求得当 $n>45$ 时, $\chi^2(n)$ 分布的上 α 分位点的近似值. 例如, 求 $\chi_{0.025}^2(50)$, 这里 $\alpha=0.025$, $n=50$, $z_\alpha=z_{0.025}=1.96$, 根据上式有 $\chi_{0.025}^2(50) \approx \frac{1}{2}(1.96+\sqrt{100-1})^2 \approx 70.9226$.

又如 $\chi_{0.1}^2(60) \approx \frac{1}{2}(1.286+\sqrt{2\times60-1})^2 \approx 74.31$.

2. t 分布

定义 9.1.4 设 $X \sim N(0, 1)$, $Y \sim \chi^2(n)$, 且 X, Y 独立, 则称随机变量 $t=$

$\dfrac{X}{\sqrt{Y/n}}$ 服从自由度为 n 的 t 分布，记为 $t \sim t(n)$，t 分布又称学生氏(Student)分布. t 分布的概率密度函数为

$$f_t(x) = \frac{\Gamma(\dfrac{n+1}{2})}{\sqrt{n\pi}\,\Gamma(\dfrac{n}{2})}(1+\frac{x^2}{n})^{-\frac{(n+1)}{2}}, \quad -\infty < t < +\infty$$

图 9.3 中画出了 $f_t(x)$ 的图形. $f_t(x)$ 是偶数，图形关于 $x = 0$ 对称，当 n 充分大时，其图形类似于标准正态变量概率密度的图形. 事实上，利用 Γ 函数的性质可得

$$\lim_{n \to \infty} f_t(t) = \frac{1}{\sqrt{2\pi}}\mathrm{e}^{-\frac{x^2}{2}} = \varphi(t)$$

故当 n 足够大时，t 分布近似于 $N(0,1)$ 分布，但对于较小的 n，t 分布与 $N(0,1)$ 分布相差较大.

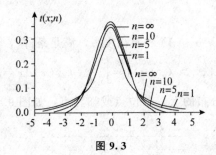

图 9.3

t 分布的分位点：

对于给定的 $\alpha(0 < \alpha < 1)$，满足条件 $P\{t > t_\alpha(n)\} = \displaystyle\int_{t_\alpha(n)}^{\infty} f(x)\mathrm{d}t = \alpha$ 的点 $t_\alpha(n)$ 称为自由度为 n 的 t 分布的上 α 分位点或临界点，如图 9.4 所示.

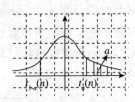

图 9.4

由 t 分布上 α 分位点的定义及概率密度函数 $f_t(x)$ 图形的对称性知

$$t_{1-\alpha}(n) = -t_\alpha(n), \quad P[\,|x| \geqslant t_\alpha(n)\,] = 2\alpha$$

对于不同的 α 和 n，人们制成了 t 分布表，t 分布的上 α 分位点 $t_\alpha(n)$ 可从附表查得，如 $\alpha = 0.01$，$n = 30$，$t_\alpha(30) = 2.4573$，该表只列到 $n = 45$ 为止，当 $n > 45$ 时，对于上 α 分位点 $t_\alpha(n)$ 的值，就用正态近似 $t_\alpha \approx z_\alpha$.

可近似地由标准正态分布表查得 $t_\alpha(n)$

3. F 分布

定义 9.1.5　设 $U \sim \chi^2(n_1)$，$V \sim \chi^2(n_2)$，且 U，V 独立，则称随机变量

$$F = \frac{U/n_1}{V/n_2}$$

服从自由度为 (n_1, n_2) 的 F 分布，记为 $F \sim F(n_1, n_2)$.

F 分布的概率密度为

$$f_F(x) = \begin{cases} \dfrac{\Gamma \dfrac{n_1+n_2}{2} (n_1/n_2)^{\frac{n_1}{2}} x^{\frac{n_1}{2}-1}}{\Gamma(\dfrac{n_1}{2}) \Gamma(\dfrac{n_2}{2}) [1+(n_1 x/n_2)]^{\frac{n_1+n_2}{2}}} & , x > 0 \\ 0 & , \text{其他} \end{cases}$$

其图形如图 9.5 所示.

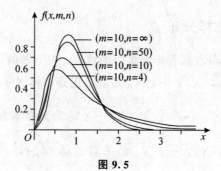

图 9.5

由定义可知，若 $F \sim F(n_1, n_2)$，则 $\dfrac{1}{F} \sim F(n_2, n_1)$.

F 分布的分位点：对于给定的 $\alpha(0 < \alpha < 1)$ 满足条件 $P\{F > F_\alpha(n_1, n_2)\} = \int_{F_\alpha(n_1, n_2)}^{\infty} \Psi(y)\mathrm{d}y = \alpha$ 的点 $F_\alpha(n_1, n_2)$ 称为自由度 (n_1, n_2) 的 $F_\alpha(n_1, n_2)$ 分布的上 α 分位点或临界点，如图 9.6 所示.

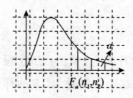

图 9.6

对于 F 分布的上 α 分位点，由于不同的 α 和 n，已制成了 F 分布表，由表可查得.

由 F 分布的定义，则 F 分布的上分位点 α 有如下重要性质：

$$F_{1-\alpha}(n_1, n_2) = \frac{1}{F_\alpha(n_2, n_1)}$$

设 $X \sim F(n_2, n_1)$，因为

$$1-p = P[X \leqslant F_{1-\alpha}(n_2, n_1)] = P\left[\frac{1}{X} \geqslant \frac{1}{F_{1-\alpha}(n_2, n_1)}\right] = 1 - P\left[\frac{1}{X} < \frac{1}{F_{1-\alpha}(n_2, n_1)}\right]$$

所以
$$p = P\left[\frac{1}{X} < \frac{1}{F_{1-\alpha}(n_2, n_1)}\right]$$

而
$$\frac{1}{X} \sim F(n_1, n_2)$$

故
$$F_{1-\alpha}(n_1, n_2) = \frac{1}{F_{\alpha}(n_2, n_1)}$$

该式常用来求 F 分布表中未列出的常用的上 α 分位点，例如

$$F_{0.95}(10, 6) = \frac{1}{F_{0.05}(6, 10)} = \frac{1}{3.22} = 0.31,$$

$$F_{0.95}(12, 9) = \frac{1}{F_{0.05}(9, 12)} = \frac{1}{2.80} = 0.357.$$

9.1.5　正态总体的抽样分布

概率统计中，正态分布占据着非常重要的地位．在下面的讨论中，总是假设总体 X 是服从正态分布的．设 X_1，X_2，$\cdots$，X_n 是取自正态总体 $X \sim N(\mu, \sigma^2)$ 的样本，$\overline{X} = \frac{1}{n}\sum_{i=1}^{n} X_i$ 为其样本均值，$S^2 = \frac{1}{n-1}\sum_{i=1}^{n}(X_i - \overline{X})^2$ 为其样本方差．

定理 9.1.2　设 X_1，X_2，$\cdots$，X_n 是来自总体 $N(\mu, \sigma^2)$ 的样本，$\overline{X}$ 是样本均值，则：

(1) 样本均值 $\overline{X} = \frac{1}{n}\sum_{i=1}^{n} X_i \sim N(\mu, \frac{\sigma^2}{n})$；

(2) 统计量 $= \dfrac{\overline{X} - \mu}{\sigma/\sqrt{n}} \sim N(0, 1)$，事实上 U 是 $\overline{X}$ 的标准化随机变量．

注意到 $E(\overline{X})$ 与总体的均值 μ 相等，$D(\overline{X})$ 仅为总体方差的 $\frac{1}{n}$，这说明 n 越大，$\overline{X}$ 取值越集中在 μ 的附近．

例 4　已知某单位职工的月奖金（单位：元）服从正态分布，总体均值为 300，总体标准差为 50，从该总体中抽取一个容量为 16 的样本，求样本均值介于 $290 \sim 310$ 的概率．

解　设总体 $X \sim N(300, 50^2)$，则样本均值 $\overline{X} = \frac{1}{16}\sum_{i=1}^{20} X_i \sim N\left[300, \left(\frac{50}{16}\right)^2\right]$，

所以
$$P(290 < x < 310) = \Phi\left(\frac{310-300}{50} \times 4\right) - \Phi\left(\frac{290-300}{50} \times 4\right)$$

$$= \Phi(0.8) - \Phi(-0.8) = 2\Phi(0.8) - 1$$

$$= 2 \times 0.788 - 1$$
$$= 0.5762$$

例 5　已知某种金属丝的单根强力 $X \sim N(240, 20^2)$，现随机抽取一个容量为 100 的样本，问其样本均值与总体均值之差的绝对值大于 3 的概率是多少？

解　设样本 $(X_1, X_2, \cdots, X_{100})$，$n = 100$，$\mu = 240$，$\sigma^2 = 20^2$，则

$$\overline{X} \sim N\left(240, \frac{20^2}{100}\right), \quad \frac{\overline{X} - 240}{\frac{20}{10}} = \frac{\overline{X} - 240}{2} \sim N(0, 1^2)$$

所以

$$
\begin{aligned}
P(|\overline{X} - 240| > 3) &= P\left(\left|\frac{\overline{X} - 240}{2}\right| > 1.5\right) \\
&= 1 - P\left(-1.5 \leqslant \frac{\overline{X} - 240}{2} \leqslant 1.5\right) \\
&= 1 - [\Phi(1.5) - \Phi(-1.5)] \\
&= 2 - 2\Phi(1.5) \\
&= 2 - 2 \times 0.9332 \\
&= 0.1336
\end{aligned}
$$

这就表明，如果抽样 100 次（样本容量均为 100）进行观察，有近 86 次的样本均值观察值 $\overline{x}$ 与总体均值之差的绝对值不大于 3.

定理 9.1.3　$\dfrac{1}{\sigma^2} \sum\limits_{i}^{n} (X_i - \mu)^2 \sim \chi^2(n)$.

证　因为 $X_i \sim N(\mu, \sigma^2)$，$U_i = \dfrac{X_i - \mu}{\sigma}$ 是 X_i 的标准化随机变量，所以 $U_i \sim N(0, 1^2)$，且相互独立. 故 $\dfrac{1}{\sigma^2} \sum\limits_{i}^{n} (X_i - \mu)^2 = \sum\limits_{i=1}^{n} U_i^2 \sim \chi^2(n)$.

定理 9.1.4　设 $X_1, X_2, \cdots, X_n$ 是来自总体 $N(\mu, \sigma^2)$ 的样本，$\overline{X}$ 和 S^2 是样本均值和样本方差，则：

(1) $\dfrac{(n-1)S^2}{\sigma^2} \sim \chi^2(n-1)$；

(2) $\overline{X}$ 与 S^2 独立；

(3) $\dfrac{\overline{X} - \mu}{S/\sqrt{n}} \sim t(n-1)$.

证　仅证 (3)，其他读者自己证明. 由 (1)(2) 知

$$\frac{\overline{X} - \mu}{S/\sqrt{n}} \sim N(0, 1), \quad \frac{(n-1)S^2}{\sigma^2} \sim \chi^2(n-1)$$

且两者独立，由 t 分布的定义知 $\dfrac{\overline{X} - \mu}{S/\sqrt{n}} \sqrt{\dfrac{(n-1)S^2}{\sigma^2}} \sim t(n-1)$，

化简上式即得 $\dfrac{\overline{X} - \mu}{S/\sqrt{n}} \sim t(n-1)$.

例 6 设 X_1，X_2，$\cdots$，X_{10} 是来自正态总体 $N(\mu，\sigma^2)$ 的一个样本，指出下列统计量的分布：

(1) $\dfrac{1}{100}\sum\limits_{i=1}^{10} X_i$；　　(2) $\dfrac{9S^2}{\sigma^2} = \dfrac{\sum\limits_{i=1}^{10} (X_i - \overline{X})^2}{\sigma^2}$；　(3) $\dfrac{\overline{X} - \mu}{S} \sqrt{10}$.

解 对于来自正态总体 $N(\mu，\sigma^2)$ 的样本 X_1，X_2，$\cdots$，X_{10}，则

$$\overline{X} \sim N(\mu，\dfrac{\sigma^2}{n})，\quad \dfrac{(n-1)S^2}{\sigma^2} \sim \chi^2(n-1)，\quad \dfrac{\overline{X}-\mu}{S/\sqrt{n}} \sim t(n-1)$$

由于样本总量 $n = 10$，所以

$$\dfrac{1}{10}\sum_i^{10} X_i \sim N(\mu，\dfrac{\sigma^2}{10})，\quad \dfrac{9S^2}{\sigma^2} \sim \chi^2(9)，\quad \dfrac{\overline{X}-\mu}{S/\sqrt{10}} \sim t(9)$$

对于两个正态总体的样本均值和样本方差有下面的定理.

定理 9.1.5 设 X_1，X_2，$\cdots$，X_n 和 Y_1，Y_2，$\cdots$，Y_n 分别是来自总体 $N(\mu_1$，$\sigma_1{}^2)$ 和 $N(\mu_2，\sigma_2{}^2)$ 的样本，它们相互独立. 令 $\overline{X} = \dfrac{1}{n_1}\sum\limits_{i=1}^{n} X_i$，$S^2 = \dfrac{1}{n_1-1}\sum\limits_{i=1}^{n}(X_i-\overline{X})^2$，

$$\overline{Y} = \dfrac{1}{n_2}\sum_{i=1}^{n} Y_i，\quad S^2 = \dfrac{1}{n_2-1}\sum_{i=1}^{n}(Y_i-\overline{Y})^2，$$

$$S_{12}{}^2 = \dfrac{(n_1-1)S_1^2 + (n_2-1)S_2^2}{n_1+n_2-2}，$$

则

$$T = \dfrac{(\overline{X}-\overline{Y})+(\mu_1-\mu_2)}{S_{12}\sqrt{\dfrac{1}{n_1}+\dfrac{1}{n_2}}} \sim t(n_1+n_2-2)$$

证 因为 $\overline{X} \sim N(\mu_1，\sigma_1{}^2)$，$\overline{Y} \sim N(\mu_2，\sigma_2{}^2)$，所以 $\overline{X}-\overline{Y} \sim N(\mu_1-\mu_2，\dfrac{\sigma^2}{n_1}+\dfrac{\sigma^2}{n_2})$M

$$U = \dfrac{(\overline{X}-\overline{Y})-(\mu_1-\mu_2)}{\sigma\sqrt{\dfrac{1}{n_1}+\dfrac{1}{n_2}}} \sim N(0，1)$$

又因为　$\dfrac{(n_1-1)S_1^2}{\sigma^2} \sim \chi^2(n_1-1)$，$\dfrac{(n_2-1)S_2^2}{\sigma^2} \sim \chi^2(n_2-1)$

且它们相互独立，由 χ^2 分布的独立性可知

$$Z^2 = \frac{(n_1 - 1)S_1^2}{\sigma^2} + \frac{(n_2 - 1)S_2^2}{\sigma^2} \sim \chi^2(n_1 + n_2 - 2)$$

由 t 分布的定义有

$$T = \frac{U}{\sqrt{\dfrac{Z^2}{n_1 + n_2 - 2}}} = \frac{U}{\dfrac{S_{12}}{\sigma}} \sim t(n_1 + n_2 - 2)$$

即

$$T = \frac{(\overline{X} - \overline{Y}) + (\mu_1 - \mu_2)}{S_{12}\sqrt{\dfrac{1}{n_1} + \dfrac{1}{n_2}}} \sim t(n_1 + n_2 - 2)$$

定理 9.1.6　设 X_1，X_2，$\cdots$，X_n 和 Y_1，Y_2，$\cdots$，Y_n 分别是来自总体 $N(\mu_1,\sigma_1^2)$ 和 $N(\mu_2,\sigma_2^2)$ 的样本，它们相互独立，则 $F = \dfrac{S_1^2 \sigma_2^2}{S_2^2 \sigma_1^2} \sim F(n_1 - 1, n_2 - 1)$.

证　因为 $\dfrac{(n_1 - 1)S_1^2}{\sigma^2} \sim \chi^2(n_1 - 1)$，$\dfrac{(n_2 - 1)S_2^2}{\sigma^2} \sim \chi^2(n_2 - 1)$，由 F 分布的定义有

$$T = \frac{\dfrac{\dfrac{(n_1 - 1)S_1^2}{\sigma^2}}{n_1} - 1}{\dfrac{\dfrac{(n_2 - 1)S_2^2}{\sigma^2}}{n_2} - 1} = \frac{S_1^2 \sigma_2^2}{S_2^2 \sigma_1^2} \sim F(n_1 - 1, n_2 - 1)$$

例 7　设 X_1，X_2，$\cdots$，X_n 是来自正态总体 $N(0, 0.09)$ 的一个样本，求 $P(\sum\limits_{i=1}^{10} X_i^2 > 1.44)$.

解　因为 $X \sim N(0, 0.09)$，所以 $\dfrac{X_i - 0}{0.3} \sim N(0, 1)$，

则

$$U = \sum_{i=1}^{10} \frac{X_i}{0.09} \sim \chi^2(10)$$

所以 $P(\sum\limits_{i=1}^{10} X_i^2 > 1.44) = P(\dfrac{1}{0.09}\sum\limits_{i=1}^{10} X_i^2 > 16) = 1 - P(U \leqslant 16)$，查 χ^2 表可知，$P(U \leqslant 16) = 0.9$，故所求概率为 0.1.

§9.2　参数估计

参数估计是统计推断的一个重要内容，是根据样本资料构造一个函数值来对总体的未知参数做出估计，或把总体未知参数确定在某一范围内. 参数估计分为点估计和区

间估计.

9.2.1 点估计

设总体中含有待估的未知参数 θ，X_1，X_2，$\cdots$，X_n 是来自总体 ξ 的样本，构造一个统计量 $\hat{\theta}=\hat{\theta}(X_1$，$X_2$，$\cdots$，$X_n)$ 来估计未知参数 θ，称 $\hat{\theta}$ 为 θ 的估计量. 以样本的一组观察 x_1，x_2，$\cdots$，x_n 代入估计量，得到 $\hat{\theta}=\hat{\theta}(x_1$，$x_2$，$\cdots$，$x_n)$，称它为 θ 的估计值，常用的点估计方法有矩估计法和最大似然估计法.

1. 矩估计法

矩估计法是用样本矩作为相应的总体矩的估计量，用样本矩的连续函数作为相应的总体矩的连续函数的估计量. 具体做法如下.

不妨设总体 ξ 的分布函数为 $F(x$，θ_1，$\theta_2)$，其中含有待估的未知参数 θ_1，θ_2，记总体一、二阶矩为 $\nu_1=E\xi$，$\nu_2=E\xi^2$. 先求 ν_1，ν_2 得到含有 θ_1，θ_2 的联立方程组

$$\begin{cases} \nu_1=\nu_1(\theta_1，\theta_2) \\ \nu_2=\nu_2(\theta_1，\theta_2) \end{cases}$$

解出 θ_1，θ_2：

$$\theta_1=\theta_1(\nu_1，\nu_2)，\quad \theta_2=\theta_2(\nu_1，\nu_2)$$

分别以样本矩 V_1，V_2 代替总体矩 ν_1，ν_2，得到 θ_1，θ_2 的矩法估计量 $\hat{\theta_1}$，$\hat{\theta_2}$

$$\hat{\theta_1}=\theta_1(V_1，V_2)，\quad \hat{\theta_2}=\theta_2(V_1，V_2)$$

例 1 设总体样本 ξ 在 $[a，b]$ 上服从均匀分布，a，b 未知，x_1，x_2，$\cdots$，x_n 是来自 ξ 的一组样本观察值，求 a，b 的矩估计值.

解
$$\begin{cases} \nu_1=E\xi=\dfrac{a+b}{2} \\ \nu_2=E\xi^2=D\xi+(E\xi)^2=\dfrac{(b-a)^2}{12}+\nu_1^2 \end{cases}$$

即
$$\begin{cases} a+b=2\nu_1 \\ b-a=2\sqrt{3(\nu_2-\nu_1^2)} \end{cases}$$

解出：$a=\nu_1-\sqrt{3(\nu_2-\nu_1^2)}$，$b=\nu_1+\sqrt{3(\nu_2-\nu_1^2)}$

分别以 $V_1=\dfrac{1}{n}\sum\limits_{i=1}^{n}x_i=\bar{x}$，$V_2=\dfrac{1}{n}\sum\limits_{i=1}^{n}x_i^2$ 代替 ν_1，ν_2，并注意到

$$V_2-V_1^2=\dfrac{1}{n}\sum_{i=1}^{n}x_i^2-\bar{x}^2=\dfrac{1}{n}\sum_{i=1}^{n}(x_i-\bar{x})^2=\sigma_n^2，$$

σ_n^2 为样本二阶中心矩的值，所以 a，b 的矩估计值为：$\hat{a}=\bar{x}-\sqrt{3}\sigma_n$，$\hat{b}=\bar{x}+\sqrt{3}\sigma_n$.

2. 最大似然估计法

设总体 ξ 中的未知参数为 θ，X_1，X_2，$\cdots$，X_n 是来自 ξ 的样本，最大似然估计法

是要选取 $\hat{\theta}$，把它作为未知参数 θ 的估计值时，使观察结果出现的可能性最大.

为此，就总体 ξ 是连续型或是离散型分别讨论如下：

设总体 ξ 是连续型，其密度函数为 $f(x，\theta)$，θ 是未知参数，则样本 $(X_1，X_2，\cdots，X_n)$ 的联合密度为 $f(x_1，\theta)f(x_2，\theta)\cdots f(x_n，\theta) = \prod\limits_{i=1}^{n} f(x_i.\theta)$，对于给定的一组样本观察值 $(x_1，x_2，\cdots，x_n)$，把它带入联合密度，记为 $L(\theta) = \prod\limits_{i=1}^{n} f(x_i，\theta)$，称 $L(\theta)$ 为样本的似然函数.

对于离散型总体 ξ，设其分布列为 $P\{\xi = x\} = p(x，\theta)$，对于给定的一组样本观察值 $(x_1，x_2，\cdots，x_n)$，其似然样本函数为：$L(\theta) = p(x_1，\theta)p(x_2，\theta)\cdots p(x_n，\theta) = \prod\limits_{i=1}^{n} p(x_i，\theta)$.

最大似然估计就是选取估计值 $\hat{\theta}$，当 $\theta = \hat{\theta}$ 时，似然函数 $L(\theta)$ 取得最大值. 在多数情况下，当 $p(x，\theta)$ 和 $f(x，\theta)$ 关于 θ 可微时，可由方程 $\dfrac{\mathrm{d}L(\theta)}{\mathrm{d}\theta} = 0$ 解出 $\hat{\theta}$.

由最大似然估计法求得的估计值与样本观察值 $x_1，x_2，\cdots，x_n$ 有关，记为 $\hat{\theta}(x_1，x_2，\cdots，x_n)$，它称为参数 θ 的最大似然估计值，其相应的估计量 $\hat{\theta}(X_1，X_2，\cdots，X_n)$ 称为参数 θ 的最大似然估计量.

例 2 设总体 ξ 的分布列为

$$\xi \sim \begin{pmatrix} 1 & 2 & 3 & 4 \\ \theta & \dfrac{3}{4} - \theta & \dfrac{1}{4} - \dfrac{\theta}{2} & \dfrac{\theta}{2} \end{pmatrix}$$

其中 $\theta(0 < \theta < 1)$ 为未知参数，已知取得的样本值 $x_1 = 1$，$x_2 = 4$，$x_3 = 2$，$x_4 = 2$，$x_5 = 1$，求 θ 的最大似然估计值.

解 似然函数 $L(\theta) = P(\xi = 1)P(\xi = 4)P(\xi = 2)P(\xi = 5)P(\xi = 1)$

$$= \theta \cdot \dfrac{\theta}{2} \cdot \left(\dfrac{3}{4} - \theta\right) \cdot \left(\dfrac{3}{4} - \theta\right) \cdot \theta = \dfrac{1}{2}\theta^5 - \dfrac{3}{4}\theta^4 + \dfrac{9}{32}\theta^3$$

由 $\dfrac{\mathrm{d}L(\theta)}{\mathrm{d}\theta} = \dfrac{5}{2}\theta^4 - 3\theta^3 + \dfrac{27}{32}\theta^2 = 0$，

解得 θ 的最大似然估计值 $\hat{\theta} = \dfrac{9}{20}$.

3. 估计量的评选标准

对于同一参数，用不同的估计方法可能不相同，这就需要用一个标准来评选估计量的优劣，下面介绍常用的三个标准.

(1) 无偏性

根据样本资料计算的估计量 $\hat{\theta} = \hat{\theta}(X_1，X_2，\cdots，X_n)$ 是一个随机变量，用 $\hat{\theta}$ 来估

计 θ，不应该产生系统误差，即 $\hat{\theta}$ 不应该比 θ 偏大或偏小，自然要求它的期望就是 θ.

定义 9.2.1 若 $E(\hat{\theta}) = \theta$，则称 $\hat{\theta}$ 是 θ 的无偏估计量.

(2) 有效性

在参数 θ 的两个无偏估计量 $\hat{\theta}_1$ 和 $\hat{\theta}_2$ 中，样本容量相同，如果 $\hat{\theta}_1$ 的观察值比 $\hat{\theta}_2$ 的观察值更密集在 θ 周围，则 $\hat{\theta}_1$ 比 $\hat{\theta}_2$ 较为理想.

定义 9.2.2 设 $\hat{\theta}_1$ 和 $\hat{\theta}_2$ 是总体 ξ 的未知参数 θ 的两个无偏估计量，样本容量相同，如果 $D(\hat{\theta}_1) < D(\hat{\theta}_2)$，则称 $\hat{\theta}_1$ 比 $\hat{\theta}_2$ 有效.

(3) 一致性

在增大样本容量的情况下，如果估计量稳定于待估参数的真值，即满足一致性的要求.

定义 9.2.3 对于任意给定的 $\varepsilon > 0$，若 $\lim\limits_{n \to \infty} P(|\hat{\theta} - \theta| < \varepsilon) = 1$，则称 $\hat{\theta}$ 为参数 θ 的一致估计量.

9.2.2 区间估计

1. 区间估计的概念

前面已经讨论了参数的点估计，但是对于一个估计量，人们在测量或计算时，常不以得到近似值为满足，还需估计误差，即要求知道近似值的精确程度. 因此，对于未知参数 θ，除了求出它的点估计 $\hat{\theta}$ 外，还希望估计出一个范围，并希望知道这个范围包含参数 θ 真值的可信程度.

设 $\hat{\theta}$ 为未知参数 θ 的估计量，其误差小于某个正数 ε 的概率为 $1 - \alpha(0 < \alpha < 1)$，即

$$P\{|\hat{\theta} - \theta| < \varepsilon\} = 1 - \alpha$$

或

$$P(\hat{\theta} - \varepsilon < \theta < \hat{\theta} + \varepsilon) = 1 - \alpha$$

这表明，随机区间 $(\hat{\theta} - \varepsilon, \hat{\theta} + \varepsilon)$ 包含参数 θ 真值的概率（可信程度）为 $1 - \alpha$，则这个区间 $(\hat{\theta} - \varepsilon, \hat{\theta} + \varepsilon)$ 就称为置信区间，$1 - \alpha$ 称为置信水平.

定义 9.2.4 设总体 X 的分布中含有一个未知参数 θ. 若对于给定的概率 $1 - \alpha(0 < \alpha < 1)$，存在两个统计量 $\theta_1 = \theta_1(X_1, X_2, \cdots, X_n)$ 与 $\theta_2 = \theta_2(X_1, X_2, \cdots, X_n)$，使得

$$P\{\theta_1 < \theta < \theta_2\} = 1 - \alpha$$

则随机区间 (θ_1, θ_2) 称为参数 θ 的置信水平为 $1 - \alpha$ 的置信区间，θ_1 称为置信下限，θ_2 称为置信上限，$1 - \alpha$ 称为置信水平.

注(1)置信区间的含义：若反复抽样多次(各次的样本容量相等，均为n)，每一组样本值确定一个区间$(\theta_1，\theta_2)$，每个这样的区间要么包含θ的真值，要么不包含θ的真值．按伯努利大数定理，在这么多的区间中，包含θ真值的约占$100(1-\alpha)\%$，不包含θ真值的约仅占$100\alpha\%$．例如：若$\alpha=0.01$，反复抽样1000次，则得到的1000个区间中，不包含θ真值的约为10个．

(2)置信区间的长度表示估计结果的精确性，而置信水平表示估计结果的可靠性．对于置信水平为$1-\alpha$的置信区间$(\theta_1，\theta_2)$，一方面，置信水平$1-\alpha$越大，估计的可靠性越高；另一方面，区间$(\theta_1，\theta_2)$的长度(2ε)越小，估计的精确性越好．但这两方面通常是矛盾的，提高可靠性通常会使精确性下降(区间长度变大)，而提高精确性通常会使可靠性下降($1-\alpha$变小)，所以要找两方面的平衡点．

在学习区间估计方法之前，我们先介绍标准正态分布的α分位点概念．

设$X \sim N(0，1)$，若z_α满足条件$P\{X > z_\alpha\}=\alpha$，$0<\alpha<1$，则称点z_α为标准正态分布的α分位点．例如求$z_{0.01}$，按照α分位点定义，我们有

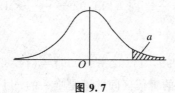

图9.7

$P\{X > z_{0.01}\}=0.01$，则$P\{X \leqslant z_{0.01}\}=0.99$，即$\varphi(z_{0.01})=0.99$．查表可得$z_{0.01}=2.327$．又由$\varphi(x)$图形的对称性知$z_{1-\alpha}=-z_\alpha$．下面列出了几个常用的$z_\alpha$值：

α	0.001	0.005	0.01	0.025	0.05	0.10
z_α	3.090	2.576	2.327	1.960	1.645	1.282

2. 正态总体均值 μ 的区间估计

设已给定置信水平为$1-\alpha$，总体$X \sim N(\mu，\sigma^2)$，$X_1，X_2，\cdots，X_n$为一个样本，$\overline{X}$，S^2分别是样本均值和样本方差．

(1)σ^2 已知时，μ 的置信区间

$\overline{X}$是μ的无偏估计，且有统计量$\dfrac{\overline{X}-\mu}{\sigma/\sqrt{n}} \sim N(0，1)$．由标准正态分布的上$\alpha$分位点的定义，有

$$P\left\{\left|\frac{\overline{X}-\mu}{\sigma/\sqrt{n}}\right| < z_{\alpha/2}\right\}=1-\alpha$$

即

$$P\left\{\overline{X}-\frac{\sigma}{\sqrt{n}}z_{\alpha/2} < \mu < \overline{X}+\frac{\sigma}{\sqrt{n}}z_{\alpha/2}\right\}=1-\alpha$$

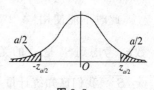

图9.8

这样，我们就得到了 μ 的一个置信水平为 $1-\alpha$ 的置信区间

$$\left(\overline{X}-\frac{\sigma}{\sqrt{n}}z_{\alpha/2},\ \overline{X}+\frac{\sigma}{\sqrt{n}}z_{\alpha/2}\right)$$

这样的置信区间常写成

$$\left(\overline{X}\pm\frac{\sigma}{\sqrt{n}}z_{\alpha/2}\right)$$

例 3 从某厂生产的滚珠中随机抽取 10 个，测得滚珠的直径（单位：mm）如下：

14.6　15.0　14.7　15.1　14.9　14.8　15.0　15.1　15.2　14.8

若滚珠直径服从正态分布 $N(\mu,\sigma^2)$，并且已知 $\sigma=0.16(\mathrm{mm})$，求滚珠直径均值 μ 的置信水平为 95% 的置信区间．

解 计算样本均值 $\overline{x}=14.92$，置信水平 $1-\alpha=0.95$，$\alpha=0.05$，查表得 $z_{\alpha/2}=z_{0.025}=1.96$[可利用 $z_{\alpha}=t_{\alpha}(\infty)$ 查表]．由此得 μ 的置信水平为 95% 的置信区间为

$$\left(\overline{X}\pm\frac{\sigma}{\sqrt{n}}z_{\alpha/2}\right)=\left(14.92\pm\frac{0.16}{\sqrt{10}}\times1.96\right)$$

即

$$(14.92-0.099,\ 14.92+0.099)=(14.821,\ 15.019)$$

注 置信水平为 $1-\alpha$ 的置信区间并不是唯一的．以例 3 来说，给定 $\alpha=0.05$，则又有

$$P\left\{-z_{0.04}<\frac{\overline{X}-\mu}{\sigma/\sqrt{n}}<z_{0.01}\right\}=0.95,$$

故

$$\left(\overline{X}-\frac{\sigma}{\sqrt{n}}z_{0.01},\ \overline{X}+\frac{\sigma}{\sqrt{n}}z_{0.04}\right)$$

也是 μ 的置信水平为 95% 的置信区间，其区间长度为 $\frac{\sigma}{\sqrt{n}}(z_{0.04}+z_{0.01})=4.08\times\frac{\sigma}{\sqrt{n}}$．而在对称区间 $\left(\overline{X}\pm\frac{\sigma}{\sqrt{n}}z_{0.05}\right)$ 上，区间长度为 $2\times\frac{\sigma}{\sqrt{n}}=3.92\times\frac{\sigma}{\sqrt{n}}$，比非对称区间长度要短，较优．易知，像 $N(0,1)$ 分布那样其概率密度的图形是单峰且对称的情况，当 n 固定时，以对称区间其长度为最短，我们选用对称区间．

(2)σ^2 未知时，μ 的置信区间

此时不能使用 $\left(\overline{X}\pm\frac{\sigma}{\sqrt{n}}z_{\alpha/2}\right)$，因为其中包含了未知参数 σ．考虑到 S^2 是 σ^2 的无偏估计，将上述区间中的 σ 换成 $S=\sqrt{S^2}$．我们已知统计量 $\frac{\overline{X}-\mu}{S/\sqrt{n}}\sim t(n-1)$，可得

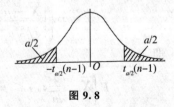

图 9.8

$$P\left\{-t_{\alpha/2}(n-1) < \frac{\overline{X}-\mu}{S/\sqrt{n}} < t_{\alpha/2}(n-1)\right\} = 1-\alpha$$

即

$$P\left\{\overline{X} - \frac{S}{\sqrt{n}}t_{\alpha/2}(n-1) < \mu < \overline{X} + \frac{S}{\sqrt{n}}t_{\alpha/2}(n-1)\right\} = 1-\alpha$$

于是得到 μ 的一个置信水平为 $1-\alpha$ 的置信区间

$$\left(\overline{X} \pm \frac{S}{\sqrt{n}}t_{\alpha/2}(n-1)\right)$$

例 4 在例 3 中，若未知 σ，求滚珠直径均值 μ 的置信水平为 95% 的置信区间.

解 计算样本均值 $\overline{x}=14.92$，样本标准差 $s=0.193$；置信水平 $1-\alpha=0.95$，$\alpha=0.05$，自由度 $n-1=10-1=9$，查表得 $t_{\alpha/2}(n-1)=t_{0.025}(9)=2.26$. 由此得 μ 的置信水平为 95% 的置信区间为

$$\left(\overline{X} \pm \frac{S}{\sqrt{n}}t_{\alpha/2}(n-1)\right) = \left(14.92 \pm \frac{0.193}{\sqrt{10}} \times 2.26\right)$$

即

$$(14.92-0.138, 14.92+0.138) = (14.782, 15.058)$$

注 比较例 3 和例 4 中 μ 的置信区间，可以发现：当 σ^2 未知时，μ 的置信区间长度要比 σ^2 已知时的置信区间长度大，这表明当未知条件增多时，估计的精确程度变差，这也符合我们的直观感觉.

3. 正态总体方差 σ^2 的区间估计

(1) μ 已知时，σ^2 的置信区间

已知 $\dfrac{1}{\sigma^2}\sum_{i=1}^{n}(X_i-\mu)^2 \sim \chi^2(n)$，但是 χ^2 分布的概率密度图形不是对称的，对于已给的置信水平 $1-\alpha$，要想找到最短的置信区间是困难的. 因此，习惯上仍然取对称的分位点 $\chi^2_{1-\alpha/2}$ 和 $\chi^2_{\alpha/2}$ 可得

$$P\left\{\chi^2_{1-\alpha/2}(n) < \frac{1}{\sigma^2}\sum_{i=1}^{n}(X_i-\mu)^2 < \chi^2_{\alpha/2}(n)\right\} = 1-\alpha$$

即

$$P\left\{\frac{\sum_{i=1}^{n}(X_i-\mu)^2}{\chi^2_{\alpha/2}(n)} < \sigma^2 < \frac{\sum_{i=1}^{n}(X_i-\mu)^2}{\chi^2_{1-\alpha/2}(n)}\right\} = 1-\alpha$$

于是得到方差 σ^2 的一个置信水平为 $1-\alpha$ 的置信区间：

$$\left(\frac{\sum_{i=1}^{n}(X_i-\mu)^2}{\chi^2_{\alpha/2}(n)}, \frac{\sum_{i=1}^{n}(X_i-\mu)^2}{\chi^2_{1-\alpha/2}(n)}\right)$$

例5 在例3中，若已知 $\mu = 14.9$(mm)，求滚珠直径方差 σ^2 的置信水平为 95% 的置信区间.

解 已知 $\mu = 14.9$，置信水平 $1 - \alpha = 0.95$，$\alpha = 0.05$，自由度 $n = 10$，查表得 $\chi^2_{\alpha/2}(n) = \chi^2_{0.025}(10) = 20.5$，$\chi^2_{1-\alpha/2}(n) = \chi^2_{0.975}(10) = 3.25$.

则方差 σ^2 的置信水平为 95% 的置信区间为

$$\left(\frac{\sum\limits_{i=1}^{n}(X_i - \mu)^2}{\chi^2_{\alpha/2}(n)}, \frac{\sum\limits_{i=1}^{n}(X_i - \mu)^2}{\chi^2_{1-\alpha/2}(n)} \right) = \left(\frac{\sum\limits_{i=1}^{10}(x_i - 14.9)^2}{20.5}, \frac{\sum\limits_{i=1}^{10}(x_i - 14.9)^2}{3.25} \right)$$

即

$$\left(\frac{0.34}{20.5}, \frac{0.34}{3.25} \right) = (0.0166, 0.1046)$$

(2) μ 未知时，σ^2 的置信区间

σ^2 的无偏估计为 S^2，且统计量 $\dfrac{(n-1)S^2}{\sigma^2} \sim \chi^2(n-1)$. 选取分位点 $\chi^2_{1-\alpha/2}$ 和 $\chi^2_{\alpha/2}$ 可得

$$P\left\{ \chi^2_{1-\alpha/2}(n-1) < \frac{(n-1)S^2}{\sigma^2} < \chi^2_{\alpha/2}(n-1) \right\} = 1 - \alpha$$

即

$$P\left\{ \frac{(n-1)S^2}{\chi^2_{\alpha/2}(n-1)} < \sigma^2 < \frac{(n-1)S^2}{\chi^2_{1-\alpha/2}(n-1)} \right\} = 1 - \alpha$$

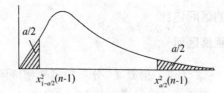

图 9.9

于是得到方差 σ^2 的一个置信水平为 $1 - \alpha$ 的置信区间为

$$\left(\frac{(n-1)S^2}{\chi^2_{\alpha/2}(n-1)}, \frac{(n-1)S^2}{\chi^2_{1-\alpha/2}(n-1)} \right)$$

由此，还可以得到标准差 σ 的一个置信水平为 $1 - \alpha$ 的置信区间为

$$\left(\sqrt{\frac{(n-1)S^2}{\chi^2_{\alpha/2}(n-1)}}, \sqrt{\frac{(n-1)S^2}{\chi^2_{1-\alpha/2}(n-1)}} \right) = \left(\frac{\sqrt{(n-1)}\,S}{\sqrt{\chi^2_{\alpha/2}(n-1)}}, \frac{\sqrt{(n-1)}\,S}{\sqrt{\chi^2_{1-\alpha/2}(n-1)}} \right)$$

注 在实际问题中，对 σ^2 做估计的时候，一般均是 μ 未知的情况. 因此，我们重点掌握 μ 未知条件下求 σ^2 的置信区间问题.

例6 在例3中，若未知 μ，求滚珠直径方差 σ^2 的置信水平为 95% 的置信区间.

解 μ 未知，计算样本方差 $s^2 = 0.0373$，置信水平 $1 - \alpha = 0.95$，$\alpha = 0.05$，自由度

$n-1=9$，查表可得 $\chi^2_{\alpha/2}(n-1)=\chi^2_{0.025}(9)=19.0$，$\chi^2_{1-\alpha/2}(n-1)=\chi^2_{0.975}(9)=2.70$.

则方差 σ^2 的置信水平为 95% 的置信区间为

$$\left(\frac{(n-1)S^2}{\chi^2_{\alpha/2}(n-1)},\ \frac{(n-1)S^2}{\chi^2_{1-\alpha/2}(n-1)}\right)=\left(\frac{9\times 0.0373}{19.0},\ \frac{9\times 0.0373}{2.70}\right)$$

即

$$(0.0177,\ 0.1243)$$

§9.3　数学史料

数理统计学是研究收集数据、分析数据并据以对所研究的问题做出一定结论的科学．数理统计学所考察的数据都带有随机性（偶然性）的误差，这给根据这种数据所做出的结论带来了一种不确定性，其量化要借助于概率论的概念和方法．因此，数理统计学与概率论成为密切联系的两个学科．

统计学首先起源于收集数据的活动．小至个人的事情，大至治理一个国家，都有必要收集种种有关的数据，如在我国古代典籍中，就有不少关于户口、钱粮、兵役、地震、水灾和旱灾等的记载．现今各国都设有统计局或相当的机构．当然，单是收集、记录数据这种活动本身并不能等同于统计学这门科学，需要对收集来的数据进行排比、整理，用精炼和醒目的形式表达，在这个基础上对所研究的事物进行定量或定性估计、描述和解释，并预测其在未来可能的发展状况．例如根据人口普查或抽样调查的资料对我国人口状况进行描述，根据适当的抽样调查结果，对受教育年限与收入的关系，对某种生活习惯老嗜好（如吸烟）与健康的关系做定量的评估．根据以往一段时间某项或某些经济指标的变化情况，预测其在未来一段时间的走向等．做这些事情的理论与方法，即构成一门学问 —— 数理统计学的内容．

这样的统计学始于何时？恐怕难于找到一个明显的、大家公认的起点．一些著名学者认为，英国学者葛朗特在 1662 年发表的著作《关于死亡公报的自然和政治观察》，标志着这门学科的诞生．中世纪欧洲流行黑死病，该病在欧洲猖獗两个世纪，夺去了二千五百余万人的生命．自 1604 年起，伦敦教会每周发表一次"死亡公报"，记录该周内死亡的人的姓名、年龄、性别、死因．以后还包括该周的出生情况 —— 依据受洗的人的名单，这基本上可以反映出生的情况．几十年来，积累了很多资料，葛朗特是第一个对这一庞大的资料加以整理和利用的人．他原是一个小店主的儿子，后来靠自学成才．他因这一部著作被选入当年成立的英国皇家学会，这反映出学术界对他这一著作的承认和重视．

这是一本篇幅很小的著作，主要内容为 8 个表，从今天的观点看，这只是一种例行的数据整理工作，但在当时则是有原创性的科研成果，其中所提出的一些概念，在某种程度上可以说沿用至今，如数据简约（大量的、杂乱无章的数据，须经过整理、约化，才能突出其中所包含的信息）、频率稳定性（一定的事件，如"生男""生女"，在较长时期中有一个基本稳定的比率，这是进行统计性推断的基础）、数据纠错、生命表（反映人群中寿命分布的情况，至今仍是保险与精算的基础概念）等．

葛朗特的方法被他同时代的政治经济学家佩蒂引进到社会经济问题的研究中，他提倡在这类问题的研究中不能空谈，要让实际数据说话．他的工作总结在他去世后于1690 年出版的《政治算术》一书中．

当然，也应当指出，他们的工作还停留在描述性的阶段，不是现代意义下的数理统计学．那时，概率论尚处在萌芽的阶段，不足以给数理统计学的发展提供充分的理论支持，但不能由此否定他们工作的重大意义．作为现代数理统计学发展的几个源头之一，他们以及后续学者在人口、社会、经济等领域的工作，特别是比利时天文学家兼统计学家凯特勒 19 世纪的工作，对促成现代数理统计学的诞生起了很大的作用．

课后习题

一、填空题

1. 若 X_1，X_2，$\cdots$，X_n 是取自正态总体 $X \sim N(\mu，\sigma^2)$ 的样本，则统计量 $u = \dfrac{\overline{X} - \mu}{\sigma / \sqrt{n}} \sim$ _____．

2. 若 X_1，X_2，$\cdots$，X_n 是取自正态总体 $X \sim N(\mu，\sigma^2)$ 的样本，则统计量 $t = \dfrac{\overline{X} - \mu}{S / \sqrt{n}} \sim$ _____．

3. 若随机变量 X 与 Y 独立，且 $X \sim \chi^2(k_1)$，$Y \sim \chi^2(k_2)$，则 $Z = \dfrac{X/k_1}{Y/k_2}$ _____．

4. 若 X_1，X_2，$\cdots$，X_n 是取自总体 $X \sim N(\mu，\sigma^2)$ 的样本，样本均值 $\overline{X} = \dfrac{1}{n}\sum\limits_{i=1}^{n} X_i$，则 $\mathrm{E}\overline{X} =$ _____．

5. 若 X_1，X_2，$\cdots$，X_n 是取自总体 $X \sim N(\mu，\sigma^2)$ 的样本，样本方差 $S^2 = \dfrac{1}{n-1}\sum\limits_{i=1}^{n} (X_i - \overline{X})^2$，则 $\mathrm{E}S^2$ _____．

二、选择题

1. 若 X_1，X_2，$\cdots$，X_n 是取自总体 $N(\mu，\sigma^2)$ 的一个样本，μ 已知，σ 未知，则以下是统计量的是（　　）．

A. $\sum_{i=1}^{n}(X_i-\overline{X})^2/\mu$ 　　　　B. $\sum_{i=1}^{n}(X_i-\overline{X})^2/\sigma^2.$

C. $\sum_{i=1}^{n}X_i^2/\sigma^2$ 　　　　D. $\sum_{i=1}^{n}(X_i-\overline{X})^2/\sigma$

2. 若 X_1，X_2，…，X_n 是取自总体 $N(\mu,\sigma^2)$ 的一个样本，则 $\sqrt{n}(\overline{X}-\mu)/S$ ～（　　）.

A. $N(0,1)$ 　　　　B. $t(n)$

C. $t(n-1)$ 　　　　D. $x^2(n)$

3. 设 X_1，X_2，…，X_8 与 Y_1，Y_2，…，Y_9 分别是取自总体 $N(-1,4)$ 与 $N(2,5)$ 的样本，且 X 与 Y 相互独立，S_1^2 与 S_2^2 为两个样本方差，则服从 $F(7,9)$ 的统计量是（　　）.

A. $\dfrac{2S_1^2}{5S_2^2}$ 　　　　B. $\dfrac{5S_1^2}{4S_2^2}$

C. $\dfrac{4S_2^2}{5S_1^2}$ 　　　　D. $\dfrac{5S_1^2}{2S_2^2}$

三、综合题

1. 设总体 $X\sim N(\mu,\sigma^2)$，证明：样本均值 $\overline{X}=\dfrac{1}{n}\sum_{i=1}^{n}X_i\sim N\left(\mu,\dfrac{\sigma^2}{n}\right)$.

2. 设总体 X 在 $[0,\theta]$ 上服从均匀分布，即

$$f(x)=\begin{cases}\dfrac{1}{\theta}, & 0\leqslant x\leqslant\theta \\ 0, & \text{其他}\end{cases}$$

其中 $\theta>0$ 是未知参数，如果取得的样本观测值为 x_1，x_2，…，x_n，求 θ 的矩估计值.

第 10 章　　数学软件 MATLAB 及应用

MATLAB 和 Mathematica、Maple、MathCAD 并称为四大数学软件．在数学类科技应用软件中它在数值计算方面首屈一指．MATLAB 可以进行矩阵运算、绘制函数和数据、实现算法、创建用户界面、连接其他编程语言的程序等，主要应用于工程计算、控制设计、信号处理与通讯、图像处理、信号检测、金融建模设计与分析等领域，本章将介绍它的简单应用．

§10.1　　MATLAB 数学软件入门

10.1.1　MATLAB 语言的发展

MATLAB 语言是由美国的 Clever Moler 博士于 1980 年开发的．设计者的初衷是为解决"线性代数"课程的矩阵运算问题．取名 MATLAB，即 Matrix Lab oratory，矩阵实验室的意思．它将一个优秀软件的易用性与可靠性、通用性与专业性、一般目的的应用与高深的科学技术应用有机地结合起来．

10.1.2　MATLAB 的功能

1. 矩阵运算功能

MATLAB 提供了丰富的矩阵运算处理功能，是基于矩阵运算的处理工具．

例如 C＝A＋B，A，B，C 都是矩阵，是矩阵的加运算，即使一个常数，Y＝5，MATLAB 也看做是一个 1×1 的矩阵．

2. 符号运算功能

符号运算即用字符串进行数学分析，允许变量不赋值而参与运算，用于解代数方程、微积分、复合导数、积分、二重积分、有理函数、微分方程、泰勒级数展开、寻优等等，可求得解析符号解．

3. 丰富的绘图功能与计算结果的可视化

具有高层绘图功能——两维、三维绘图；具有底层绘图功能——句柄绘图；使用 plot 函数可随时将计算结果可视化．

4. 图形化程序编制功能

动态系统进行建模、仿真和分析的软件包；用结构图编程，而不用程序编程；只需拖几个方块、连几条线，即可实现编程功能．

5. 丰富的 MATLAB 工具箱

MATLAB 主工具箱；符号数学工具箱；SIMULINK 仿真工具箱；控制系统工具箱；信号处理工具箱；图像处理工具箱；通信工具箱；系统辨识工具箱；神经元网络工具箱；金融工具箱．

6. MATLAB 的兼容功能

可与 C 语言、FORTRAN 语言跨平台兼容；用函数 CMEX、FMEX 实现．

7. MATLAB 的容错功能

非法操作时，给出提示，并不影响其操作．

例如，在命令窗口输入 1/0，执行结果显示如下（提示被 0 除，结果为无穷大）：

Warning：Divide by zero

ans＝lnf

8. MATLAB 的开放式可扩充结构

MATLAB 所有函数都是开放的，用户可按自己意愿随意更改．正因为此功能，使得 MATLAB 的应用越来越广泛．

9. 强大的联机检索帮助系统

可随时检索 MATLAB 函数；可随时查询 MATLAB 函数的使用方法．

10.1.3 MATLAB 的内部函数

函　数	名　称	函　数	名　称
sin(x)	正弦函数	max(x)	最大值
cos(x)	余弦函数	min(x)	最小值
tan(x)	正切函数	sqrt(x)	开平方
cot(x)	余切函数	exp(x)	以 e 为底的指数
sec(x)	正割函数	log(x)	以 e 为底的对数
csc(x)	余割函数	log10(x)	以 10 为底的对数

（续表）

函　数	名　称	函　数	名　称
asin(x)	反正弦函数	abs(x)	绝对值，复数取模
acos(x)	反余弦函数	round(x)	四舍五入取整
atan(x)	反正切函数	floor(x)	向负无穷取整
acot(x)	反余切函数	ceil(x)	向正无穷取整
sinh(x)	双曲正弦函数	fix(x)	向 0 方向取整
cosh(x)	双曲余弦函数	sign(x)	符号函数
real(x)	取实部	rats(x)	有理逼近
imag(x)	取虚部	rem(a, b)，mod(a, b)	a 除以 b 取余
angle(x)	取幅角	sum(x)	元素的总和
length(x)	向量的长度	mean(x)	向量的平均值
sqrt(x)	向量从小到大排序	size(x)	矩阵 x 的大小
det(x)	方阵 x 的行列式	inv(x)	方阵 x 的逆矩阵

§10.2　MATLAB 的应用举例

MATLAB 软件的应用比较广泛，它在工业研究与开发、数值分析和科学计算等方面都有很多应用，尤其是在高等数学的微积分、线性代数部分的教学上，可以简化计算、检验计算结果．

10.2.1　计算函数的极限

函数极限计算的 MatLab 命令：

(1) limit(F, x, a)　执行后返回函数 F 在符号变量 x 趋于 a 的极限；

(2) limit(F, a)　执行后返回函数 F 在符号变量 findsym(F) 趋于 a 的极限；

(3) limit(F)　执行后返回函数 F 在符号变量 findsym(F) 趋于 0 的极限；

(4) limit(F, x, a, 'left')　执行后返回函数 F 在符号变量 x 趋于 a 的左极限；

(5) limit(F, x, a, 'right')　执行后返回函数 F 在符号变量 x 趋于 a 的右极限．

注：使用命令 limit 前，要用 syms 做相应符号变量说明．

 例 1　求下列极限．

(1) $\lim\limits_{x \to 0} \dfrac{\cos x - e^{-\frac{x^2}{2}}}{x^4}$；

在 MatLab 的命令窗口输入：

syms x

limit((cos(x) − exp(− x^2/2))/x^4，x，0)

运行结果为

ans = − 1/12

理论上用洛必达法则或泰勒公式计算该极限：

方法1　$\lim\limits_{x \to 0} \dfrac{\cos x - e^{-\frac{x^2}{2}}}{x^4} = \lim\limits_{x \to 0} \dfrac{-\sin x - e^{-\frac{x^2}{2}}(-x)}{4x^3} = \lim\limits_{x \to 0} \dfrac{-\cos x + e^{-\frac{x^2}{2}} - e^{-\frac{x^2}{2}}x^2}{12x^2}$

$= \lim\limits_{x \to 0} \dfrac{-\cos x + 1 + e^{-\frac{x^2}{2}} - 1 - e^{-\frac{x^2}{2}}x^2}{12x^2} = \lim\limits_{x \to 0} \dfrac{\frac{x^2}{2} + \left(-\frac{x^2}{2}\right)}{12x^2} - \dfrac{1}{12}e^{-\frac{x^2}{2}} = -\dfrac{1}{12}$

方法2　$\lim\limits_{x \to 0} \dfrac{\cos x - e^{-\frac{x^2}{2}}}{x^4} = \lim\limits_{x \to 0} \dfrac{1 - \frac{x^2}{2} + \frac{x^4}{4!} + o(x^4) - \left[1 - \left(-\frac{x^2}{2}\right) + \frac{\left(-\frac{x^2}{2}\right)^2}{2} + o(x^4)\right]}{x^4}$

$= \lim\limits_{x \to 0} \dfrac{-\frac{1}{12}x^4 + o(x^4)}{x^4} = -\dfrac{1}{12}$

(2) $\lim\limits_{x \to \infty} \left(1 + \dfrac{2t}{x}\right)^{3x}$；　　　　　　　％ 自变量趋于无穷大，带参数 t

在 MATLAB 的命令窗口输入：

syms x t

limit((1 + 2 * t/x)^(3 * x)，x，inf)

运行结果为

ans = exp(6 * t)

理论上用重要极限计算：

$$\lim_{x \to \infty} \left(1 + \frac{2t}{x}\right)^{3x} = \lim_{x \to \infty} \left[\left(1 + \frac{2t}{x}\right)^{\frac{x}{2t}}\right]^{6t} = e^{6t}$$

(3) $\lim\limits_{x \to 0+} . \dfrac{1}{x}$　　　　　　％ 求右极限

在 MatLab 的命令窗口输入：

syms x

limit(1/x，x，0，'right')

运行结果为

ans = inf

10.2.2　计算函数的导数

有关函数导数计算的 MatLab 命令：

(1)diff(F，x) 表示表达式 F 对符号变量 x 求一阶导数，允许表达式 F 含有其他符号变量，若 x 缺省，则表示对由命令 syms 定义的变量求一阶导数.

(2)diff(F，x，n) 表示表达式 F 对符号变量 x 求 n 阶导数.

例 2 求下列函数的导数.

(1) 已知 $y = x \arcsin \dfrac{x}{2} + \sqrt{4 - x^2}$，求 y'，$y^{(3)}$，

解 在 MATLAB 的命令窗口输入如下命令序列：

syms x

y = x * asin(x/2) + sqrt(4 − x^2)

diff(y，x) ％执行结果 ans＝asin(1/2 * x) 与理论推导 $y' = \arcsin(\dfrac{x}{2})$ 完全吻合.

diff(y，x，3) ％执行结果 ans = 1/(4 − x^2)^(3/2) * x 与理论推导 $y^{(3)} = \dfrac{x}{(4 - x^2)^{\frac{3}{2}}}$ 完全吻合.

(2) 已知 $z = x^2 \sin 2y$，求 $\dfrac{\partial z}{\partial x}$，$\dfrac{\partial^2 z}{\partial x^2}$，$\dfrac{\partial^2 z}{\partial x \partial y}$。

解 在 MATLAB 的命令窗口输入如下命令序列：

syms x y z

z = x^2 * sin(2 * y);

diff(z，x) ％ 执行结果 ans＝2 * x * sin(2 * y)

diff(z，x，2) ％ 执行结果 ans＝2 * sin(2 * y)

diff(diff(z，x)，y) ％ 执行结果 ans＝4 * x * cos(2 * y)

(3) 已知 $u = (x - y)^z$，$z = x^2 + y^2$，求 $\dfrac{\partial u}{\partial x}$，$\dfrac{\partial u}{\partial y}$，$\dfrac{\partial^2 u}{\partial x \partial y}$(复合函数求导偏导数).

解 在 MatLab 的命令窗口输入如下命令序列：

syms x y z u

z = x^2 + y^2;

u = (x − y)^z;

diff(u，x) ％执行结果 $\dfrac{\partial u}{\partial x}$＝(x − y)^(x^2 + y^2) * (2 * x * log(x − y) +

(x^2 + y^2)/(x − y))

diff(u，y，2) ％执行结果 $\dfrac{\partial u}{\partial y}$＝(x − y)^(x^2 + y^2) * (2 * y * log(x − y) −

(x^2 + y^2)/(x − y))^2 +

(x − y)^(x^2 + y^2) * (2 * log(x − y) − 4 * y/(x − y) −

(x^2 + y^2)/(x − y)^2)

diff(diff(u，x)，y) ％ 执行结果 $\dfrac{\partial^2 u}{\partial x \partial y} = (x-y)^\wedge(x^2+y^2) * (2*y*\log(x-y) - (x^2+y^2)/(x-y)) * (2*x*\log(x-y) + (x^2+y^2)/(x-y)) + (x-y)^\wedge(x^2+y^2) * (-2*x/(x-y) + 2*y/(x-y) + (x^2+y^2)/(x-y)^2)$

例3 已知函数 $f(x) = x^3 - x^2 - x + 1$，用 MATLBB 软件求：

(1) 函数 $f(x)$ 的一阶、二阶导数，并画出它们相应的曲线.

(2) 观察函数的单调区间、凹凸区间，以及极值点和拐点.

解 在 MATLBB 的命令窗口输入如下命令序列：

```
syms x
y = x^3 - x^2 - x + 1
d1 = diff(y, x)        ％ 求一阶导数
d2 = diff(d1, x)       ％ 求二阶导数
clf
subplot(1, 1, 1)
hold on
grid on
ezplot(y, [-2  2])
gtext('f(x)')
ezplot(d1, [-2, 2])
gtext('f'(x)')
ezplot(d2, [-2, 2])
gtext('f''(x)')
title('导数的应用')
gtext('o ')
gtext('(x1, y1)')
gtext('o ')
gtext('(x2, y2)')
gtext('o ')
gtext('(x3, y3)')
f1 = char(d1)
x1 = fzero(f1, 0)      ％ 求一阶导函数在 x = 0 附近的零点
x2 = fzero(f1, 1)      ％ 求一阶导函数在 x = 1 附近的零点
f2 = char(d2)
x3 = fzero(f2, 0)      ％ 求二阶导函数在 x = 0 附近的零点
```

导数的应用

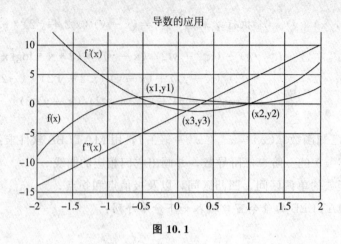

图 10.1

从图10.1中可以清楚地看到：(x_1, y_1) 和 (x_2, y_2) 为极值点，对应的一阶导数为 0，(x_3, y_3) 为拐点，对应的二阶导数为 0，在单调上升区间 $(\infty, x_1) \bigcup (x_2, +\infty)$ 函数的一阶导数大于零，在单调下降区间 (x_1, x_2) 函数的一阶导数小于零，在极大值点 (x_1, y_1) 处二阶导数小于零，在极小值点 (x_2, y_2) 处二阶导数大于零，在凸区间 $(-\infty, x_3)$ 函数的二阶导数小于零，在凹区间 $(x_3, +\infty)$ 函数的二阶导数大于零．

10.2.3 极值问题

MATLAB 软件提供了求一元和多元函数极值问题的命令：

fmin(f, x1, x2) 求函数 $f(x)$ 在 $x_1 < x < x_2$ 区间取到极小值对应的 x 值．

fmins('f', [x1, x2]) 求二元函数在点 (x_1, x_2) 附近的极值点．

 例 4 求函数 $f(x) = 2x^3 - 6x^2 - 18x + 7$ 的极值，并作图．

解 在 MATLAB 的命令窗口输入如下命令序列：

```
syms x
f = 2. * x.^3 − 6. * x.^2 − 18. * x + 7;
xmin = fmin('2. * x.^3 − 6. * x.^2 − 18. * x + 7', −5, 5)
x = xmin;
miny3 = subs(f)
a31 = '− 2. * x.^3 + 6. * x.^2 + 18. * x − 7';
  xmax = fmin(a31, −5, 5)
  x = xmax;
  maxy3 = subs(f)
  fplot('2. * x.^3 − 6. * x.^2 − 18. * x + 7', [−5  5])
  grid on
```

执行结果：

xmin＝3.0000　　　　％ 在 $x＝3$ 处取极小值

miny3＝－47.0000　　％ 极小值为－47

xmax＝－1.0000　　　％ 在 $x＝－1$ 处取极大值

maxy3＝17.0000　　　％ 极大值为 17

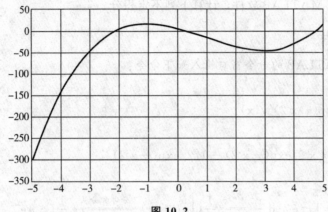

图 10.2

例5　求函数 $f(x_1, x_2)＝(x_1×x_1-4x_2)^2+120(1-2x_2)^2$ 在 $x_1＝-2$，$x_2＝2$ 附近的极小值.

解　具体操作步骤：

(1) 打开 MATLAB 软件，单击菜单 file → new → m-file，进入 M 文件编辑窗口.

(2) 在编辑窗口输入：

function　y＝f1(x)

y＝(x(1) * x(1)－4 * x(2))^2＋120 * (1－2 * x(2))^2；

(3) 单击菜单 file → save 存盘，命名为 f1.m.

(4) 回到 MATLAB命令窗口，输入：

d1＝fmins('f1', [－2, 2])

计算函数的极小值点.

执行结果：d1＝－1.4142　　0.5000

再输入 f1(d1) 计算极小值.

执行结果：ans＝9.7459e－009

10.2.4　计算函数的积分

1. 计算函数不定积分的 MATLAB 命令

int(f)　　　　　　　　　求函数 f 关于 syms 定义的符号变量的不定积分.

int(f, v)　　　　　　　 求函数 f 关于变量 v 的不定积分.

注：*MATLAB* 在不定积分结果中不自行添加积分常数 C.

2. 计算函数定积分的 MatLab 命令

int(f, a, b) 求函数 f 关于 syms 定义的符号变量从 a 到 b 的定积分.

int(f, v, a, b) 求函数 f 关于变量 v 从 a 到 b 的定积分.

例 6 用 MATLAB 软件，计算下列不定积分.

(1) $\int x^3 \mathrm{e}^{-x^2} \mathrm{d}x$.

解 在 MATLAB 的命令窗口输入如下命令：

syms x

int('x^3 * exp(− x^2)', x)

执行结果：

ans = −1/2 * x^2/exp(− x^2) − 1/2/exp(− x^2)

理论推导：

$$\int x^3 \mathrm{e}^{-x^2} \mathrm{d}x = \int x^2 \mathrm{e}^{-x^2} \mathrm{d}\frac{x^2}{2} \xlongequal{u=x^2} \frac{1}{2}\left(\int u\mathrm{e}^{-u}\mathrm{d}u\right) \xlongequal{\text{分部积分法}} \frac{1}{2}\left(-u\mathrm{e}^{-u} + \int \mathrm{e}^{-u}\mathrm{d}u\right)$$

$$= \frac{1}{2}(-u\mathrm{e}^{-u} - \mathrm{e}^{-u}) + C = \frac{1}{2}(-x^2\mathrm{e}^{-x^2} - \mathrm{e}^{-x^2}) + C$$

(2) $\int \begin{bmatrix} \sin x & x^3 \\ x\mathrm{e}^x & \tan x \end{bmatrix} \mathrm{d}x$.

解 在 MATLAB 的命令窗口输入如下命令：

syms x

y = [sin(x), x^3; x * exp(x), tan(x)]

int(y)

执行结果：

ans = [− cos(x), 1/4 * x^4]

[x * exp(x) − exp(x), − log(cos(x))]

例 7 利用 MATLAB 软件找出 $\int_0^1 \sqrt{1-x^2}\,\mathrm{d}x$ 满足定积分中值定理的点 ξ，使得

$\int_0^1 \sqrt{1-x^2}\,\mathrm{d}x = \sqrt{1-\xi^2}$.

解 在 MATLAB 的命令窗口输入如下命令序列：

syms x

y = sqrt(1 − x^2);

zhi = int(y, 0, 1) % 计算 $\int_0^1 \sqrt{1-x^2}\,\mathrm{d}x = \dfrac{\pi}{4}$

z = y − zhi;

zf = char(z);

fzero(zf，0.5)　　　　% 求满足 $\int_0^1 \sqrt{1-x^2}\,\mathrm{d}x = \sqrt{1-\xi^2}$ 的 ξ

运行结果：

ans＝0.6190

 例 8　用 MATLAB 软件求下列定积分：

(1) $\int_1^4 \dfrac{\ln x}{\sqrt{x}}\,dx$；

(2) $\int_0^{+\infty} \dfrac{\mathrm{d}x}{\sqrt{x\,(1+x)^3}}$；

解　在 MATLAB 的命令窗口输入如下命令序列：

(1) syms x;

　　y＝log(x) * x^(－0.5);

　　int(y, 1, 4)

　　运行结果：ans＝8 * log(2)－4

(2) syms x;

　　y＝(x * (1＋x)^3)^(－0.5);

　　int(y, 0, ＋inf)

　　运行结果：ans＝2

10.2.5　线性代数相关计算

MATLAB 线性代数的命令：

1. det(var)　　　　　% 计算方阵 var 的行列式

2. inv(var)　　　　　%var 代表待求逆矩阵的方阵

3. rref(var)　　　　 %var 代表待化为行最简形的矩阵

 例 9　计算行列式 $\begin{vmatrix} 1 & -3 & 2 & 2 \\ -3 & 4 & 0 & 9 \\ 2 & -2 & 6 & 2 \\ 3 & -3 & 8 & 3 \end{vmatrix}$ 的值．

解　在 MatLab 命令窗口输入：

A＝[1，－3，2，2；－3，4，0，9；2，－2，6，2；3，－3，8，3]

det(A)

执行结果：

$$A = \begin{matrix} 1 & -3 & 2 & 2 \\ -3 & 4 & 0 & 9 \\ 2 & -2 & 6 & 2 \\ 3 & -3 & 8 & 3 \end{matrix}$$

ans＝－50

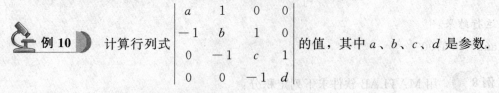

例 10 计算行列式 $\begin{vmatrix} a & 1 & 0 & 0 \\ -1 & b & 1 & 0 \\ 0 & -1 & c & 1 \\ 0 & 0 & -1 & d \end{vmatrix}$ 的值，其中 a、b、c、d 是参数.

解 在 MATLAB 命令窗口输入：

syms a b c d

A＝[a, 1, 0, 0; －1, b, 1, 0; 0, －1, c, 1; 0, 0, －1, d]

det(A)

执行结果：

A＝[a,   1,   0,   0]

    [－1,   b,   1,   0]

    [0,   －1,   c,   1]

    [0,   0,   －1,   d]

ans＝a＊b＊c＊d＋a＊b＋a＊d＋c＊d＋1

例 11 求方程 $\begin{vmatrix} 1 & 1 & 1 & 1 \\ 1 & -2 & 2 & x \\ 1 & 4 & 4 & x^2 \\ 1 & -8 & 8 & x^3 \end{vmatrix} = 0$ 的根.

解 （1）先求行列式的值.

在 MATLAB 命令窗口输入：

syms x

A＝[1, 1, 1, 1; 1, －2, 2, x; 1, 4, 4, x＊x; 1, －8, 8, x^3]

y＝det(A)

执行结果：

A＝[1,   1,   1,   1]

    [1,   －2,   2,   x]

    [1,   4,   4,   x^2]

    [1,   －8, 8,   x^3]

y＝－12＊x^3＋48＊x＋12＊x^2－48

（2）求 3 次方程的根.

首先通过函数的图形确定根的大致范围.

在 MATLAB 命令窗口输入：

grid on

ezplot(y)

观察图 10.3，可知 3 个根大致在－2、0、4 附近，下面求精确值.

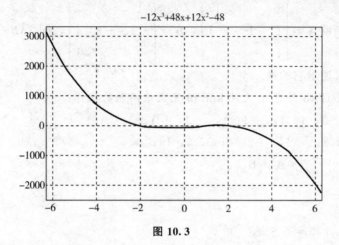

图 10.3

在 MatLab 命令窗口输入：

yf = char(y)；

g1 = fzero(yf，−2)

g2 = fzero(yf，0)

g3 = fzero(yf，4)

执行结果：

g1 = −2

g2 = 1.0000

g3 = 2.0000

可知方程的 3 个根分别为 −2、1、2.

 例 12 用克拉默法则解下列方程组：

$$\begin{cases} x_1 + x_2 + x_3 + x_4 = 5 \\ x_1 + 2x_2 - x_3 + 4x_4 = -2 \\ 2x_1 - 3x_2 - x_3 - 5x_4 = -2 \\ 3x_1 + x_2 + 2x_3 + 11x_4 = 0 \end{cases}$$

解 在 MatLab 命令窗口输入：

D = [1，1，1，1；1，2，−1，4；2，−3，−1，−5；3，1，2，11]；

A = [5；−2；−2；0]；

klm(D，A)

执行结果：

该方程组有唯一解！

ans = 1   2   3   −1

方程组的解为 $x_1 = 1$，$x_2 = 2$，$x_3 = 3$，$x_4 = -1$.

例 13 设 $A = \begin{bmatrix} 1 & 1 & 1 \\ 1 & 1 & -1 \\ 1 & -1 & 1 \end{bmatrix}$, $B = \begin{bmatrix} 1 & 2 & 3 \\ -1 & -2 & 4 \\ 0 & 5 & 1 \end{bmatrix}$, 问 $3AB - 2A^{\mathrm{T}}B$ 是否可

逆？若该矩阵可逆求它的逆.

解 在 MatLab 创建 m 文件 knf. m 完成该问题的操作：

$A = [1, 1, 1; 1, 1, -1; 1, -1, 1]$;

$B = [1, 2, 3; -1, -2, 4; 0, 5, 1]$;

$C = 3 * A * B - 2 * A' * B$;

$dc = \det(C)$;

if $dc == 0$

　　disp('此矩阵不可逆！')

else

　　disp('此矩阵可逆！其逆矩阵为：')

　　inv(C)

end

在 MatLab 命令窗口输入

knf

执行结果：

此矩阵可逆！其逆矩阵为：

ans =

　　　-0.3857　　0.5143　　0.5000

　　　　0.0857　　-0.1143　　0

　　　　0.0714　　　0.0714　　　0

例 14 把矩阵 $A = \begin{bmatrix} 1 & 2 & 2 & 1 \\ 2 & 1 & -2 & -2 \\ 1 & -1 & -4 & -3 \end{bmatrix}$ 化为行最简形矩阵.

解 在 MatLab 命令窗口输入：

$A = [1, 2, 2, 1; 2, 1, -2, -2; 1, -1, -4, -3]$;

format rat　　　　　　　% 以分数的形式显示结果

rref(A)

执行结果：

ans =

1	0	-2	$-5/3$
0	1	2	$4/3$
0	0	0	0

例 15 用初等变换求矩阵 $\begin{bmatrix} 1 & -3 & 2 & 2 \\ -3 & 4 & 0 & 9 \\ 2 & -2 & 6 & 2 \\ 3 & -3 & 8 & 3 \end{bmatrix}$ 的逆矩阵.

解　在 MatLab 创建 ni. m 函数文件，完成用初等变换求矩阵的逆.

```
function  y＝ni(a)
da＝det(a);
ifda＝＝0
    disp('此矩阵不可逆!')
else
    disp('此矩阵可逆! 其逆矩阵为：')
    [m n]＝size(a);
    e＝eye(n);
    d＝rref([a e]);
    y＝d(:,(n＋1):2*n);
end
```

在 MatLab 命令窗口输入：

A＝[1, -3, 2, 2; -3, 4, 0, 9; 2, -2, 6, 2; 3, -3, 8, 3];

ni(A)

执行结果：

此矩阵可逆! 其逆矩阵为：

ans＝

-0.5200	-0.0400	-4.0400	3.1600
-0.4800	0.0400	-0.9600	0.8400
0	0	1.5000	-1.0000
0.0400	0.0800	-0.9200	0.6800

§10.3　数学史料

一、第一次数学危机及其解决

第一次危机发生在公元前 580—568 年之间的古希腊.

数学家毕达哥拉斯建立了毕达哥拉斯学派，这个学派集宗教、科学和哲学于一体. 该学派人数固定，知识保密，所有发明创造都归于学派领袖. 当时人们对有理数的认识还很有限，对于无理数的概念更是一无所知. 毕达哥拉斯学派所说的数，原来是指整数，他们

不把分数看成一种数，而仅看作两个整数之比．他们错误地认为，"宇宙间的一切现象都归结为整数或整数之比"．该学派的成员希伯索斯根据勾股定理（西方称为毕达哥拉斯定理）通过逻辑推理发现，边长为 l 的正方形的对角线长度既不是整数，也不是整数的比所能表示的．希伯索斯的发现被认为是"荒谬"和违反常识的事．它不仅严重地违背了毕达哥拉斯学派的信条，也冲击了当时希腊人的传统见解，使当时希腊数学家们深感不安，相传希伯索斯因这一发现被投入海中淹死．这就是第一次数学危机．

这场危机通过在几何学中引进不可通约量概念而得到解决．两个几何线段，如果存在一个第三线段能同时量尽它们，就称这两个线段是可通约的，否则称为不可通约的．正方形的一边与对角线，就不存在能同时量尽它们的第三线段，因此它们是不可通约的．很显然，只要承认不可通约量的存在，使几何量不再受整数的限制，所谓的数学危机也就不复存在了．不可通约量的研究开始于公元前 4 世纪的欧多克斯，其成果被欧几里得所吸收，部分被收入他的《几何原本》中．

二、第二次数学危机及其解决

17 世纪微积分诞生后，由于推敲微积分的理论基础问题，数学界出现了混乱的局面，即第二次数学危机．微积分的形成给数学界带来革命性变化，在各个科学领域得到广泛应用，但微积分在理论上存在矛盾的地方．无穷小量是微积分的基础概念之一．微积分的主要创始人牛顿在一些典型的推导过程中，第一步用了无穷小量作分母进行除法，当然无穷小量不能为零；第二步牛顿又把无穷小量看作零，去掉那些包含它的项，从而得到所要的公式．在力学和几何学上的应用证明了这些公式是正确的，但它的数学推导过程却在逻辑上自相矛盾．焦点是：无穷小量是零还是非零？如果是零，怎么能用它做除数？如果不是零，又怎么能把包含着无穷小量的那些项去掉呢？

直到 19 世纪，柯西详细而有系统地发展了极限理论．柯西认为把无穷小量作为确定的量，即使是零，都说不过去，它会与极限的定义发生矛盾．无穷小量应该是要怎样小就怎样小的量，因此本质上它是变量，而且是以零为极限的量．至此，柯西澄清了前人的无穷小的概念．另外，Weistrass 创立了极限理论，加上实数理论、集合论的建立，从而把无穷小量从形而上学的束缚中解放出来，第二次数学危机基本解决．

第二次数学危机的解决使微积分更完善了．

三、第三次数学危机

1874 年，德国数学家康托尔创立了集合论，很快渗透到大部分数学分支，成为它们的基础．到 19 世纪末，全部数学几乎都建立在集合论的基础之上了．就在这时，集合论中接连出现了一些自相矛盾的结果，特别是 1902 年罗素提出的"理发师故事"反映的悖论，它极为简单、明确、通俗．于是，数学的基础被动摇了，这就是所谓的第三次"数学危机"．

罗素提出的"理发师故事"是这样的：一天，萨维尔村理发师挂出一块招牌："村里所有不自己理发的男人都由我给他们理发，我也只给这些人理发．"于是有人问他："您的头发由谁理呢？"理发师顿时哑口无言．

因为，如果他给自己理发，那么他就属于自己给自己理发的那类人．但是，招牌上说明他不给这类人理发，因此他不能自己理．如果由另外一个人给他理发，他就是不给自己理发的人，而招牌上明明说他要给所有不自己理发的男人理发，因此，他应该自己理．由此可见，不管怎样推论，理发师所说的话总是自相矛盾的．

这一悖论的数学表示是：所有不属于自身（即不包含自身作为元素）的集合 R，现在问 R 是否属于 R？如果 R 属于 R，则 R 满足 R 的定义，因此 R 不应属于自身，即 R 不属于 R；另一方面，如果 R 不属于 R，则 R 不满足 R 的定义，因此 R 应属于自身，即 R 属于 R．这样，不论何种情况都存在着矛盾．这一仅涉及"集合"与"属于"两个最基本概念的悖论如此简单明了，以致根本留不下为集合论漏洞辩解的余地．

由于严格的极限理论的建立，数学上的第一次、第二次危机已经解决，但极限理论是以实数理论为基础的，而实数理论又是以集合论为基础的，现在集合论又出现了罗素悖论，因而形成了数学史上更大的危机．

从此，数学家们就开始为这场危机寻找解决的办法，其中之一是把集合论建立在一组公理之上，以回避悖论．首先进行这个工作的是德国数学家策梅罗，他提出七条公理，建立了一种不会产生悖论的集合论，又经过德国的另一位数学家弗芝克尔的改进，形成了一个无矛盾的集合论公理系统，即所谓 ZF 公理系统．这场数学危机到此缓和下来．

在这场危机中集合论得到较快的发展，数学基础的进步更快，数理逻辑也更加成熟．然而，矛盾和人们意想不到的事仍将不断出现，我们应该认识到，正是问题的出现和解决推动了事物向前发展．数学危机已经并将继续给数学发展带来新的动力．

课后习题

一、操作题

1. 设 $f(x, y) = 4\sin(x^3 y)$，求 $\left. \dfrac{\partial^2 f}{\partial x \partial y} \right|_{x=2,\,y=3}$．

2. 求方程 $3x^4 + 4x^3 - 20x + 5 = 0$ 的所有解．

3. 计算 $\boldsymbol{a} = \begin{bmatrix} 6 & 9 & 3 \\ 2 & 7 & 5 \end{bmatrix}$ 与 $\boldsymbol{b} = \begin{bmatrix} 2 & 4 & 1 \\ 4 & 6 & 8 \end{bmatrix}$ 的数组乘积．

4. 对于 $\boldsymbol{AX} = \boldsymbol{B}$，如果 $\boldsymbol{A} = \begin{bmatrix} 4 & 9 & 2 \\ 7 & 6 & 4 \\ 3 & 5 & 7 \end{bmatrix}$，$\boldsymbol{B} = \begin{bmatrix} 37 \\ 26 \\ 28 \end{bmatrix}$，求解 $\boldsymbol{X}$．

5. 矩阵 $\boldsymbol{a} = \begin{bmatrix} 4 & 2 & -6 \\ 7 & 5 & 4 \\ 3 & 4 & 9 \end{bmatrix}$，计算 $\boldsymbol{a}$ 的行列式和逆矩阵．

附　录

附录1

	函数	定义域与值域	图象	特性
幂函数	$y=x$	$x\in(-\infty,+\infty)$ $y\in(-\infty,+\infty)$	$y=x$ 图象，过 $(1,1)$	奇函数 单调增加
	$y=x^3$	$x\in(-\infty,+\infty)$ $y\in[0,+\infty)$	$y=x^2$ 图象，过 $(1,1)$	偶函数 在 $(-\infty,0)$ 内单调减少 在 $[0,+\infty)$ 内单调增加
	$y=x^2$	$x\in(-\infty,+\infty)$ $y\in(-\infty,+\infty)$	$y=x^2$ 图象，过 $(1,1)$	奇函数 单调增加
	$y=x^{-1}$	$x\in(-\infty,0)\cup(0,+\infty)$ $y\in(-\infty,0)\cup(0,+\infty)$	$y=\dfrac{1}{x}$ 图象，过 $(1,1)$	奇函数 在 $(-\infty,0)$ 内单调减少 在 $(0,+\infty)$ 内单调减少
	$y=x^{\frac{1}{2}}$	$x\in[0,+\infty)$ $y\in[0,+\infty)$	$y=\sqrt{x}$ 图象，过 $(1,1)$	单调增加

（续表）

	函数	定义域与值域	图象	特性
指数函数	$y=a^x$ $(a>1)$	$x\in(-\infty,+\infty)$ $y\in(0,+\infty)$		单调增加
	$y=a^x$ $(0<a<1)$	$x\in(-\infty,+\infty)$ $y\in(0,+\infty)$		单调减少
对数函数	$y=\log_a x$ $(a>1)$	$x\in(0,+\infty)$ $y\in(-\infty,+\infty)$		单调增加
	$y=\log_a x$ $(0<a<1)$	$x\in(0,+\infty)$ $y\in(-\infty,+\infty)$		单调减少
三角函数	$y=\sin x$	$x\in(-\infty,+\infty)$ $y\in[-1,1]$		奇函数，周期为 2π，有界，在 $\left(2k\pi-\dfrac{\pi}{2},2k\pi+\dfrac{\pi}{2}\right)$ 内单调增加，在 $\left(2k\pi+\dfrac{\pi}{2},2k\pi+\dfrac{3\pi}{2}\right)$ 内单调减少 $(k\in\mathbf{Z})$
	$y=\cos x$	$x\in(-\infty,+\infty)$ $y\in[-1,1]$		偶函数，周期为 2π，有界，在 $(2\pi,2k\pi+\pi)$ 内单调减少，在 $(2k\pi+\pi,2k\pi+2\pi)$ 内单调增加 $(k\in\mathbf{Z})$
	$y=\tan x$	$x\neq k\pi+\dfrac{\pi}{2}\ (k\in\mathbf{Z})$ $y=(-\infty,+\infty)$		奇函数，周期为 π，在 $\left(k\pi-\dfrac{\pi}{2},k\pi+\dfrac{\pi}{2}\right)$ 内单调增加 $(k\in\mathbf{Z})$

	函数	定义域与值域	图象	特性
三角函数	$y = \cot x$	$x \neq k\pi \ (k \in \mathbf{Z})$ $y \in (-\infty, +\infty)$		奇函数，周期为 π，在 $(k\pi, k\pi+\pi)$ 内单调减少 $(k \in \mathbf{Z})$
反三角函数	$y = \arcsin x$	$x \in [-1, 1]$ $y \in \left[-\dfrac{\pi}{2}, \dfrac{\pi}{2}\right]$		奇函数，单调增加，有界
	$y = \arccos x$	$x \in [-1, 1]$ $y \in [0, \pi]$		单调减少，有界
	$y = \arctan x$	$x \in (-\infty, +\infty)$ $y \in \left[-\dfrac{\pi}{2}, \dfrac{\pi}{2}\right]$		奇函数，单调增加，有界
	$y = \text{arccot} x$	$x \in (-\infty, +\infty)$ $y \in (0, \pi)$		单调减少，有界

附录 2　简易积分表

(一) 含有 a + bx 的积分

1. $\displaystyle\int \frac{\mathrm{d}x}{a+bx} = \frac{1}{b}\ln|a+bx| + C$

2. $\displaystyle\int (a+bx)^n \mathrm{d}x = \frac{(a+bx)^{n+1}}{b(n+1)} + C \ (n \neq -1)$

3. $\displaystyle\int \frac{x\,\mathrm{d}x}{a+bx} = \frac{1}{b^2}(a+bx - a\ln|a+bx|) + C$

4. $\displaystyle\int \frac{x^2\,\mathrm{d}x}{a+bx} = \frac{1}{b^3}\left[\frac{1}{2}(a+bx)^2 - 2a(a+bx) + a^2\ln|a+bx|\right] + C$

5. $\displaystyle\int \frac{\mathrm{d}x}{x(a+bx)} = -\frac{1}{a}\ln\left|\frac{a+bx}{x}\right| + C$

6. $\displaystyle\int \frac{\mathrm{d}x}{x^2(a+bx)} = -\frac{1}{ax} + \frac{b}{a^2}\ln\left|\frac{a+bx}{x}\right| + C$

7. $\displaystyle\int \frac{x\,\mathrm{d}x}{(a+bx)^2} = \frac{1}{b^2}\left(\ln|a+bx| + \frac{a}{a+bx}\right) + C$

8. $\displaystyle\int \frac{x^2\,\mathrm{d}x}{(a+bx)^2} = \frac{1}{b^3}\left[a+bx - 2a\ln|a+bx| - \frac{a^2}{a+bx}\right] + C$

9. $\displaystyle\int \frac{\mathrm{d}x}{x(a+bx)^2} = \frac{1}{a(a+bx)} - \frac{1}{a^2}\ln\left|\frac{a+bx}{x}\right| + C$

(二) 含有 $\sqrt{a+bx}$ 的积分

10. $\displaystyle\int \sqrt{a+bx}\,\mathrm{d}x = \frac{2}{3b}\sqrt{(a+bx)^3} + C$

11. $\displaystyle\int x\sqrt{a+bx}\,\mathrm{d}x = -\frac{2(2a-3bx)\sqrt{(a+bx)^3}}{15b^2} + C$

12. $\displaystyle\int x^2\sqrt{a+bx}\,\mathrm{d}x = \frac{2(8a^2 - 12abx + 15b^2x^2)\sqrt{(a+bx)^3}}{105b^3} + C$

13. $\displaystyle\int \frac{x\,\mathrm{d}x}{\sqrt{a+bx}} = -\frac{2(2a-bx)}{3b^2}\sqrt{a+bx} + C$

14. $\displaystyle\int \frac{x^2\,\mathrm{d}x}{\sqrt{a+bx}} = \frac{2(8a^2 - 4abx + 3b^2x^2)}{15b^3}\sqrt{a+bx} + C$

15. $\displaystyle\int \frac{\mathrm{d}x}{x\sqrt{a+bx}} = \begin{cases} \dfrac{1}{\sqrt{a}}\ln\left|\dfrac{\sqrt{a+bx}-\sqrt{a}}{\sqrt{a+bx}+\sqrt{a}}\right| + C & (a>0) \\[4mm] \dfrac{2}{\sqrt{-a}}\arctan\sqrt{\dfrac{a+bx}{-a}} + C & (a<0) \end{cases}$

16. $\displaystyle\int \frac{\mathrm{d}x}{x^2\sqrt{a+bx}} = -\frac{\sqrt{a+bx}}{ax} - \frac{b}{2a}\int \frac{\mathrm{d}x}{x\sqrt{a+bx}}$

17. $\displaystyle\int \frac{\sqrt{a+bx}}{x}\,\mathrm{d}x = 2\sqrt{a+bx} + a\int \frac{\mathrm{d}x}{x\sqrt{a+bx}}$

(三) 含有 $a^2 \pm x^2$ 的积分

18. $\displaystyle\int \frac{\mathrm{d}x}{a^2+x^2} = \frac{1}{a}\arctan\frac{x}{a} + C$

19. $\displaystyle\int \frac{\mathrm{d}x}{(x^2+a^2)^n} = \frac{x}{2(n-1)a^2(x^2+a^2)^{n-1}} + \frac{2n-3}{2(n-1)a^2}\int \frac{\mathrm{d}x}{(x^2+a^2)^{n-1}}$

20. $\displaystyle\int \frac{\mathrm{d}x}{a^2-x^2} = \frac{1}{2a}\ln\left|\frac{a+x}{a-x}\right| + C$

21. $\displaystyle\int \frac{\mathrm{d}x}{x^2-a^2} = \frac{1}{2a}\ln\left|\frac{x-a}{x+a}\right| + C$

(四) 含有 $a \pm bx^2$ 的积分

22. $\displaystyle\int \frac{\mathrm{d}x}{a+bx^2} = \frac{1}{\sqrt{ab}}\arctan\sqrt{\frac{b}{a}}\,x + C$

23. $\displaystyle\int \frac{\mathrm{d}x}{a-bx^2} = \frac{1}{2\sqrt{ab}}\ln\left|\frac{\sqrt{a}+\sqrt{b}\,x}{\sqrt{a}-\sqrt{b}\,x}\right| + C$

24. $\displaystyle\int \frac{x\,\mathrm{d}x}{a+bx^2} = \frac{1}{2b}\ln|a+bx^2| + C$

25. $\displaystyle\int \frac{x^2\,\mathrm{d}x}{a+bx^2} = \frac{x}{b} - \frac{a}{b}\int \frac{\mathrm{d}x}{a+bx^2}$

26. $\displaystyle\int \frac{\mathrm{d}x}{x(a+bx^2)} = \frac{1}{2a}\ln\left|\frac{x^2}{a+bx^2}\right| + C$

27. $\displaystyle\int \frac{\mathrm{d}x}{x^2(a+bx^2)} = -\frac{1}{ax} - \frac{b}{a}\int \frac{\mathrm{d}x}{a+bx^2}$

28. $\displaystyle\int \frac{\mathrm{d}x}{(a+bx^2)^2} = \frac{x}{2a(a+bx^2)} + \frac{1}{2a}\int \frac{\mathrm{d}x}{a+bx^2}$

(五) 含有 $\sqrt{x^2+a^2}$ 的积分

29. $\displaystyle\int \sqrt{x^2+a^2}\,\mathrm{d}x = \frac{x}{2}\sqrt{x^2+a^2} + \frac{a^2}{2}\ln(x+\sqrt{x^2+a^2}) + C$

30. $\displaystyle\int \sqrt{(x^2+a^2)^3}\,\mathrm{d}x = \frac{x}{8}(2x^2+5a^2)\sqrt{x^2+a^2} + \frac{3a^4}{8}\ln(x+\sqrt{x^2+a^2}) + C$

31. $\displaystyle\int x\sqrt{x^2+a^2}\,\mathrm{d}x = \frac{\sqrt{(x^2+a^2)^3}}{3} + C$

32. $\displaystyle\int x^2\sqrt{x^2+a^2}\,\mathrm{d}x = \frac{x}{8}(2x^2+a^2)\sqrt{x^2+a^2} - \frac{a^4}{8}\ln(x+\sqrt{x^2+a^2}) + C$

33. $\displaystyle\int \frac{\mathrm{d}x}{\sqrt{x^2+a^2}} = \ln(x+\sqrt{x^2+a^2}) + C$

34. $\displaystyle\int \frac{\mathrm{d}x}{\sqrt{(x^2+a^2)^3}} = \frac{x}{a^2\sqrt{x^2+a^2}} + C$

35. $\displaystyle\int \frac{x\,\mathrm{d}x}{\sqrt{x^2+a^2}} = \sqrt{x^2+a^2} + C$

36. $\displaystyle\int \frac{x^2\,\mathrm{d}x}{\sqrt{x^2+a^2}} = \frac{x}{2}\sqrt{x^2+a^2} - \frac{a^2}{2}\ln(x+\sqrt{x^2+a^2}) + C$

37. $\displaystyle\int \frac{x^2\,\mathrm{d}x}{\sqrt{(x^2+a^2)^3}} = -\frac{x}{\sqrt{x^2+a^2}} + \ln(x+\sqrt{x^2+a^2}) + C$

38. $\displaystyle\int \frac{\mathrm{d}x}{x\sqrt{x^2+a^2}} = \frac{1}{a}\ln\frac{|x|}{a+\sqrt{x^2+a^2}} + C$

39. $\displaystyle\int \frac{\mathrm{d}x}{x^2\sqrt{x^2+a^2}} = -\frac{\sqrt{x^2+a^2}}{a^2 x} + C$

40. $\displaystyle\int \frac{\sqrt{x^2+a^2}}{x}\,\mathrm{d}x = \sqrt{x^2+a^2} - a\ln\frac{a+\sqrt{x^2+a^2}}{|x|} + C$

41. $\displaystyle\int \frac{\sqrt{x^2+a^2}}{x^2}\,\mathrm{d}x = -\frac{\sqrt{x^2+a^2}}{x} + \ln(x+\sqrt{x^2+a^2}) + C$

(六) 含有 $\sqrt{x^2-a^2}$ 的积分

42. $\displaystyle\int \frac{\mathrm{d}x}{\sqrt{x^2-a^2}} = \ln\left|x+\sqrt{x^2-a^2}\right| + C$

43. $\displaystyle\int \frac{\mathrm{d}x}{\sqrt{(x^2-a^2)^3}} = -\frac{x}{a^2\sqrt{x^2-a^2}} + C$

44. $\displaystyle\int \frac{x\,\mathrm{d}x}{\sqrt{x^2-a^2}} = \sqrt{x^2-a^2} + C$

45. $\displaystyle\int \sqrt{x^2-a^2}\,\mathrm{d}x = \frac{x}{2}\sqrt{x^2-a^2} - \frac{a^2}{2}\ln\left|x+\sqrt{x^2-a^2}\right| + C$

46. $\displaystyle\int \sqrt{(x^2-a^2)^3}\,\mathrm{d}x = \frac{x}{8}(2x^2-5a^2)\sqrt{x^2-a^2} + \frac{3a^4}{8}\ln\left|x+\sqrt{x^2-a^2}\right| + C$

47. $\displaystyle\int x\sqrt{x^2-a^2}\,\mathrm{d}x = \frac{\sqrt{(x^2-a^2)^3}}{3} + C$

48. $\displaystyle\int x\sqrt{(x^2-a^2)^3}\,\mathrm{d}x = \frac{\sqrt{(x^2-a^2)^5}}{5} + C$

49. $\displaystyle\int x^2\sqrt{x^2-a^2}\,\mathrm{d}x = \frac{x}{8}(2x^2-a^2)\sqrt{x^2-a^2} - \frac{a^4}{8}\ln\left|x+\sqrt{x^2-a^2}\right| + C$

50. $\displaystyle\int \frac{x^2\,\mathrm{d}x}{\sqrt{x^2-a^2}} = \frac{x}{2}\sqrt{x^2-a^2} + \frac{a^2}{2}\ln\left|x+\sqrt{x^2-a^2}\right| + C$

51. $\displaystyle\int \frac{x^2\,\mathrm{d}x}{\sqrt{(x^2-a^2)^3}} = -\frac{x}{\sqrt{x^2-a^2}} + \ln\left|x+\sqrt{x^2-a^2}\right| + C$

52. $\displaystyle\int \frac{\mathrm{d}x}{x\sqrt{x^2-a^2}} = \frac{1}{a}\arccos\frac{a}{x} + C$

53. $\displaystyle\int \frac{\mathrm{d}x}{x^2 \sqrt{x^2-a^2}} = \frac{\sqrt{x^2-a^2}}{a^2 x} + C$

54. $\displaystyle\int \frac{\sqrt{x^2-a^2}}{x}\mathrm{d}x = \sqrt{x^2-a^2} - a\arccos\frac{a}{x} + C$

55. $\displaystyle\int \frac{\sqrt{x^2-a^2}}{x^2}\mathrm{d}x = -\frac{\sqrt{x^2-a^2}}{x} + \ln\left|x + \sqrt{x^2-a^2}\right| + C$

(七) 含有 $\sqrt{a^2-x^2}$ 的积分

56. $\displaystyle\int \frac{\mathrm{d}x}{\sqrt{a^2-x^2}} = \arcsin\frac{x}{a} + C$

57. $\displaystyle\int \frac{\mathrm{d}x}{\sqrt{(a^2-x^2)^3}} = \frac{x}{a^2\sqrt{a^2-x^2}} + C$

58. $\displaystyle\int \frac{x\,\mathrm{d}x}{\sqrt{a^2-x^2}} = -\sqrt{a^2-x^2} + C$

59. $\displaystyle\int \frac{x\,\mathrm{d}x}{\sqrt{(a^2-x^2)^3}} = \frac{1}{\sqrt{a^2-x^2}} + C$

60. $\displaystyle\int \frac{x^2\,\mathrm{d}x}{\sqrt{a^2-x^2}} = -\frac{x}{2}\sqrt{a^2-x^2} + \frac{a^2}{2}\arcsin\frac{x}{a} + C$

61. $\displaystyle\int \sqrt{a^2-x^2}\,\mathrm{d}x = \frac{x}{2}\sqrt{a^2-x^2} + \frac{a^2}{2}\arcsin\frac{x}{a} + C$

62. $\displaystyle\int \sqrt{(a^2-x^2)^3}\,\mathrm{d}x = \frac{x}{8}(5a^2-2x^2)\sqrt{a^2-x^2} + \frac{3a^4}{8}\arcsin\frac{x}{a} + C$

63. $\displaystyle\int x\sqrt{a^2-x^2}\,\mathrm{d}x = -\frac{\sqrt{(a^2-x^2)^3}}{3} + C$

64. $\displaystyle\int x\sqrt{(a^2-x^2)^3}\,\mathrm{d}x = -\frac{\sqrt{(a^2-x^2)^5}}{5} + C$

65. $\displaystyle\int x^2\sqrt{a^2-x^2}\,\mathrm{d}x = \frac{x}{8}(2x^2-a^2)\sqrt{a^2-x^2} + \frac{a^4}{8}\arcsin\frac{x}{a} + C$

66. $\displaystyle\int \frac{x^2\,\mathrm{d}x}{\sqrt{(a^2-x^2)^3}} = \frac{x}{\sqrt{a^2-x^2}} - \arcsin\frac{x}{a} + C$

67. $\displaystyle\int \frac{\mathrm{d}x}{x\sqrt{a^2-x^2}} = \frac{1}{a}\ln\left|\frac{x}{a+\sqrt{a^2-x^2}}\right| + C$

68. $\displaystyle\int \frac{\mathrm{d}x}{x^2\sqrt{a^2-x^2}} = -\frac{\sqrt{a^2-x^2}}{a^2 x} + C$

69. $\displaystyle\int \frac{\sqrt{a^2-x^2}}{x}\mathrm{d}x = \sqrt{a^2-x^2} - a\ln\left|\frac{a+\sqrt{a^2-x^2}}{x}\right| + C$

70. $\int \dfrac{\sqrt{a^2-x^2}}{x^2}\mathrm{d}x = -\dfrac{\sqrt{a^2-x^2}}{x} - \arcsin\dfrac{x}{a} + C$

(八) 含有 $a+bx\pm cx^2(c>0)$ 的积分

71. $\int \dfrac{\mathrm{d}x}{a+bx-cx^2} = \dfrac{1}{\sqrt{b^2+4ac}}\ln\left|\dfrac{\sqrt{b^2+4ac}+2cx-b}{\sqrt{b^2+4ac}-2cx+b}\right| + C$

72. $\int \dfrac{\mathrm{d}x}{a+bx+cx^2} = \begin{cases} \dfrac{2}{\sqrt{4ac-b^2}}\arctan\dfrac{2cx+b}{\sqrt{4ac-b^2}} + C\,(b^2<4ac) \\[4mm] \dfrac{1}{\sqrt{b^2-4ac}}\ln\left|\dfrac{2cx+b-\sqrt{b^2-4ac}}{2cx+b+\sqrt{b^2-4ac}}\right| + C\,(b^2>4ac) \end{cases}$

(九) 含有 $\sqrt{a+bx\pm cx^2}\,(c>0)$ 的积分

73. $\int \dfrac{\mathrm{d}x}{\sqrt{a+bx+cx^2}} = \dfrac{1}{\sqrt{c}}\ln\left|2cx+b+2\sqrt{c}\,\sqrt{a+bx+cx^2}\right| + C$

74. $\int \sqrt{a+bx+cx^2}\,\mathrm{d}x = \dfrac{2cx+b}{4c}\sqrt{a+bx+cx^2}$
$$- \dfrac{b^2-4ac}{8\sqrt{c^3}}\ln\left|2cx+b+2\sqrt{c}\,\sqrt{a+bx+cx^2}\right| + C$$

75. $\int \dfrac{x\,\mathrm{d}x}{\sqrt{a+bx+cx^2}} = \dfrac{\sqrt{a+bx+cx^2}}{c} -$
$$\dfrac{b}{2\sqrt{c^3}}\ln\left|2cx+b+2\sqrt{c}\,\sqrt{a+bx+cx^2}\right| + C$$

76. $\int \dfrac{\mathrm{d}x}{\sqrt{a+bx-cx^2}} = \dfrac{1}{\sqrt{c}}\arcsin\dfrac{2cx-b}{\sqrt{b^2+4ac}} + C$

77. $\int \sqrt{a+bx-cx^2}\,\mathrm{d}x = \dfrac{2cx-b}{4c}\sqrt{a+bx-cx^2} + \dfrac{b^2+4ac}{8\sqrt{c^3}}\arcsin\dfrac{2cx-b}{\sqrt{b^2+4ac}} + C$

78. $\int \dfrac{x\,\mathrm{d}x}{\sqrt{a+bx-cx^2}} = -\dfrac{\sqrt{a+bx+cx^2}}{c} + \dfrac{b}{2\sqrt{c^3}}\arcsin\dfrac{2cx-b}{\sqrt{b^2+4ac}} + C$

(十) 含有 $\sqrt{\dfrac{a\pm x}{b\pm x}}$ 的积分和含有 $\sqrt{(x-a)(b-x)}$ 的积分

79. $\int \sqrt{\dfrac{a+x}{b+x}}\,\mathrm{d}x = \sqrt{(x+a)(b+x)} + (a-b)\ln(\sqrt{a+x}+\sqrt{b+x}) + C$

80. $\int \sqrt{\dfrac{a-x}{b+x}}\,\mathrm{d}x = \sqrt{(a-x)(b+x)} + (a+b)\arcsin\sqrt{\dfrac{x+b}{a+b}} + C$

81. $\int \sqrt{\dfrac{a+x}{b-x}}\,\mathrm{d}x = -\sqrt{(a+x)(b-x)} - (a+b)\arcsin\sqrt{\dfrac{b-x}{a+b}} + C$

82. $\int \dfrac{\mathrm{d}x}{\sqrt{(x-a)(b-x)}} = 2\arcsin\sqrt{\dfrac{x-a}{b-a}} + C$

(十一) 含有三角函数的积分

83. $\int \sin x\,\mathrm{d}x = -\cos x + C$

84. $\int \cos x\,\mathrm{d}x = \sin x + C$

85. $\int \tan x\,\mathrm{d}x = -\ln\cos x + C$

86. $\int \cot x\,\mathrm{d}x = \ln\sin x + C$

87. $\int \sec x\,\mathrm{d}x = \ln|\sec x + \tan x| + C$

88. $\int \csc x\,\mathrm{d}x = \ln|\csc x - \cot x| + C$

89. $\int \sec x^2\,\mathrm{d}x = \tan x + C$

90. $\int \csc^2 x\,\mathrm{d}x = -\cot x + C$

91. $\int \sec x\tan x\,\mathrm{d}x = \sec x + C$

92. $\int \csc x\cot x\,\mathrm{d}x = -\csc x + C$

93. $\int \sin^2 x\,\mathrm{d}x = \dfrac{x}{2} - \dfrac{1}{4}\sin 2x + C$

94. $\int \cos^2 x\,\mathrm{d}x = \dfrac{x}{2} + \dfrac{1}{4}\sin 2x + C$

95. $\int \sin^n x\,\mathrm{d}x = -\dfrac{\sin^{n-1}x\cos x}{n} + \dfrac{n-1}{n}\int \sin^{n-2}x\,\mathrm{d}x$

96. $\int \cos^n x\,\mathrm{d}x = \dfrac{\cos^{n-1}x\sin x}{n} + \dfrac{n-1}{n}\int \cos^{n-2}x\,\mathrm{d}x$

97. $\int \dfrac{\mathrm{d}x}{\sin^n x} = -\dfrac{\cos x}{(n-1)\sin^{n-1}x} + \dfrac{n-2}{n-1}\int \dfrac{\mathrm{d}x}{\sin^{n-2}x}$

98. $\int \dfrac{\mathrm{d}x}{\cos^n x} = \dfrac{\sin x}{(n-1)\cos^{n-1}x} + \dfrac{n-2}{n-1}\int \dfrac{dx}{\cos^{n-2}x}$

99. $\int \cos^m x\,\sin^n x\,\mathrm{d}x = \dfrac{\cos^{m-1}x\,\sin^{n+1}x}{m+n} + \dfrac{m-1}{m+n}\int \cos^{m-2}x\,\sin^n x\,\mathrm{d}x$

$$= -\frac{\sin^{n-1}x\,\cos^{m+1}x}{m+n} + \frac{n-1}{m+n}\int \cos^m x\,\sin^{n-2}x\,\mathrm{d}x$$

100. $\displaystyle\int \sin mx\cos nx\,\mathrm{d}x = -\frac{\cos(m+n)x}{2(m+n)} - \frac{\cos(m-n)x}{2(m-n)} + C\,(m\neq n)$

101. $\displaystyle\int \sin mx\sin nx\,\mathrm{d}x = -\frac{\sin(m+n)x}{2(m+n)} + \frac{\sin(m-n)x}{2(m-n)} + C\,(m\neq n)$

102. $\displaystyle\int \cos mx\cos nx\,\mathrm{d}x = \frac{\sin(m+n)x}{2(m+n)} + \frac{\sin(m-n)x}{2(m-n)} + C\,(m\neq n)$

103. $\displaystyle\int \frac{\mathrm{d}x}{a+b\sin x} = \frac{2}{\sqrt{a^2-b^2}}\arctan\frac{a\tan\dfrac{x}{2}+b}{\sqrt{a^2-b^2}} + C\,(a^2>b^2)$

104. $\displaystyle\int \frac{\mathrm{d}x}{a+b\sin x} = \frac{1}{\sqrt{b^2-a^2}}\ln\left|\frac{a\tan\dfrac{x}{2}+b-\sqrt{b^2-a^2}}{a\tan\dfrac{x}{2}+b+\sqrt{b^2-a^2}}\right| + C\,(a^2<b^2)$

105. $\displaystyle\int \frac{\mathrm{d}x}{a+b\cos x} = \frac{2}{\sqrt{a^2-b^2}}\arctan\left(\sqrt{\frac{a-b}{a+b}}\tan\frac{x}{2}\right) + C\,(a^2>b^2)$

106. $\displaystyle\int \frac{\mathrm{d}x}{a+b\cos x} = \frac{1}{\sqrt{b^2-a^2}}\ln\left|\frac{\tan\dfrac{x}{2}+\sqrt{\dfrac{b+a}{b-a}}}{\tan\dfrac{x}{2}-\sqrt{\dfrac{b+a}{b-a}}}\right| + C\,(a^2<b^2)$

107. $\displaystyle\int \frac{\mathrm{d}x}{a^2\cos^2 x + b^2\sin^2 x} = \frac{1}{ab}\arctan\left(\frac{b\tan x}{a}\right) + C$

108. $\displaystyle\int \frac{\mathrm{d}x}{a^2\cos^2 x - b^2\sin^2 x} = \frac{1}{2ab}\ln\left|\frac{b\tan x+a}{b\tan x-a}\right| + C$

109. $\displaystyle\int x\sin ax\,\mathrm{d}x = \frac{1}{a^2}\sin ax - \frac{1}{a}x\cos ax + C$

110. $\displaystyle\int x^2\sin ax\,\mathrm{d}x = -\frac{1}{a}x^2\cos ax + \frac{2}{a^2}x\sin ax + \frac{2}{a^3}\cos ax + C$

111. $\displaystyle\int x\cos ax\,\mathrm{d}x = \frac{1}{a^2}\cos ax + \frac{1}{a}x\sin ax + C$

112. $\displaystyle\int x^2\cos ax\,\mathrm{d}x = \frac{1}{a}x^2\sin ax + \frac{2}{a^2}x\cos ax - \frac{2}{a^3}\sin ax + C$

(十二) 含有反三角函数的积分

113. $\displaystyle\int \arcsin\frac{x}{a}\,\mathrm{d}x = x\arcsin\frac{x}{a} + \sqrt{a^2-x^2} + C$

114. $\displaystyle\int x\arcsin\frac{x}{a}\,\mathrm{d}x = \left(\frac{x^2}{2}-\frac{a^2}{4}\right)\arcsin\frac{x}{a} + \frac{x}{4}\sqrt{a^2-x^2} + C$

115. $\int x^2 \arcsin \dfrac{x}{a} dx = \dfrac{x^3}{3} \arcsin \dfrac{x}{a} + \dfrac{1}{9}(x^2 + 2a^2) \sqrt{a^2 - x^2} + C$

116. $\int \arccos \dfrac{x}{a} dx = x \arccos \dfrac{x}{a} - \sqrt{a^2 - x^2} + C$

117. $\int x \arccos \dfrac{x}{a} dx = (\dfrac{x^2}{2} - \dfrac{a^2}{4}) \arccos \dfrac{x}{a} - \dfrac{x}{4} \sqrt{a^2 - x^2} + C$

118. $\int x^2 \arccos \dfrac{x}{a} dx = \dfrac{x^3}{3} \arccos \dfrac{x}{a} - \dfrac{1}{9}(x^2 + 2a^2) \sqrt{a^2 - x^2} + C$

119. $\int \arctan \dfrac{x}{a} dx = x \arctan \dfrac{x}{a} - \dfrac{a}{2} \ln(x^2 + a^2) + C$

120. $\int x \arctan \dfrac{x}{a} dx = \dfrac{1}{2}(x^2 + a^2) \arctan \dfrac{x}{a} - \dfrac{ax}{2} + C$

121. $\int x^2 \arctan \dfrac{x}{a} dx = \dfrac{x^3}{3} \arctan \dfrac{x}{a} - \dfrac{ax^2}{6} + \dfrac{a^3}{6} \ln(x^2 + a^2) + C$

(十三) 含有指数函数的积分

122. $\int a^x dx = \dfrac{a^x}{\ln a} + C$

123. $\int e^{ax} dx = \dfrac{e^{ax}}{a} + C$

124. $\int e^{ax} \sin bx \, dx = \dfrac{e^{ax}(a \sin bx - b \cos bx)}{a^2 + b^2} + C$

125. $\int e^{ax} \cos bx \, dx = \dfrac{e^{ax}(b \sin bx + a \cos bx)}{a^2 + b^2} + C$

126. $\int x e^{ax} dx = \dfrac{e^{ax}}{a^2}(ax - 1) + C$

127. $\int x^n e^{ax} dx = \dfrac{x^n e^{ax}}{a} - \dfrac{n}{a} \int x^{n-1} e^{ax} dx$

128. $\int x a^{mx} dx = \dfrac{x a^{mx}}{m \ln a} - \dfrac{a^{mx}}{(m \ln a)^2} + C$

129. $\int x^n a^{mx} dx = \dfrac{x^n a^{mx}}{m \ln a} - \dfrac{n}{m \ln a} \int x^{n-1} a^{mx} dx$

130. $\int e^{ax} \sin^n bx \, dx = \dfrac{e^{ax} \sin^{n-1} bx (a \sin bx - nb \cos bx)}{a^2 + b^2 n^2}$
$$+ \dfrac{n(n-1)}{a^2 + b^2 n^2} b^2 \int e^{ax} \sin^{n-2} bx \, dx$$

131. $\int e^{ax} \cos^n bx \, dx = \dfrac{e^{ax} \cos^{n-1} bx (a \cos bx + nb \sin bx)}{a^2 + b^2 n^2}$

$$+ \frac{n(n-1)}{a^2+b^2n^2}b^2 \int e^{ax} \cos^{n-2}bx \, dx$$

(十四) 含有对数函数的积分

132. $\displaystyle\int \ln x \, dx = x \ln x - x + C$

133. $\displaystyle\int \frac{dx}{x \ln x} = \ln(\ln x) + C$

134. $\displaystyle\int x^n \ln x \, dx = x^{n+1}\left[\frac{\ln x}{n+1} - \frac{1}{(n+1)^2}\right] + C$

135. $\displaystyle\int \ln^n x \, dx = x \ln^n x - n \int \ln^{n-1} x \, dx$

136. $\displaystyle\int x^m \ln^n x \, dx = \frac{x^{m+1}}{m+1} \ln^n x - \frac{n}{m+1}\int x^m \ln^{n-1} x \, dx$

(十五) 定积分

137. $\displaystyle\int_{-\pi}^{\pi} \cos nx \, dx = \int_{-\pi}^{\pi} \sin nx \, dx = 0$

138. $\displaystyle\int_{-\pi}^{\pi} \cos mx \sin nx \, dx = 0$

139. $\displaystyle\int_{-\pi}^{\pi} \cos mx \cos nx \, dx = \begin{cases} 0, & m \neq n \\ \pi, & m = n \end{cases}$

140. $\displaystyle\int_{-\pi}^{\pi} \sin mx \sin nx \, dx = \begin{cases} 0, & m \neq n \\ \pi, & m = n \end{cases}$

141. $\displaystyle\int_{0}^{\pi} \sin mx \sin nx \, dx = \int_{0}^{\pi} \cos mx \cos nx \, dx = \begin{cases} 0, & m \neq n \\ \dfrac{\pi}{2}, & m = n \end{cases}$

142. $\displaystyle I_n = \int_{0}^{\frac{\pi}{2}} \sin^n x \, dx = \int_{0}^{\frac{\pi}{2}} \cos^n x \, dx$

$\quad I_n = \dfrac{n-1}{n} I_{n-2}$

$\quad I_n = \dfrac{n-1}{n} \cdot \dfrac{n-3}{n-2} \cdot \cdots \cdot \dfrac{4}{5} \cdot \dfrac{2}{3}$（$n$ 为大于 1 的奇数），$I_1 = 1$

$\quad I_n = \dfrac{n-1}{n} \cdot \dfrac{n-3}{n-2} \cdot \cdots \cdot \dfrac{3}{4} \cdot \dfrac{1}{2} \cdot \dfrac{\pi}{2}$（$n$ 为正偶数），$I_0 = \dfrac{\pi}{2}$

附录 3

附表　标准正态分布表

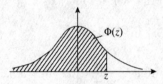

$$\Phi(z)=\int_{-\infty}^{z}\frac{1}{\sqrt{2}\pi}e^{-a^2/2}du=P(Z\leqslant z)$$

x	0	1	2	3	4	5	6	7	8	9
0.0	0.500 0	0.504 0	0.508 0	0.512 0	0.516 0	0.519 9	0.523 9	0.527 9	0.531 9	0.535 9
0.1	0.539 8	0.543 8	0.547 8	0.551 7	0.555 7	0.559 6	0.563 6	0.567 5	0.571 4	0.575 3
0.2	0.579 3	0.583 2	0.587 1	0.591 0	0.594 8	0.598 7	0.602 6	0.606 4	0.610 3	0.614 1
0.3	0.617 9	0.621 7	0.625 5	0.629 3	0.633 1	0.636 8	0.640 6	0.644 3	0.648 0	0.951 7
0.4	0.655 4	0.659 1	0.662 8	0.666 4	0.670 0	0.673 6	0.677 2	0.680 8	0.684 4	0.987 9
0.5	0.691 5	0.695 0	0.698 5	0.701 9	0.705 4	0.708 8	0.712 3	0.715 7	0.719 0	0.722 4
0.6	0.725 7	0.729 1	0.732 4	0.735 7	0.738 9	0.742 2	0.745 4	0.748 6	0.751 7	0.754 9
0.7	0.758 0	0.761 1	0.764 2	0.767 3	0.770 3	0.773 4	0.776 4	0.779 4	0.782 3	0.785 2
0.8	0.788 1	0.791 0	0.793 9	0.796 7	0.799 5	0.802 3	0.805 1	0.807 8	0.810 6	0.813 3
0.9	0.815 9	0.818 6	0.821 2	0.823 8	0.826 4	0.828 9	0.831 5	0.834 0	0.836 5	0.838 9
1.0	0.841 3	0.843 8	0.846 1	0.848 5	0.850 8	0.853 1	0.855 4	0.957 7	0.859 9	0.862 1
1.1	0.864 3	0.866 5	0.868 6	0.870 8	0.872 9	0.874 9	0.877 0	0.879 0	0.881 0	0.883 0
1.2	0.884 9	0.886 9	0.888 8	0.890 7	0.892 5	0.894 4	0.896 2	0.898 0	0.899 7	0.901 5
1.3	0.903 2	0.904 9	0.906 6	0.908 2	0.909 9	0.911 5	0.913 1	0.914 7	0.916 2	0.917 7
1.4	0.919 2	0.920 7	0.722 2	0.923 6	0.925 1	0.926 5	0.927 8	0.929 2	0.930 6	0.931 9
1.5	0.933 2	0.934 5	0.935 7	0.937 0	0.938 2	0.939 4	0.940 6	0.941 8	0.943 0	0.944 1
1.6	0.945 2	0.946 3	0.947 4	0.948 4	0.949 5	0.950 5	0.951 5	0.952 5	0.953 5	0.954 5
1.7	0.955 4	0.956 4	0.957 3	0.958 2	0.959 1	0.959 9	0.960 8	0.961 6	0.962 5	0.963 3

（续表）

x	0	1	2	3	4	5	6	7	8	9
1.8	0.964 1	0.964 8	0.965 6	0.966 4	0.967 1	0.967 8	0.968 6	0.969 3	0.970 0	0.970 6
1.9	0.971 3	0.971 9	0.972 6	0.973 2	0.973 8	0.974 4	0.975 0	0.975 6	0.976 2	0.976 7
2.0	0.977 2	0.977 8	0.978 3	0.978 8	0.979 3	0.979 8	0.980 3	0.980 8	0.981 2	0.981 7
2.1	0.982 1	0.982 6	0.983 0	0.983 4	0.983 8	0.984 2	0.984 6	0.985 0	0.985 4	0.985 7
2.2	0.986 1	0.986 4	0.986 8	0.987 1	0.987 4	0.987 8	0.988 1	0.988 4	0.988 7	0.989 0
2.3	0.989 3	0.989 6	0.989 8	0.990 1	0.990 4	0.990 6	0.990 9	0.991 1	0.991 3	0.991 6
2.4	0.991 8	0.992 0	0.992 2	0.992 5	0.992 7	0.992 9	0.993 1	0.993 2	0.993 4	0.993 6
2.5	0.993 8	0.994 0	0.994 1	0.994 3	0.994 5	0.994 6	0.994 8	0.994 9	0.995 1	0.995 2
2.6	0.995 3	0.995 5	0.995 6	0.995 7	0.995 9	0.996 0	0.996 1	0.996 2	0.996 3	0.996 4
2.7	0.996 5	0.996 6	0.996 7	0.996 8	0.996 9	0.997 0	0.997 1	0.997 2	0.997 3	0.997 4
2.8	0.997 4	0.997 5	0.997 6	0.997 7	0.997 7	0.997 8	0.997 9	0.997 9	0.998 0	0.998 1
2.9	0.998 1	0.998 2	0.998 2	0.998 3	0.998 4	0.998 4	0.998 5	0.998 5	0.998 6	0.998 6
3.0	0.998 7	0.999 0	0.999 3	0.999 5	0.999 7	0.999 8	0.999 8	0.999 9	0.999 9	1.000 0

注：表中末行系函数值 $\Phi(3,0)$，$\Phi(3,1)$，$\cdots$，$\Phi(3,9)$

附表 t 分布表

$$P\{t(n) > t_a(n)\} = a$$

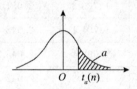

n	$a=0.25$	0.10	0.05	0.025	0.01	0.005
1	1.000 0	3.077 7	6.313 8	12.706 2	31.820 7	63.657 4
2	0.816 5	1.885 6	2.920 0	4.302 7	6.964 6	9.924 8
3	0.764 9	1.697 7	2.353 4	3.182 4	4.540 7	5.940 9
4	0.740 7	1.533 2	2.131 8	2.776 4	3.746 9	4.604 1
5	0.726 7	1.475 9	2.015 0	2.570 6	3.364 96	4.032 2
6	0.717 6	1.439 8	1.943 2	2.446 9	3.142 7	3.707 4
7	0.711 1	1.414 9	1.894 6	2.364 6	2.998 0	3.499 5
8	0.706 4	1.396 8	1.859 5	2.306 0	2.896 5	3.355 4

（续表）

n	$a=0.25$	0.10	0.05	0.025	0.01	0.005
9	0.702 7	1.383 0	1.833 1	2.262 2	2.821 4	3.249 8
10	0.699 8	1.372 2	1.812 5	2.228 1	2.763 8	3.169 3
11	0.697 4	1.363 4	1.795 9	2.201 0	2.718 1	3.105 8
12	0.695 5	1.356 2	1.782 3	2.178 8	2.681 0	3.054 5
13	0.693 8	1.350 2	1.770 9	2.160 4	2.650 3	3.012 3
14	0.692 4	1.345 0	1.761 3	2.144 8	2.624 5	2.976 8
15	0.691 2	1.340 6	1.753 1	2.131 5	2.602 5	2.946 7
16	0.690 1	1.336 8	1.745 9	2.119 9	2.535 5	2.920 8
17	0.689 2	1.333 4	1.739 6	2.109 8	2.566 9	2.898 2
18	0.688 4	1.330 4	1.734 1	2.100 9	2.552 4	2.878 4
19	0.687 6	1.327 7	1.729 1	2.093 0	2.539 5	2.860 9
20	0.687 0	1.325 3	1.724 7	2.086 0	2.528 0	2.845 3
21	0.686 4	1.323 2	1.720 7	2.079 6	2.517 7	2.831 4
22	0.685 8	1.321 2	1.717 1	2.073 9	2.508 3	2.818 8
23	0.685 3	1.319 5	1.713 9	2.068 7	2.499 9	2.807 3
24	0.684 8	1.317 8	1.710 9	2.063 9	2.492 2	2.796 9
25	0.684 4	1.316 3	1.708 1	2.059 5	2.485 1	2.787 4
26	0.684 0	1.315 0	1.705 6	2.055 5	2.478 6	2.778 7
27	0.683 7	1.313 7	1.703 3	2.051 8	2.472 7	2.770 7
28	0.683 4	1.312 5	1.701 1	2.048 4	2.467 1	2.763 3
29	0.683 0	1.311 4	1.699 1	2.045 2	2.462 0	2.756 4
30	0.682 8	1.310 4	1.697 3	2.042 3	2.457 3	2.750 4
31	0.682 5	1.309 5	1.695 5	2.039 5	2.452 8	2.744 0
32	0.682 2	1.308 6	1.693 9	2.036 9	2.448 7	2.738 5
33	0.682 0	1.307 7	1.692 4	2.034 5	2.444 8	2.733 3
34	0.681 8	1.307 0	1.690 9	2.032 2	2.441 1	2.728 4
35	0.681 6	1.306 2	1.689 6	2.030 1	2.437 7	2.723 8
36	0.681 4	1.305 5	1.688 3	2.028 1	2.434 5	2.719 5
37	0.681 2	1.304 9	1.687 1	2.026 2	2.431 4	2.715 4
38	0.681 0	1.304 2	1.686 0	2.024 4	2.428 6	2.711 6
39	0.680 8	1.303 6	1.684 9	2.022 7	2.425 8	2.707 9

（续表）

n	$a=0.25$	0.10	0.05	0.025	0.01	0.005
40	0.680 7	1.303 1	1.683 9	2.021 1	2.423 3	2.704 5
41	0.680 5	1.302 5	1.682 9	2.019 5	2.420 8	2.701 2
42	0.680 4	1.302 0	1.682 0	2.018 1	2.418 5	2.698 1
43	0.680 2	1.301 6	1.681 1	2.016 7	2.416 3	2.695 1
44	0.680 1	1.301 1	1.680 2	2.015 4	2.414 1	2.692 3
45	0.680 0	1.300 6	1.679 4	2.014 1	2.412 1	2.689 6

附表 χ^2 分布表

$$P\ \{\chi^2(n) > \chi_a^2(n)\ \} = a$$

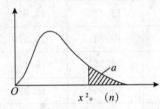

n	$a=0.995$	0.99	0.975	0.95	0.90	0.75
1	—	—	0.001	0.004	0.016	0.102
2	0.010	0.020	0.051	0.103	0.211	0.575
3	0.072	0.115	0.216	0.352	0.584	1.213
4	0.207	0.297	0.484	0.711	1.064	1.923
5	0.412	0.554	0.831	1.145	1.610	2.675
6	0.676	0.872	1.237	1.635	2.204	3.455
7	0.989	1.239	1.690	2.167	2.833	4.255
8	1.344	1.646	2.180	2.733	3.490	5.071
9	1.735	2.088	2.700	3.325	4.168	5.899
10	2.156	2.558	3.247	9.940	4.865	6.737
11	2.603	3.053	3.816	4.575	5.578	7.584
12	3.074	3.571	4.404	5.226	6.304	8.438
13	3.565	4.107	5.009	5.892	7.042	9.299
14	4.075	4.660	5.629	6.571	7.790	10.165
15	4.601	4.229	6.262	7.261	8.547	11.037
16	5.142	5.812	6.908	7.962	9.312	11.912

（续表）

n	$a=0.995$	0.99	0.975	0.95	0.90	0.75
17	5.697	6.408	7.564	8.672	10.085	12.792
18	6.265	7.015	8.231	9.390	10.865	13.675
19	6.844	7.633	8.907	10.117	11.651	14.562
20	7.434	8.260	9.591	10.851	12.443	15.452
21	8.034	8.897	10.283	11.591	13.240	16.344
22	8.643	9.542	10.982	12.338	14.042	17.240
23	9.260	10.196	11.689	13.091	14.848	18.137
24	9.886	10.856	12.401	13.848	15.689	19.037
25	10.520	11.542	13.120	14.611	16.473	19.939
26	11.160	12.198	13.844	15.379	17.292	20.843
27	11.808	12.879	14.573	16.151	18.114	21.749
28	12.461	13.565	15.308	16.928	18.939	22.657
29	13.121	14.257	16.049	17.708	19.768	23.567
30	13.787	14.954	16.791	18.493	20.599	24.478
31	14.458	15.655	17.539	19.281	21.434	25.390
32	15.134	16.362	18.291	20.072	22.271	26.304
33	15.815	17.074	19.047	20.867	23.110	27.219
34	16.501	17.789	19.806	21.664	23.952	28.136
35	17.192	18.509	20.569	22.465	24.797	29.054
36	17.887	19.233	21.336	23.269	25.643	29.973
37	18.586	19.960	22.106	24.075	26.492	30.893
38	19.289	20.691	22.878	24.884	27.434	31.815
39	19.996	21.426	23.654	25.695	28.196	32.737
40	20.707	22.164	24.433	26.509	29.051	33.660
41	21.421	22.906	25.215	27.326	29.907	34.585
42	22.138	23.650	25.999	28.144	30.765	35.510
43	22.859	24.398	26.785	28.965	31.625	36.436
44	23.584	25.148	27.575	29.787	32.487	37.363
45	24.311	25.901	28.366	30.612	33.350	38.291

附表　χ^2 分布表

$$P\ \{\chi^2(n)\ >\chi^2_a(n)\ \}\ =a$$

n	$a=0.25$	0.10	0.05	0.025	0.01	0.005
1	1.323	2.706	3.841	5.024	6.635	7.879
2	2.773	4.605	5.991	7.378	9.210	10.597
3	4.108	6.251	7.815	9.348	11.345	12.838
4	5V385	7.779	9.488	11.143	13.277	14.860
5	6.626	9.236	11.071	12.833	15.086	16.750
6	7.841	10.645	12.592	14.449	16.812	18.548
7	9.037	12.017	14.067	16.013	18.475	20.278
8	10.219	13.362	15.507	17.535	20.090	21.955
9	11.389	14.684	16.919	19.023	21.666	23.589
10	12.549	15.987	18.307	20.483	23.209	25.188
11	13.701	17.275	19.675	21.920	24.725	26.757
12	14.845	18.549	21.026	23.337	26.217	28.299
13	15.984	19.812	22.362	24.736	27.688	29.819
14	17.117	21.064	23.685	26.119	29.141	31.319
15	18.245	22.307	24.996	27.488	30.578	32.801
16	19.369	23.542	26.296	28.845	32.000	34.267
17	21.489	24.769	27.587	30.191	33.409	35.718
18	21.605	25.989	28.869	31.526	34.805	37.156
19	22.718	27.204	30.144	32.852	36.191	38.582
20	23.828	28.412	31.410	34.170	37.566	39.997
21	24.935	29.615	32.671	35.479	387.932	41.401
22	26.039	30.813	33.924	36.781	40.289	42.796
23	27.141	32.007	358.172	38.076	41.638	44.181
24	28.241	33.196	36.415	39.364	42.980	45.559
25	29.339	34.382	37.652	40.646	44.314	46.928
26	30.435	35.563	38.885	41.923	45.642	48.290
27	31.528	36.741	40.113	43.194	46.963	49.645

参考文献

1. 同济大学数学系. 工程数学线性代数[M]. 北京:高等教育出版社,2014.

2. 蒋秋洁,郑佳梅. 经济数学[M]. 北京:科学出版社

3. 同济大学数学系. 高等数学. 下(第 7 版)[M]. 北京:高等教育出版社,2014.

4. 屈婉玲,耿素云,张立昂. 离散数学. 北京:[M]. 高等教育出版社,2015.

5. 同济大学数学系. 数学分析. 北京:[M]. 高等出版社,2014.

6. 何鹏,易云辉,徐晓静. 经济数学. 西安[M]. 成都:电子科大,2016.

7. 杨爽,赵晓婷,杨璞,普林斯顿微积分读本,[M]. 北京:人民邮电出版社,2016.

8. 陈家鼎,孙山泽,李东风,刘力平. 数理统计学讲义[M]. 北京:高等教育出版社,2015.

9. 刘忠东,罗贤强,黄璇,吴高翔. 高等数学[M]. 重庆:重庆大学出版,2015.

10. 同济大学数学系. 高等数学[M]. 北京:高等教育出版社,2014.

11. 张宇. 高等数学[M]. 北京:高等教育出版社,2018.

12. 齐民友. 重温微积分[M]. 北京:高等教育出版社,2008.

13. 陈维桓. 微积分几何[M]. 北京:北京大学出版社,2017.

14. 吴大任. 高等数学教材微积分几何讲义[M]. 北京:高等教育出版社,2014.

15. 谷超豪,李大潜,沈玮熙. 应用偏微分方程[M]. 北京:高等教育出版社,2014.

16. 项武义. 微积分大意[M]. 北京:高等教育出版社,2014.

17. 方企勤. 数学分析[M]. 北京:高等教育出版社,2014.

18. 高鸿业. 教育部高教司. 西方经济学[M]. 北京:中国人民大学出版社,2014.